JN200307

恐竜最後の日

小惑星衝突は地球を
どのように変えたのか

ライリー・ブラック 著
Riley Black
田中康平 監訳
十倉実佳子 訳

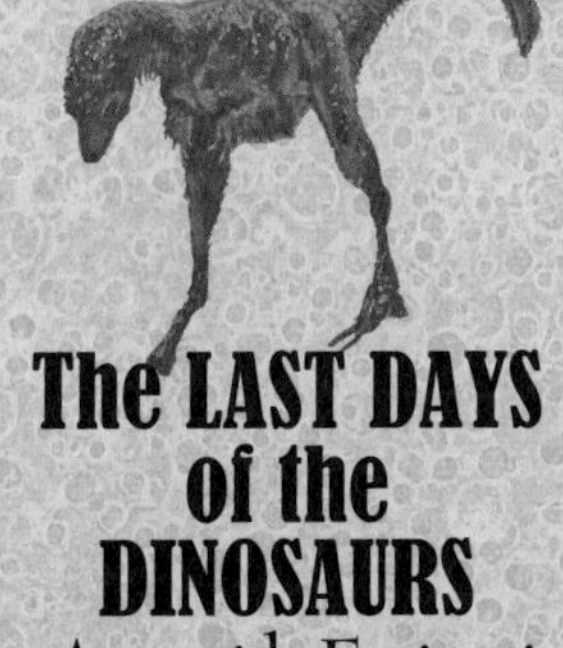

The LAST DAYS of the DINOSAURS

An Asteroid, Extinction, and the Beginning of Our World

化学同人

恐竜最後の日

小惑星衝突は地球をどのように変えたのか

本文イラスト：コリー・ビング

マルガリータへ
いつまでも一緒にいたかった。

恐竜最後の日

目次

はじめに　ix
地質時代年表　xv
序　章　1
第1章　衝突前――いまから六六〇四万三〇〇〇年前　19
第2章　衝　突　41
第3章　衝突から一時間後　63
第4章　衝突から一日後　77
第5章　衝突から一か月後　95

第6章　衝突から一年後……115
第7章　衝突から一〇〇年後……137
第8章　衝突から一〇〇〇年後……151
第9章　衝突から一〇〇万年後……165
第10章　衝突から一〇〇〇万年後……185
結　論――小惑星衝突から六六〇四万三〇〇〇年後……209
付　録――科学的背景について……229
謝　辞　291

監訳者あとがき　295
参考文献　314
生物名索引　317

※〔　〕内は訳者注である。

はじめに

災禍(カタストロフィ)が都合よく起こるなんてことは、ない。

恐竜が災いを予期していたはずはなく、それは当時の生物であれば、極小のバクテリアであっても、空飛ぶ巨大な爬虫類であっても、同じことだっただろう。彼らはみな、六六〇〇万年前にはごく普通の白亜紀の日常を謳歌していたのだから。[1]そこには生があり、死があり、誕生があった。このサイクルが前の日も、前の前の日も、前の前の前の日も、前の前の前の前の日も繰り返され、何百万年という時間が流れていたのである。しかし、その次の日はまったく違うものになった。私たちの地球は、生命がかつて経験したことのないような、史上最悪の一日を経験したのだ。

一瞬にして、複雑に絡み合った生命の貯蔵庫が混沌たる状態へと様変わりした。生き物たちに避難を促す警報が出されたり、サイレンが鳴り響いたりすることもなかった。しかも空から降ってきたのは、第二次世界大戦の終わりに落とされた原子爆弾の一〇〇億倍もの破壊力をもつ物体だ。[2]そんな事態に、生き物たちは為すすべがなかった。だが、これはほんの序章にすぎない。小惑星の衝突後に生じた火災、地震、津波の発生、さらには何年も続く、息の詰まるような冬の時代。こうして世界は壊滅的な被害を受けた。

この大災害にはさまざまな呼び名がある。「白亜紀末の大量絶滅」もそのひとつだ。かつては、地球の生命史における「爬虫類の時代」の終わりと第三紀の始まりを示して「白亜紀／第三紀」あるいは（それらのドイツ語と英語の頭文字を取って）「K／T境界の大量絶滅」と呼ばれていたが、[3] この名称はのちに地質学的知見に準じて見直され、「白亜紀／古第三紀の大量絶滅」、あるいは短く「K／Pg 境界の大量絶滅」と呼ばれるようになった。しかし、その呼び名が何であれ、岩石の傷跡が語る物語は変わらない。それはあらゆる生き物を不意に襲った、逃れようのない惨禍であり、進化の方向性がつくり変えられた事変だった。直径およそ一一キロメートルにもなるスペースデブリの塊。[4] それが地球に衝突したことで、恐竜のみならず、地球上のあらゆる生物にとって最悪のシナリオが現実になった。いわば、世界を「再起動」させたような状況に近い。その脅威はあまりに大きく、もしいくつかの幸運な出来事が重ならなかったならば、地球は単細胞生物くらいしか生きていない場所に逆戻りしていただろう。

この衝突による影響はあっという間に、そして容赦なく広がった。急激な温度の上昇、火災、煤煙（ばいえん）、そして死が、たった数時間のうちに地球を覆いつくした。[5] この白亜紀末期に起こった絶滅現象は、大気中の酸素が欠乏したり海が酸性化したりといったような、長期的な要因によるものではない。むしろ、銃撃のように、一瞬にして凄まじいダメージを与えた。あらゆる種や科に属する生命体の運命は、その一撃で決定的な変化を余儀なくされたのだ。

生物学の研究者らは、厳密な生命の定義――生殖、成長、運動――というものについていまなお議論を重ねている〔生命の定義として、自己複製、代謝、外界と境界をもつという点を挙げる場合もある〕。しかし、日々の生活のなかで私たちは驚くべき事実を目の当たりにする。生命には、レジリエンスという有無を言わさない圧倒的な力が備わっているという事実である。いま生きている生物は、みなが互いに結びついており、生命はみな過去の生命からつながっている。かつて生きていた種の九九パーセントがすでに絶滅してしまっているとはいえ、[6] この世界は、独自の方法で生き残り、進化を遂げ、繁栄した生物であふれているのだ。

　事実、私たちの時代がいまこうして存在しているのは、K／Pg 境界の破壊があってのことだろう。私たちの知るこの世界は、あの災害後に花開き、その後も栄え続けている。生命は単に復興を遂げただけなく、激変という現象によってつくり変えられた。

　衝突から数時間後、数日後、数週間後、数か月後、数年後にわたり、「生命の樹」は多くの枝を切り落とされたり、傷つけられたりしながらも必死で成長しようとしていた。もちろん生き残ったものたちも無傷だったわけではない。K／Pg 境界の災禍では、哺乳類、トカゲなどの爬虫類、鳥類なども大量絶滅を経験し、生態系は大混乱に陥った。つまり、影響は地球上のあらゆる生命体に及んだのである。化石記録にはおぼろげにしか表れていないが、古生物学の研究では、白亜紀の終わりごろに確認されていた種の約七五パーセントが、一瞬にして姿を消したといわれている。[7] この主張を裏づけるかのように、イリジウムが多く検出された粘土層には、恐竜時代の終焉と哺乳類時代の幕開けの境界線がはっきりと示されている。アメリカ西部のモンタナ州東部やダコタ州西部といった場所で地層を順に追っていくと、トリケラトプスといった恐竜たちが姿を消し、新しき「哺乳類時代」で、小さな毛玉のような存在が栄えていく様子が見て取れる。

恐竜がいなくなったことを残念に思わないといえば嘘になる。子どものころの私は、「自家用ティラノサウルス・レックスにまたがって学校へ通えないなんておかしい！」と本気で思っていた。いまでも、歪んだ姿の化石化した恐竜しか見たことはないが、それでも現代に鳥類以外の恐竜〔以降、特別な指定がない場合、恐竜といえば非鳥類型恐竜を指すこととする〕がいないのは寂しい気がする。恐竜たちが地球を支配していた時代を今後絶対に目にすることはないと思うと、どうしてもノスタルジックな気持ちになってしまうのだ。しかし、もし非鳥類型恐竜が生き残っていたとしたら、私たち哺乳類の歴史もまた違っていたはずだ。むしろ私たちの存続自体も危うかったかもしれない。非鳥類型恐竜が君臨し続ける世界では、私たち哺乳類は小さいままだったことだろう。また、トガリネズミのような見た目をした初期の霊長類が、当時幅をきかせていた有袋類と熾烈な競争を繰り広げていたことも考えられる。このように、私たちの祖先はいまとは違う進化を余儀なくされていたはずだ。そして、断言はできないが、おそらくその世界は、私たち――体毛がほとんどなく、二本足で歩き、でっかい脳をもって、この地球をつくり変えたがっているような類人猿――にとって、決して住みやすい環境ではなかったことだろう。白亜期末に起きた大量絶滅は、恐竜史の終わりを示すだけなく、私たち自身にとってもひじょうに大きなターニングポイントだった。宇宙から隕石が落ちてきて、古代のユカタン半島に衝突しなければ、私たち人類はきっとこの世に存在していなかっただろう。私たち哺乳類と恐竜は同じ時代を生きていた。生命の「盛」と「衰」は表裏一体なのである。

それなのに、私たちはこの壮大な物語をつい忘れがちだ。有史以前の時代を想像するとき、恐竜たちは圧倒的な支配者で、傲慢にさえ思われる。白亜紀後期の沼地や蒸し暑い森に住んでいた生き物のなかで、もっとも大きく、もっとも奇妙で、もっとも獰猛だった恐竜たち。しかし、気まぐれに落ちてきた小惑星のせいで、彼らの王国は幕を閉じ、日陰の存在だったものが地球を引き継いだ。かつて、古代のワニ類のなかまの陰で鳴りを潜めていた恐竜たちが、二億一〇〇〇万年前の大量絶滅〔三畳紀とジュラ紀の境目にあたる「T／J境界」の大量絶滅。それまで繁栄していた主竜類のいくつかの系統が姿を消した〕をきっかけに表舞台に飛び出したように[8]、今度は私たちの祖先にあたる小さな温血動物〔内温動物ともいう〕が、「棚からぼたもち」ともいえる幸運に恵まれたのである。

回復(リカバリー)の本質について語るとき、ともすれば私たちは、生き残った種と死んでいった種にはどんな違いがあったのかという表面的な議論に終始しがちだ。灼熱のあとに訪れた極寒の環境にあってなお、生命は自ら種(たね)を蒔(ま)き、再生を果たしたというのに、私たちは失ったものを気にするあまり、その経緯に目を向けることができていない。たとえば、個人的なトラウマを経験したとき、あとでその傷を思い出しながら、その出来事で自分が成長した部分を何とか見いだそうとすることがあるだろう。回復とは、本来そんなプロセスの先にあるものだ。立ち直る力(レジリエンス)は、不幸があってこそ発揮されるのである。そんな考えからこの物語は生まれた。生命の方向性は突然変わってしまったが、それでも生命は引き継がれ、私たちがいまここに存在するようになるまでの物語だ。ときには、痛々しかったり破壊的だったりする描写もあるが、それは当然の前提や必然的なものとして見なされがちな、単なるターニングポイントの背景にすぎない。むしろ物語の中心となるのは、歴史が経験した最悪の日から生命が立ち直っていく軌跡である。六六〇〇万年前に起こった生命の損失は甚だしく、たしかに痛ましいものだ。しかし、光を求めて顔を上げるシダの若芽や、巣の中で寒さに凍える哺乳類、木の幹から水草の生い茂る水中へ飛び込むカメといった存在すべてが、現在私たちのいる世界の基盤をつくってくれたのだ。本書は、失われた生命に対する慰霊碑ではない。むしろ、災禍のあとにだけ見ることのできる、生命のレジリエンスを讃えるものである。

地質時代年表

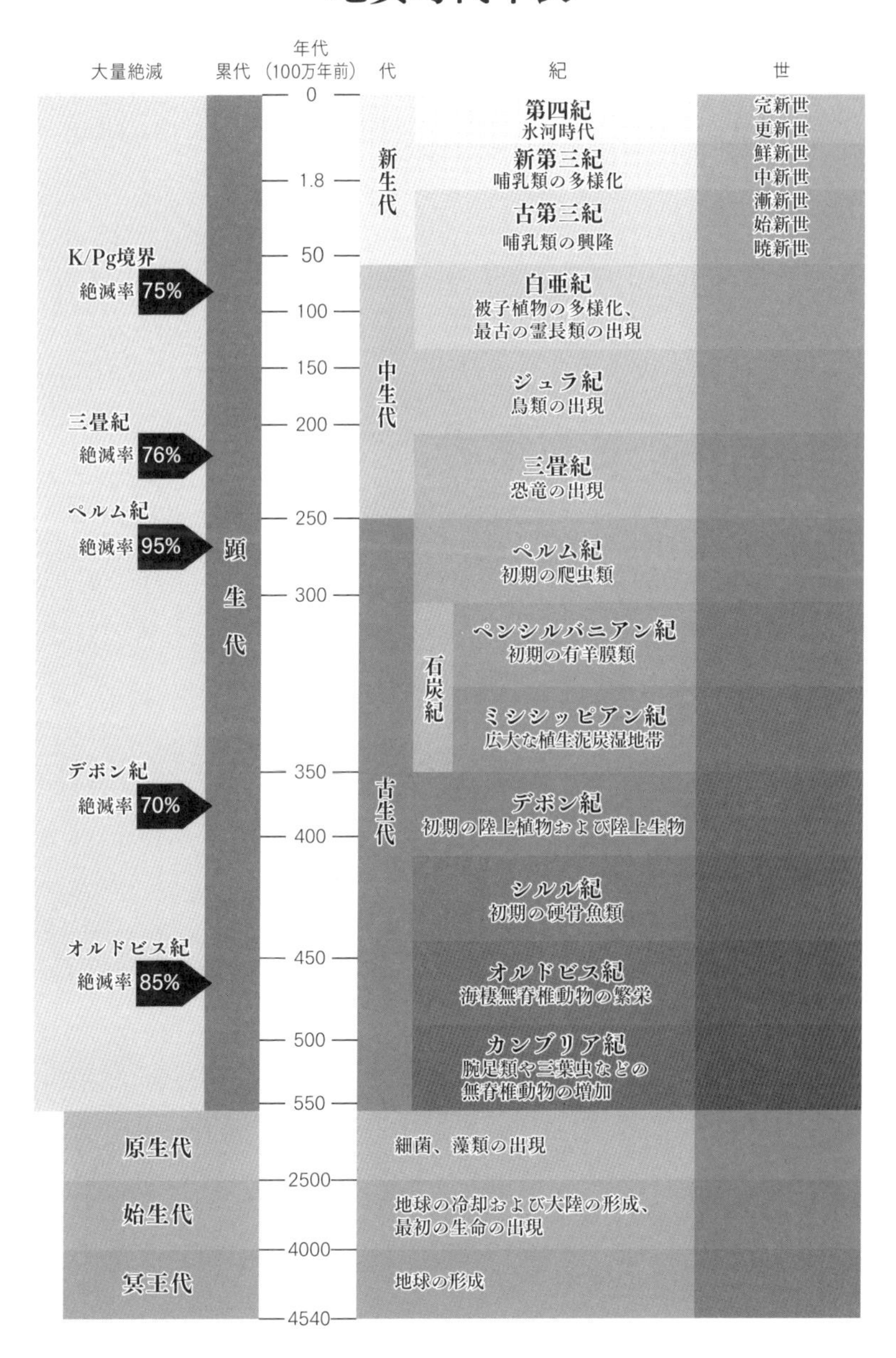

大量絶滅
累代
年代（100万年前）
代
紀
世
0
1.8
50
100
150
200
250
300
350
400
450
500
550
2500
4000
4540
K/Pg境界
絶滅率 75%
三畳紀
絶滅率 76%
ペルム紀
絶滅率 95%
デボン紀
絶滅率 70%
オルドビス紀
絶滅率 85%
顕生代
新生代
中生代
古生代
第四紀
氷河時代
新第三紀
哺乳類の多様化
古第三紀
哺乳類の興隆
白亜紀
被子植物の多様化、最古の霊長類の出現
ジュラ紀
鳥類の出現
三畳紀
恐竜の出現
ペルム紀
初期の爬虫類
石炭紀
ペンシルバニアン紀
初期の有羊膜類
ミシシッピアン紀
広大な植生泥炭湿地帯
デボン紀
初期の陸上植物および陸上生物
シルル紀
初期の硬骨魚類
オルドビス紀
海棲無脊椎動物の繁栄
カンブリア紀
腕足類や三葉虫などの無脊椎動物の増加
完新世
更新世
鮮新世
中新世
漸新世
始新世
暁新世
原生代
細菌、藻類の出現
始生代
地球の冷却および大陸の形成、最初の生命の出現
冥王代
地球の形成

序章

ここは白亜紀のとある地域。約六六〇〇万年後にはモンタナ州ヘルクリークと呼ばれるところだ。今日もいつもと同じように、午後の太陽の光が降り注いでいる。地面が少しぬかるんでいるのは、先日の雨で小川があふれ、周辺の氾濫原が水浸しになったからだ。何も知らなければ、真夏のミシシッピ州ガルフコーストの湿地帯を歩いているように思ってしまうかもしれない。モクレンとハナミズキが立ち並ぶ先には、針葉樹の木立とシダなどの茂みが見える[9]。風が草木の枝葉をそよがせ、目の前に広がる平原を吹き抜けていく。しかし、見覚えのある姿が目に入ったとたん、自分がいるのは現代ではないと気づくだろう。

一頭のトリケラトプス・ホリドゥスが森のはずれを悠々と歩いている[10]。このずんぐりとした恐竜が、鱗に覆われた一〇トンの巨体で湿った地面の上を進むたび、一メートル近くもある額の角が前後に揺れる。トリケラトプスは巨大な四肢動物だ。これほど頑丈な体をしているのは、大きな頭部を支えるためだろう。頭は、頭骨の後ろから突き出た盾のようなフリルで飾り立てられ、目の上からは長い角が、鼻の上からは短い角が生えている。口元はオウムのくちばしのようになっており、植物を切り取るのにちょうどよい形をしている。そして口に入れた植物を奥の歯ですり潰す。この巨大な植物食恐竜が鼻を鳴らしたとたん、それまで姿を見せなかった哺乳類たちが、警戒の声を上げて薄暗い森の奥へ逃げて行った。日がまだ高く、気温が二六度を超えるこの時間帯には、ほかの恐竜はあまり見かけられない。[11] 目に入る「恐竜類」といえば、森の薄暗闇の節くれだった枝にとまっている数羽の鳥くらいのものだ。虫を捕まえる小さな歯をくちばしからのぞかせたその表情は、どこか笑っているようにも見える。

これから私たちは、恐竜時代の凄まじい終焉を目撃する。

ほんの数時間のうちに、目の前の光景はすべて一掃されることだろう。豊かな緑は炎に包まれ、雲ひとつなかった青空は煤煙の雲に覆われる。緑の野原は焼け野原に姿を変える。ほどなく、見渡す限り壊滅状態となった景色のあちこちに、皮膚がひび割れ、まだら模様を呈した歪んだ死骸が点在することになる。暴君ティラノサウルス・レックスは王座から転落し、それとともにほかの非鳥類型恐竜も、大きさや性質、食性にかかわらず、ことごとくいなくなる。一億七〇〇〇万年以上にわたり、世界の生態系を形づくり、比類なき爬虫類一族として多様化してきた恐竜たちに、終末が訪れようとしているのだ。

わかっているのは、鳥類がこれから訪れる試練を乗り越え、さらには繁栄していったということだ。鳥類のごく一部が、現代までの数千万年にわたり、一族の旗印を守りながら、恐竜物語の続編を綴(つづ)ってきた。[12] その一方で、立派な牙やスパイク、角、鋭い鉤爪(かぎづめ)で私たちを魅了した非鳥類型恐竜たちは、皮膚や羽や骨の断片だけを残して、瞬く間に姿を消してしまった。そして、ずっとあとになってから、私たちは素晴らしい爬虫類がかつて生きていたことを知る唯一の手がかりとして、その断片を発掘するのである。私たちの愛する恐竜たちは、希少で繊細な化石となって、時空を超えた存在となる。私たちの目の前に、彼らはいるのだ。そこに生命は宿ってはいないが、彼らは現在と過去、同時に存在している。

厳しいリストラの憂き目にあったのは非鳥類型恐竜だけではない。コウモリ風の被膜でできた翼をもつ翼竜は、キリンのような体つきをしたものも含めて、すべていなくなってしまった。たとえば、セスナ機よりも大きな翼開長(ウィングスパン)をもち、地球を一周できるほどの能力をもったケツァルコアトルスでさえ[13]、非鳥類型恐竜たちと同じく、あっという間に消え去った。海では、オールのような四肢と長い首をもったプレシオサウルス類や[14]、コモドドラゴンのなかまのモササウルス類をはじめ、無脊椎動物——イカのなかまで渦巻き状の殻をもつアンモナイトや、礁をつくる平たい二枚貝で、トイレの便座よりも大きいなど——までもが絶滅した。ごく小さい生物や、これといった魅力をもたない地味な生物も死んでいった。また、白亜紀から生き残った生物たちも、大きな打撃を受けていた。哺乳類の有袋類は北アメリカからほとんど姿を消してしまい[15]、トカゲ類やヘビ類、鳥類も多くのなかまを失った。川や池などの淡水に棲(す)む生き物たちは、この危機を一時的に逃れることのできた少数派だ[16]。ワニ類とワニそっくりの爬虫類であるチャンプソサウルス類、それに魚類、カメ類、両生類は、差し迫る危機に対してかなりの抵抗力を見せ、何とか絶滅を免れた。

白亜紀の事例からは、環境の変化が絶滅を後押ししたこともわかっている。直径一一キロメートルもの小惑星が地球に衝突し、地殻に直径八〇キロメートル以上の大きな傷跡を残した〔原文ママ。クレーターの直径は一八〇キロメートルでピークリングの直径が八〇キロメートルと考えられる〕。この衝突の影響で、白亜紀に生息していたほとんどの種は絶滅した。何度でもいうが、生態学的にみれば、恐竜たちの絶滅は氷山の一角にすぎない。実際、大量絶滅の影響は隅々にまで及んだ。まさに、海自体が単細胞生物のスープに戻ってしまうほどの、深刻な事変だったのだ。

そのような壊滅状態に対し、私たちは畏怖の念を抱きつつもなぜか魅了されてしまう。白亜期末に小惑星の衝突があったことが科学的に立証されると、一九九八年の夏には、地球を壊滅の危機に追いやる小惑星をテーマにした映画が一本のみならず二本もつくられ、そのどちらもが大ヒットを収めた。巨大な隕石によって地球上の生物種の半分以上が死んでしまったことが、銃で撃たれて死ぬことと同じくらい現実味を帯びたのである。あの惨禍が招いた恐ろしい結末を知ってしまったがゆえに、私たちは不安に駆られて夜空を見上げるようになる。一度あることは二度あるものだ。NASAはセントリープログラム〔小惑星などの衝突を予報・監視するシステム〕を用いて、小惑星や彗星が地球に接近しすぎる前に察知できるよう、宇宙を監視している[17]。

しかし、白亜紀末の大量絶滅の特異性を私たちは忘れがちだ。研究者らの意見では、この災難も、過去の生命史を大幅に塗り替えた五回の大量絶滅「ビッグ・ファイブ」のひとつだと見なされている[18]。四億五五〇〇万年から四億四三〇〇万年前に起こった第一の危機では海が一変し、それによって古代の風変りな無脊椎動物の一グループはみな消え去り、魚類が繁栄するようになった[19]。そして、地球の急激な寒冷化と海面低下で、既知の海洋生物の約八五パーセントが死に絶え、進化のトランプはいったんシャッフルされることになった。そして、三億七六〇〇万年前から三億六〇〇〇万年前にわたって起きた二度目の大量絶滅では、生命がふたたび一新された[20]。この大量絶滅を引き起こした要因については正確にはわかっていないが——海水中の酸素濃度の低下が関係していたと考えられている——この急激な変化により、既知の生物の半分近くが死滅し、三葉虫や古代の礁の基礎を形成していたサンゴ類などを含む生物の多様性が大きく損なわれた。

しかし、それよりもひどかったのは、二億五二〇〇万年前にピークを迎えた三度目の大量絶滅だろう[21]。「大絶滅」とも呼ばれるこの事象では、想像を絶するほどの激しい火山活動が長期間続き、さらに事態が悪化した。気候変動や大気の変化によって、海陸のどちらにおいても既知の種の約七〇パーセントが絶滅したのだ〔海洋生物では九五パーセントとする見解もある〕。当時の陸上生態系を支配していたのは私たちの祖先に当たる哺乳類の原始的な系統だが、彼らの大部分もここで姿を消している。こうした生き物たちが軒並み没落していったことにより、恐竜を含む爬虫類による生物学的クーデターは成功する。そしてその後、約二億一〇〇〇万年前に起こった大量絶滅では、陸地を支配していたワニに近い系統の爬虫類の多くがいなくなり、恐竜にチャンスがめぐってきた[22]。このきっかけをつくったのは、またしても火山の噴火だった。噴火によって温室効果ガスが大気中に吐き出され、急激な地球温暖化が起こり、その後急激に寒冷化したのだ。大気中の酸素濃度は下がり、海は酸性化が進んだ。そして、気温の急激な変化に、多くの種はついていくことができなかった。

しかし、どの大量絶滅と比べてみても、中生代を終わらせた絶滅イベントは桁外れである。過去の大災害は、何十万年、何百万年もかけて起こったもので、激しい火山活動や気候変動といった現象によって、地球の生物の構成状況がゆっくり変わっていくという、長くて苦しい変化だった。また、絶滅の要因も多岐にわたっている。たとえば、海の酸性化が進んで炭酸カルシウムを分泌する生物が殻をつくることができなくなったり、大気中の酸素濃度が低下して地上の生物たちがじわじわと酸欠状態に陥ったりした。ところが、白亜紀末に起こった事変は、地球全体に大きな打撃を与えた。それも、ごく短い期間に。

偶然がいくつも積み重なった結果、白亜紀後期の絶滅の火ぶたは切られ、あの恐ろしい一瞬を迎えることになった。まさにこの未曾有の瞬間を境にして、生命は二度と同じ姿に戻ることはなくなったのである。小惑星が衝突するまでは、どの大陸にも何千種という生き物たちが繁栄していた。恐竜をはじめ、生物の種類は多様性に富んでいた。古生物学者たちはすべての種を見つけ出そうといまもコツコツと仕事に励み、毎年でっかい歯と鋭い爪をもった新たな顔ぶれに名前をつけている。ただ、生息地によっては、堆積や沈殿がうまくいかず、保存されないことも多い[23]。たとえば、山などの地域に生息していた恐竜の場合、死体は埋蔵されず、浸食されてしまうため、私たちの知らない恐竜もまだまだ多いと考えられる。そのように、中生代は生き物たちの絶頂期だった。ところが、ほぼ一夜にして、恐竜たちのほとんどは絶滅し、地球の生態系はカオス状態に陥った。この日こそ、地球の生命史上最悪の一日であり、その日を境に、生き残ったものたちは数万年にわたる受難の日々を迎えるのである。

このK／Pg境界の絶滅について、現在のような理解に至るまでには紆余曲折があった。というよりも、そこへ至るためには、私たちの最大の弱点、つまり人類の思い上がりを見直さなければならなかった。気難しいことで有名なイギリスの解剖学者、リチャード・オーウェンが一八四二年に「ディノサウリア」という新しい名前を世に発表したとき、巨大な爬虫類はそれほど謎めいていなかった。[24]当時、知られていたのは三種だけで、このウロコ肌トリオは生命の進化の一環を示すものと考えられていた。地質学の研究では、魚類の時代、爬虫類の時代、哺乳類の時代が特定されていた。下位のグニャグニャでウニャウニャした生命体から始まり、ウロコに覆われた巨大な怪物っぽいものへと進化していったわけだが、彼らは、主役である哺乳類がスポットライトを浴びる前の前座にすぎないと考えられていた。恐竜という存在は、それが、どこかの創造主の思し召しなのか、それとも大いなる進化論の一環としてなのかはわからないが、当時の進歩的で洗練された時代にぴったりとはまったのである。なぜ絶滅したのかという疑問など、誰の頭にも浮かばなかった。やつらは両棲爬虫類学者の悪夢に出てくるような、ヨタヨタと歩く不格好な怪物だ、そんなやつらが生命の物語の主役になれるわけがない、というわけだ。大災害は地球上の生物の構成を変えたが、絶滅した種には絶滅するだけの理由があるという見方が常にあった。絶滅したものは、次に台頭するものたちのための練習台だったと考えられていたのである。

二〇世紀初頭になっても、研究者らはこの宿命論的な思い込みを抱き続けていた。[25]恐竜とはデカくて妙ちくりんで、身体構造的にも派手なやつらだった。問題は、恐竜が絶滅した理由ではなかった。それよりも、恐竜よりも明らかに優れている哺乳類が実権を握ろうと待ち構えていたというのに、なぜ恐竜がこれほど長く生き延びたのかというほうが当時は謎だったのだ。

私たち哺乳類の思い上がりはその後何十年も続く。恐竜たちの絶滅が、正当な疑問として議論されるようになっても、あくまで絶滅の原因は恐竜にあったように説明されることが多かった。でっかい体でのし歩く爬虫類たちは、卵を産んでも、そのあとはほったらかしにする。だから、哺乳類たちに卵を食べられていたのだ（一部のヘビやワニには、産卵後も卵を守るために見張りを続けるという愛情深い習性があるが、ここではその点がまったく無視されている）。恐竜たちは巨大化したり、トゲトゲの装備品をつけたり、ヘンテコな姿になったりするために、その漠然とした生命力〔nebulous vital juices。詩人フランク・オハラが用いたnebulous vitalityをもじった表現〕を絞り出してしまったのだろう。三本の角を生やし、首周りに骨ばった襟をつけた、一〇トンサイズのサイのようなものが、新進気鋭の哺乳類たちに太刀打ちできるはずがない。恐竜の知的能力が哺乳類よりも劣っているのは明らかではないか。ステゴサウルスやケラトサウルスといった冷血漢の爬虫類には、蒸し暑いジャングルと間抜けな獲物たちの揃った、自然あふれる世界がお似合いだったが、ものぐさな恐竜たちは新しい生き方を模索しようとはしなかったし、別の道を受け入れようともしなかった。こういうと、なんだか仕事のセミナーでの発言っぽく聞こえてしまうかもしれないが、アメリカ産業が大きく発展するなかで、こうした考えが浸透していったというのも不思議ではないだろう。ちなみに、「恐竜と同じ道を歩んでいる」といえば、いまでも金融業界ではライバル会社を貶めるときに使われる表現である〔going the way of the dinosaurで「時代遅れになる」や「廃れる」という意味〕。

それでも、やがて学者たちは事実を受け入れ始めた。生物種の「生」と「死」のタイミングを制御する、宇宙時計と連動した体内時計など存在しないという事実である。進化のエネルギーを使い果たしてしまったという見解は的外れだった。それよりも、もっと妥当な説明があるはずなのだ。地質年代区分をつぶさに調べていくにつれ、この問いはさらに謎めいていった。恐竜の存在は、世界が哺乳類の登場を待つ間のつなぎなどではなかった。非鳥類型恐竜の時代は一億七〇〇〇万年以上も続いていながら、彼らはその絶頂期に忽然と姿を消すのである。そこにはきっと理由があるはずだ。

研究者らの見解はほとんど一致しなかった。[26]気候の温暖化が原因ではないか。いや、むしろ寒冷化のせいかもしれない。それとも、恐竜間で恐ろしい病気が流行ったということも考えられる。あるいは、海面の上昇によって快適な生息域がなくなったのかもしれない。さらに、この議論には他分野の研究者も加わった。恐竜たちが極度の白内障にかかっていたという眼科医の意見もあった。特徴的なトサカとショベルのような口元をしたパラサウロロフスや、トゲトゲのスパイクを生やした植物食恐竜スティラコサウルスなど、頭に印象的な飾りをつけた恐竜たちは、それらを世界初の日除けとして進化させたというのである。一方で、ある昆虫学者は、当時のイモムシの食欲があまりに旺盛だったため、植物を食べつくし、そのせいで植物食の動物、つまり肉が不足したのではないかという考えを述べた。また、単に哺乳類にふさわしい時期が訪れたという意見もある。白亜期末の恐竜の種の多様性は、それより一〇〇〇万年前の時点と比べると低下している傾向にあった。その数千万年後に、より力をつけた哺乳類たちが、自分たちの棲みやすい環境を切り開いていったのではないかというのだ。

ここでの問題は、実際の被害の爪痕はもっと深かったにもかかわらず、ほとんどの研究者が恐竜のことばかりに目を向けていた点にある。たしかに、お腹を空かせたイモムシ軍団が植物を食べつくし、考えられないようなスピードで白亜紀の森を丸裸にしてしまった可能性も、ありえなくはない。しかし、その仮説では、空を飛ぶ翼竜や、海に棲む大きくて平べったい厚歯二枚貝までもが、六六〇〇万年前に絶滅した理由を説明できない。ましてや、鎧のような殻を身にまとったアメーバのなかまである有孔虫に至っては――災禍を身をもって経験した彼らの目撃証言が、特集記事として雑誌に載ることはありえないのだが——なおさら説明がつかない。研究者らは、せっせと白亜紀の死亡者リストをつくってはいたものの、みなが恐竜のことばかり考えていたせいで、大量絶滅の全体像がぼやけてしまったのである。

恐竜の運命に新たな解釈が浮かび上がってきたのは、二〇世紀後半になってからだ。古代の軟体動物や節足動物の盛衰に注目していた古生物学者たちは、大量絶滅の特徴が、あるひとつの方向性を示していることに気づいた。無脊椎動物の化石記録には、白亜紀末期に無脊椎動物が急激に死に絶えていった様子が示されている[27]。有孔虫や、円石(コッコリス)と呼ばれる鱗片(りんぺん)をまとった円石藻からは、その事象が突然で、かつ恐ろしいものであったことが見て取れる。しかも、この時期と恐竜が姿を消した時期は一致している。きっと何か恐ろしいことが起こったに違いない。そこで次の疑問が生じる。それはいったい何だったのか。

研究者らは考えた。この惨劇をうまく説明できる要因として何が考えられるだろうか。最初は、地球上で起こった何かが原因かと思われた。白亜紀末、世界中の地層から恐竜の影が消えた時期、地球は変化していた。海面は低下し、気候は変動し、地殻の割れ目からは、何トンにも及ぶ温室効果ガスが大気に放出されていた。

恐竜は単に「赤の女王」〔進化生物学者リー・ヴァン・ヴェーレンによる「赤の女王仮説」のこと。ルイス・キャロルの小説『鏡の国のアリス』に出てくる女王の言葉にちなみ、種などが生き残るためには進化し続けることが必須であることを示唆するもの〕の進化についていけず、哺乳類が順調に適応していくなかで遅れをとったのではないか。だが、この解釈もやや説得力に欠けていた。古生物学者らは、当時の海の軟体動物や無脊椎動物の状況を調べていたが、生物の政権交代がゆっくりと起こっていたという知見は得られなかった。化石採集方法の進歩や統計手法の修正により、白亜紀末の生物は当時の変化にうまく対応できていたことが確認されたのだ。それなのに、ある日突然、生き物たちは大きな衝撃を受ける。明らかに、何か恐ろしいことが地球上の生物相に降りかかったのだ。この答えは、化石そのものではなく、その化石の埋まった岩石にあった。

粉々になった水晶、膨大な量の太古の煤、そしてレアメタルのイリジウムといったものが、非鳥類型恐竜の化石記録が消えたのと同じ時代の層に含まれていたことから、宇宙から何らかの物体が地球に衝突したことが示唆された。この仮説が発表されたのは、一九八〇年という、ちょうど恐竜の生態に新たな科学的関心が高まっていた時期で、当時の研究者の間には、まさに隕石の衝突と同じくらいの衝撃が走った[28]。古生物学、地質学、天体物理学といった分野の研究者らは、その結末の適切な解釈をめぐり、学界や科学雑誌上でティラノサウルスよろしく熾烈な戦いを繰り広げた。だが、一九九〇年代にユカタン半島の衝突クレーターが発見されると、この論争にも決着がついた[29]。直径およそ一一キロメートルもあったとされる巨大な小惑星が地球に衝突した時代と、ちょうど地層で絶滅が示されている時代が一致していたのである。これは、それまでの大量絶滅では見られなかったことだ。物理学者らの推測によれば、中央アメリカのチクシュルーブ・クレーターを形成した最初の衝撃は凄まじく、周辺の陸地にいた多くの恐竜が一瞬にして吹き飛ばされるほどだったとされる[30]。しかし、絶滅に拍車をかけたのはそれだけではなかった。この劇的な事象の余波は、恐竜だけでなく、ほかの多くの生命体の未来まで変えてしまった。

この事変については、次のように片づけられてしまうことが多い。つまり、巨大な岩石が地球に衝突し、数え切れないほどの種が一気に絶滅したのだ、と。何とも単純な話である。その小惑星は、地球の腹をめがけて宇宙から撃ち込まれた弾丸のようなものだった。しかし、地球の歴史を振り返ってみれば、それまでも同じレベル、あるいはそれ以上の衝突はあったものの、生物学的にこれほど大きな災害を引き起こしたものはないのだ。たとえば、約三五〇〇万年前には、別の大きな小惑星が現代のシベリアにあたる地に衝突し、直径一〇〇キロメートルにもなるポピガイ・クレーターをつくっている。[31] これはユカタン半島にある衝突クレーターと比べて、直径の長さが二〇キロメートルほども大きい〔原文ママ。ただし、チクシュルーブ・クレーターの直径は一八〇キロメートルなので、全体としてのサイズはチクシュルーブ・クレーターのほうが大きい〕。しかし、白亜紀末よりもあとに起こったこの衝突で、大量絶滅は起こっていない。たしかに、局地的な混乱や被害はあったのだろうが、ほかの地域の生き物たちは、衝突以前と変わらずに生き続けていた。衝突と一口にいっても、みな同じというわけではないのだ。

白亜紀を終わらせた衝突は、別時代の衝突とはまるっきり別物だったといえるだろう。K／Pg境界の衝突では、落ちてきた物体の大きさ、落下速度、衝突角度、岩石中の物質といった諸々の条件が、地球上の生物にとって最悪の形で重なってしまった。これでもかというほどの偶然が重なって、地獄絵図のような状況をつくり出したのだ。地球に巨大な小惑星が衝突したというだけでは済まなかった。この衝突の余波はあまりにも大きかったため、生き物たちの多くはこの急激な変化に対応できず、生きるか死ぬかの極限状態に追いやられた。地球は、炎と焼土の世界と、長く暗い極寒の世界との間を、行ったり来たりしていた。恐竜たちは、小惑星が衝突したときに絶滅したわけではない。小惑星衝突による激震で新しい世界が開かれ始めた一方で、本当の絶滅は、数時間、数日、数か月、数年にわたる不安定な状況下で進行したのだ。

K／Pg 境界の災禍は地球規模の事象であり、その絶滅の物語は、地球上のあらゆる場所から集められたエビデンスを通して語られている。ただ、化石の記録は不均一で、ピンホールのように小さい穴の集まりにすぎない。そんな穴を私たちはのぞき込んで、全体像を捉えようとしているのだ。博物学者のチャールズ・ダーウィンが述べているように、世界中の地層は、ページや段落、文章、単語といったものがすっかり抜けている本のようなものだ。だから私たちは物語を読むために、散り散りになっている部分をつなぎ合わせなければならない。運良く情報が豊富な章もあれば、反対に情報の少ない章もある。そのなかでも、K／Pg 境界の転換期について雄弁に語ってくれるのが、モンタナ州とダコタ州にまたがるヘルクリーク層だ。地球の広さから見ればごく狭い範囲になるが、ここには恐竜時代の最後の数日から、続く古第三紀の初期の日々の様子が克明に記されている。小惑星衝突を示す境界線が、岩石にはっきりと出ているのだ。博物館に展示されているこの地層の断面は、一見チョコレートケーキのように見える。食べてしまえば絶対に後悔してしまいそうな、ダークブラウン色の、死のケーキだ。その場所では、その地を悠々と歩き回っていた登場人物たちを知ることができ、時間を超えて、彼らの運命や環境の変化を追体験できる。ここで語られるのは、生き物たちがどれほどの困難に遭遇し、そして生き延びていったのかという物語である。

しかし、あれほど忌まわしい瞬間をこの場所で追体験するのには理由がある。むろん、動物園にアンキロサウルスの子孫がいない理由を探るためだけではない。私たちがどのようにして、なぜ存在するに至ったのかについても理解するためだ。もし、小惑星が衝突していなければ、一億年もの間、閉じられたままだった哺乳類の進化の扉が開くことはなく、岩石に記された「哺乳類の時代」が始まることもなかったはずだ。地球の生命史は、「偶然性」というたったひとつの事象によって、不可逆的な変化を経験した。もし小惑星の衝突が起こらなかったり、もっと遅かったりしていたなら、あるいは、もし衝突したのが別の場所だったならば、衝突後の数百万年の間の出来事は、まったく別のシナリオに沿って展開していたことだろう。もしかすると、非鳥類型恐竜は地球を支配し続けていたかもしれないし、有袋類はもっとも一般的な哺乳類として世界に君臨していたかもしれない。あるいはまた、衝突と同時期に古代インドで火山の噴火があったように、別の災害によってもっと違った形の絶滅が引き起こされていたかもしれない。「爬虫類の時代」がそのまま続いていたことだってありえただろう。ただそうなると、このように時間や時の流れに思いをめぐらせるような種が生まれることもなかったはずだ。この日は恐竜たちだけでなく、私たち人類にとっても、きわめて重要な一日なのである。

現在、数十年にわたる激しい論争を経て、当時の様子がようやく明らかになりつつある。古生物学、地質学、天文学、物理学、生態学など、さまざまな分野の研究知見から、衝突後に地球で起こったことがより詳細に想像できるようになったのだ。あのような大きなダメージが生じたのは、決して小惑星衝突だけが原因ではない。長期にわたって続いた衝突の影響が、地球上の生命のあり方を変えてしまった結果、期せずして人類が出現したのである。これから私たちは、恐竜全盛期のヘルクリークにタイムスリップして、絶滅前夜から小惑星衝突後の数秒間、数日間、数か月間、数年間、数百年間、数千年間に起こったことを一緒に見ていく。そして、このヘルクリークを襲った大災害を検証しつつ、地球のほかの地域の様子についても想像していきたい。

これから目にするのは、かつてないほどの勢いと激しさで変化する世界だ。私たちは、恐竜たちの物語を堪能できるように、たくさんの荷物を持ち込んでいる。それは道具や装置などではなく、私たちの頭の中にあるもの、言い換えれば、チリマツの枝の分かれ方に始まり、この地に生息する生物種の分類学的な識別方法に至るまでを説明できる、二世紀以上にわたって積み上げられた科学的知見のことである。それに、ヘルクリークは恐竜の生息地として世界でも有数の場所だ。まさにヘルクリークは、私たちにとって恐竜世界への入り口であるのと同時に、偉大なる恐竜たちが最後の一幕を演じた地――序曲とフィナーレが一体となった場所なのだ。それは、ある時代の終わりであるとともに、新しい時代の始まりでもある。たしかに、私たちは恐竜という生き物が大好きなのだが――彼らが遺した骨は博物館で大切に収蔵されているし、映画で恐竜たちを生き返らせることもある――いまこうして人間が存在しているのは、恐竜たちが進化の舞台を降り、私たちの祖先に道を譲ってくれたから、つまりは、恐竜たちのおかげなのである。

さて、森のはずれで葉っぱをむしゃむしゃと食べている恐竜がいるとしよう。一歩一歩進むたび、腰から尻尾にかけて生える針毛が揺れ、背中には日差しとその影が落ちている。これは、私たちが「トリケラトプス・ホリドゥス（*Triceratops horridus*）」と呼ぶ動物だ。この名前は、すべての生物に属名と種名をつけるという伝統的な手法に準じて、一八八九年につけられたものである。トリケラトプスの化石はさほど珍しいものではなく、ロッキー山脈周辺の州からは何百という頭骨が採集されている。よって、このどっしりとした肢で移動する植物食性爬虫類の変異や成長、行動パターンについては、ほかの恐竜たちよりも多くのことがわかっている。

次に、中生代という時代について考えてみよう。この時代は地質学的・古生物学的に、三畳紀・ジュラ紀・白亜紀の三つに区分されている。これらはいずれも、特定の岩層、生物の出現状況、明確な年代測定法に基づいて分けられている。恐竜は三畳紀の中ごろ、約二億三五〇〇万年前に出現し、ジュラ紀に繁栄を迎え、白亜紀を通して陸上の生態系に影響力を与え続けた。そして、一億七〇〇〇万年以上にわたり、世界でもっともカリスマ性のある動物として君臨した。しかし、私たちの想像上の視点から見ると、こうしたイメージはかけ離れているように見える。トリケラトプスは、自分の名前も、今日が何曜日かも知らない。自分たち――新芽を食べようと周囲の匂いを嗅ぎまわっている、三本の角をもつ植物食恐竜――と人間である私たちの間には、何千万年という年月の隔たりがあることも知らない。ましてや、自分の運命に迫りくる危機についてなど、知る由もなかった。

これから始まる一〇〇万年にわたる物語は、科学的知見と推論から生まれたものだ。本書で語られる白亜紀後期から暁新世初期までの世界には、過去数十年の知見がすべて盛り込まれている。科学的なプロセスを述べるものではなく、科学から生まれた物語だといえるだろう。なかには、論文で実際に言及されたものではなく、仮説や、現段階で有効と思われるエビデンスから導き出した推論も含まれている。しかし、生態系の壊滅的変化を綴るこの物語の大部分は事実に基づいている。科学という骨格を物語で肉づけしたものと考えてもらってもいいかもしれない。どこまでが事実で、どこまでが仮説あるいは想像なのかについては、本書の付録で説明している。本文にこの説明部分を含めなかったのは、六六〇〇万年前から六五〇〇万年前に至るまでの劇的な変化を、寄り道せずに読み進んでほしかったからだ。本書の目的は、当時の過酷な時期の生き物たちとその生態をくわしく肉づけして説明することにあった。そのために、彼らのことは、歪んだ化石の姿としてではなく、実際に生きていた生き物として描くように心がけた。結局のところ、古生物学者としてめざすところは、死んでしまったものを生き返らせることなのではないだろうか。

もちろん、私の推論には間違いや修正が必要になるところが今後出てくることだろう。科学の進展に伴い、これからも新しい発見は続くだろうし、いま現在の知見はより洗練され、深められていくのだから。だが、私たちはすでに白亜紀末に起こったことを詳細に説明できる段階にきている。本書の舞台は、なじみ深いヘルクリーク周辺が中心となっているが、この惨禍の根深さがより伝わりやすいように、ほかの地域や生態系に関するエピソードも各章末に入れている。おそらく、今後数十年の間にも次々と化石が発見され、ティラノサウルスの生息地から遠く離れた地域でも、K／Pg 境界に起きた大量絶滅の詳細が明らかになることだろう。しかし、化石の記録が断片的であることを考えると、地球上の、このたったひとつの場所についてだけであっても、当時の圧倒的な変化についてかなりのことがわかってきたということに驚きを禁じ得ない。その大きな変化をこれから一緒に見ていきたいと思う。

ほら、まもなくその変化が起こる。ケラトプス類の息遣いや虫の音に耳を傾けている間にも、宇宙から直径およそ一一キロメートルの大きな塊がどんどん近づいている。大気圏のどこかから、白亜紀の終わりが迫りつつある。

第1章

衝突前

いまから六六〇四万三〇〇〇年前

そのトリケラトプスからは腐敗臭が漂っていた。この巨大な植物食恐竜が倒れたのはほんの数時間前のことだが、その微動だにしない鼻と生気のない目の周りには、すでにハエの大群が真っ黒な雲のようになってたかっていた。飛び交うハエの群れに乱れが生じるのは、死肉に集まった翼竜や鳥たちが羽ばたきや小競り合いをするときだけだ。こうして彼らは待っている。食事の支度はすっかり整っ

ているのに、まだパーティの主役は現れていない。

この年老いたトリケラトプス、死因は体内の悪性腫瘍(32)で、最期は口から泡をふき、身もだえするほど苦しんだのだが、それでも死ぬ少し前までは、重量にして一〇トンはあった。トリケラトプス・ホリドゥス種の中では取り立てて大きいほうではなかったものの、自分の存在を誇示するために、立派な角でほかのオスを押しのけたり突いたりしながら、いく度もの繁殖期を生き抜いていた。この負けず嫌いのトリケラトプスは、繁殖期になると、唸り声をあげ、泥や糞(ふん)まみれになりながら、ほかのオスたちと競い合い、決闘場所となった平原では、生い茂っていたシダが、見る間に蹄(ひづめ)で踏み荒らされたものだった。ところが、一年ほど前から体の具合が悪くなり始めた。体の奥で生じていた痛みが日に日に強くなり、繁殖期になっても、以前のようにライバルたちと争うことができなくなった。むしろ、ケンカを売ってくるほかのオスたちを避けるようにまでなった。近くになかまの姿はなく、このトリケラトプスだけがポツンと孤独な影を落としていた。体は小さくなり、筋肉と骨ばかりになった彼は、いまや、白亜紀の森の外れで、朽ちた木の幹に体をこすりつけるか、あるいは悪臭の漂う水たまりで泥浴びをするくらいがせいぜいだった。泥浴びをすれば、泥の膜でウロコ状の皮膚を覆うことができ、血を吸う虫たちが皮膚の割れ目に入り込むのを防いでくれる。そして、いつもと同じように泥浴びをしているとき、うとうとと目をつむったかと思うと、そのまま起き上がることはなかったのである。

死んだトリケラトプスにまっさきに気づいたのは翼竜だった。彼らにとって、死体を見つけることなどお手の物。短い毛のような繊維組織で覆われたこの爬虫類は、日中の暖かい上昇気流に乗ると、広げた翼膜で宙に輪を描きながら滑空し、熟れた死肉を目ざとく見つける。あとは、乾燥気味の腱や腐敗した内臓に食らいつくだけだ。コウモリの翼をもったコウノトリのような見た目の翼竜は、魅力的とは言い難いが、それでも彼らは、脊椎動物で初めて動力飛行という進化を遂げた驚くべき存在だ。断熱性のある原始的な羽毛から、中が空洞になっている骨のつくりに至るまで、これこそ彼らが進化の末に行きついた姿なのである。とはいえ、いくらこの腐肉食動物（スカベンジャー）たちが優雅に空を滑空できても、地面の上になると話は別だ。地上では、まず、とてつもなく長い第四指を支えにしながら翼を折りたたまなければならない。そして、ガーガーと鳴きながら、まるで竹馬に乗っているかのように、あっちへヨタヨタ、こっちへヨロヨロと歩き回るのが関の山である。地上へ降り立つときは、チャンスを無駄にしてはならない。白亜紀の氾濫原をヨロヨロと歩きまわるのは、空中で旋回しているよりもよっぽど体力を使うため、地上では必ずおやつを手に入れる必要があるのだ。しかも、ぼんやりしたり油断したりすれば、空中に舞い戻れないことだってありうる。

このトリケラトプスの大きな体には、無駄になる部分が何一つない。そもそも、ここでは死を悼むという概念がない。これほど大きな死体であれば、どれだけ多くの生き物たちが集まってきても、お腹を満たすには余りあることだろう。大きなものにも小さなものにも十分に行き渡る、まさにビュッフェのようなもので、そのすべてが何らかの形で自然へと還元されていく。とはいえ、トリケラトプスの肉はなかなか手ごわい。すでに体の柔らかい部分は、翼竜や鳥類（なかには小さな歯をもつ鳥もいる）に食べられてしまっている。クチバシで目の周りや鼻の穴の中はつつかれ、肛門は引き裂かれ、まるで体のあちこちがただれているように見える。しかし、内臓にありつくには、強い顎の力がなければ無理だ。そう、頑丈な体壁に守られた内側のごちそうを堪能するには、ウロコ状の皮膚や、筋膜や、ぶ厚い筋肉を食い破れる肉食動物が必要なのだ。この巨体の主がシダの茂みで死んでからすでに二日目になるが、空飛ぶスカベンジャーたちはまだ待っていた。上空を飛び回ったり、死体の硬い皮膚の上に陣取ったりしては、やかましく鳴き声をあげ、いまかいまかと待っていた。このパーティの主役が来なければ、メインディッシュは味わえないのだ。

腐敗が始まって二日目の夕方。紫がかった光が氾濫原に差し始めたころ、ヌマスギとイチョウの木々の奥から大きな影がついに現れた。その肉食恐竜に焦る気配はない。全長一〇メートル、体重は八トン以上にもなるこの獰猛な爬虫類は、生態系の頂点に君臨している。だが、不死身というわけではない。ほかの生物と同じように骨折することもあれば、虫に刺されることも、病気にかかることもある。この爬虫類が唯一恐れる相手は、自分と同類の肉食恐竜だろう。とはいえ、これほど巨大で、かつ二足歩行の恐竜を凌（しの）ぐ相手はほとんどいない。骨まで砕くことができる頑丈な顎に、獲物をむさぼるためだけに進化したような体をもつ恐竜。ここ、ヘルクリーク随一の肉食恐竜、ティラノサウルス・レックスだ。

夕暮れの日差しが彼女の茶色い皮膚をオレンジがかった金色に染める。まばゆい光に包まれて、このメスの恐竜は横たわる死体に近づいていく。その鼻先から尻尾までは小石状のウロコに覆われており、首から先細りの尻尾にかけては、うっすらと羽毛が生えている。顎の先と口の上にはひげのような繊維が生えており、口の中にずらりと並ぶ長さ一八センチメートルもあるバナナのような歯は、口元の繊細な皮膚でほとんど覆い隠されている。この鋭い歯は縁がノコギリ状になっており、生きている限り何度でも生え変わる。

同じ種のなかまであっても、そのメスの顔立ちには目を止めるかもしれない。頭は、彫刻のようにすべすべしているわけではなく、山あり谷ありといった感じで起伏に富んでいる。鼻筋に沿ってブツブツとした隆起物が連なり、目の上のケラチンで覆われた突起が目元を際立たせ、その何気ない表情がいかにも恐竜らしい雰囲気を醸し出している。目の上の突起部分は角と呼んでもいいのかもしれないが、角にしては防御性に欠けているので、どちらかといえば飾りに近いだろう。この突起は、成熟度と、狩りや闘いの熟練度を表しており、ほかのなかまにとっても見分けやすい特徴となっている。また、この暴君たちが騒々しい繁殖期を迎えたときには、求愛相手を魅了する、ちょっと変わったチャームポイントにもなる。

このティラノサウルスは、小さな両腕を胸の前に引き寄せたまま、トリケラトプスの死体へと近づいていった。ここでは何かをつかんだり、振り回したりする必要はない。前足には鉤状の指趾（しし）が二本あって、恐ろしい歯でバリバリと獲物を噛（か）み砕いている間、獲物をつかんでいることもできなくはないのだが、どちらかといえば、このお飾りのような手は、役に立つよりも邪魔になることのほうが多い。手を広げていると、狩りや戦いの最中に簡単に折れてしまうのだ。全体的なティラノサウルスの体のバランスを見ると、頭に比重が置かれており、力強い顎で獲物を捕まえ、殺し、食べるように進化していたことがわかる。よって、その小さな両腕はほとんど無意味になっていた。頭骨の中には空間や気嚢（きのう）〔呼吸のために空気を貯蔵する袋のこと〕があって軽量化されているが、体の前の部分には筋肉と骨が多く、その重さを支えるために、体の後ろは強靭でなければならない。長距離の歩行を可能にする筋肉質の脚と、体のバランスをとるための長い尻尾のおかげで、ティラノサウルスは水平に近い姿勢でいることが多い。しかし、運悪く餌食となった哺乳類や鳥類ならわかっていることだが、ティラノサウルスは後ろ肢でまっすぐ立ち上がることもできるため、地面の上の獲物と同じくらい簡単に、木の枝にいる獲物を食べることもできる。

このティラノサウルスは、危険な目に遭うことなく何年も生きてきた。いまでは大きすぎるほどに成長し、肉食恐竜の圧倒的な貫禄を身につけている。生まれたときにあったカモフラージュ用のまだら模様もほとんど消えて、喉やお腹や太ももの内側といった皮膚の白っぽい部分に黒っぽい円がうっすらと見えるだけとなっている。ほかの部分は暗い赤茶色をしているが、これは血の汚れではない。ティラノサウルスは明け方や夕暮れどきによく狩りをするのだが、森のはずれの薄暗闇に紛れやすい色をしているのだ。たとえば、見晴らしのよい場所でエドモントサウルスを見つけても、計算高い彼らにあっさりと逃げられてしまう。[33] けたたましく鳴く、アヒル口のエドモントサウルスの群れに突っ込んでいったとしても、体力の無駄遣いでしかなく、息せき切って次の盆地へ向かう彼らの警戒心を強める結果にしかならない。それよりも、木々の陰で待ち伏せし、獲物に少しずつ近づいてから、一気に襲いかかるほうが確実だ。[34] 八トンの体重をかけて最初の一撃で相手を仕留める。たとえ最初のひと咬みでとどめを刺せなかったとしても、獲物はその打撃と失血で弱るため、あとはじっと相手が倒れるのを待てばいい。だが、油断は禁物だ。たしかに、このハドロサウルス類のエドモントサウルスには、トリケラトプスのように身を守るための角はないし、ぎこちなく歩くアンキロサウルスのように頑丈な骨でできた鎧もないが、彼らの太くて筋肉質な尻尾で攻撃されれば、肋骨を折ることもある。

もちろん、おとなのティラノサウルスであれば、たとえエドモントサウルスから頭突きや足蹴りを食らってもすぐに倒れるようなことはないだろうが、そんな最強の肉食恐竜であっても、その攻撃で腕やすねなど、どこか一か所でも骨折してしまえば、そこから感染症にかかったり、痛みで動けなくなったりして死に至ることもあるのだ。

じつは、ティラノサウルスにとっての最大の敵は、いたって小さな生き物だった[35]。このメスのティラノサウルスが死体の前で大きなあくびをしたとき、その顎からひどい悪臭がしたが、それは腐った肉や口臭だけが原因ではなかった。この悪臭の根源は、大きく平たい舌の下にわずかに見えている小さな病変だ。それは、きわめて小さな寄生生物の巣窟である。この寄生生物は、捕食する側にも捕食される側にも寄生するため、宿主だったハドロサウルスを食したときに移ったのだろう。やがて、この生物は喉から急速に増殖していき、下顎に親指が入るほどの穴を開けてしまう。そうなると、痛みを伴うジクジクとした傷がいくつもでき、食べることはおろか、狩りさえできなくなる。しかし、そうなるのはまだ先のことだ。いまここでトリケラトプスの熟成肉にありつこうとしている彼女は、自分の縄張りを治める王者としての風格を保っている。

だが、そんなティラノサウルスの祖先はいまほど貫禄があったわけではない[36]。一億七〇〇〇万年以上前の三畳紀中ごろにいた彼らの祖先は、小さくて地味だった。ふわふわの毛に覆われていて、大きなものでも腰までの高さが一〇センチメートルほどしかなかった彼らは、獲物を歯や爪で引き裂いたりはしない。また、背中に冑（かぶと）やスパイクを背負っていたり、羽をはためかせて飛んだりすることもない。この小柄でほっそりとした原始の恐竜たちは、ぴょんぴょん飛び跳ねていたのだ。彼らのごちそうは、てかてかと光った、カリカリ食感の甲虫だ。そして、代謝効率の良さを最大限に生かして、自分たちよりも大きくて恐ろしげな爬虫類がうろつく森の中を、飛んだり跳ねたりしながら素早く動き回っていた。

その後、この原始の恐竜が多少大きくなって、ジャーマンシェパードくらいになったときでも、彼らの主食はまだ甲虫や木の葉だった。見た目も恐ろしくはなく、地上の支配者でもなかった。というのも、三畳紀に地上でもっとも威張っていた脊椎動物は、古代のワニ類の系統で、のちの時代の恐竜たちと同じように当時の陸地を支配していたからである。こうしたことを背景に、恐竜たちは進化を続けていき、三畳紀の終わりごろになると、巨大化していたか、世界の生態系で重要な位置を占めるようになっていた。もしそこで大量絶滅が起きていなければ、初期の恐竜たちは、たまたま先に世界を支配していた、これまた風変りな爬虫類たちと覇権争いを続けていたかもしれない。

恐竜たちは知る由もなかったが、つつましい彼らの祖先たちは、画期的な存在だった。ティラノサウルスの時代より一億三五〇〇万年ほど前、現在の北アメリカ東海岸沿いで火山活動が異常に激しくなったことがあったが、そのとき、断熱性に優れた羽毛、代謝の効率の良さ、直立型の姿勢といった恐竜の特徴すべてが進化において優位にはたらいた(37)。ストラヴィンスキーの音楽に合わせたアニメでは、真っ赤な溶岩が地圧で噴き出ているが、当時の様子はそんなものではなかった〔ディズニー制作の映画『ファンタジア』では、ストラヴィンスキーの〈春の祭典〉の音楽に合わせて火山の噴火や恐竜などが描かれている(38)〕。化膿した皮膚のように、大地からは溶岩がにじみ出て、何キロメートルにもわたって広がった。大気中には何トンもの二酸化炭素が放出され、海水の酸性度が上昇。気候は不安定になり、気温は上がったり下がったりして激しく変化した。血気盛んな恐竜たちは、彼らがときどき食べていた内温動物の原始哺乳類と同じく生き残ることができた。おそらく、彼らに備わった独自の生理機能と体温の保温能力が役立ったのだろう。しかし、支配者だったワニ系統は壊滅状態に陥る。もちろん生き残った種もいて、それ以降の中生代で彼らなりに多様化していったわけだが、二者の立場はすっかり逆転してしまった。今度は恐竜が覇権を握り、一方の生き残ったワニ類の系統は、沼地のあたりでバチャバチャと動き回ることになった。ここで、今後数千万年にわたる恐竜時代が幕を開けたのだ。

かの有名な暴君ティラノサウルスの系譜については、ジュラ紀にまで遡る。彼らの祖先は小さく、ほっそりとしていて、三本の爪をもち、顎の厚みはあまりなかった。当時の彼らは、恐ろしい口をもつ羽毛で覆われた巨大怪物からはほど遠い、ひよっこといえるような恐竜だった。ティラノサウルスよりも前にも、アロサウルス、メガロサウルス、ケラトサウルスなど、多くの肉食恐竜がすでに存在しており、何千万年にもわたって肉を貪り食べていた。もちろん、その時代――いま私たちがタイムスリップしている白亜紀より、さらに約一四〇〇万年前――にもティラノサウルスは存在していたが、彼らはまだ取るに足らない脇役にすぎなかった。しかし、北半球で、前の時代の恐ろしい捕食者たちの勢力が弱まってくると、ティラノサウルスのなかまは、突如として、捕食動物の巨人へと姿を変える[39]。この巨大化に伴い、腕は、単なる小さなおまけと化してしまったが、その一方で、筋肉の詰まった頭骨が大きくなっていった。頭蓋の後部が横に広がったことで、顎を閉じる筋肉がさらに発達。首の強力な筋肉との合わせ技で、うまく獲物を捕らえることができた。こうした進化に伴って、横を向いていた眼窩(がんか)が前方に向くようになり、両眼視（物体を立体的に捉えることのできる機能）という思わぬ収穫まで手に入れた。さらに、この新しいタイプのティラノサウルスのなかまは、風に乗って漂ってくるわずかな匂いを頼りに食べ物のありかを突き止めることにも長けていた。彼らの脳内で嗅球が占める割合は、思考を処理する部分よりも大きいのだ。この新しいタイプのティラノサウルスのなかまは、歯の先から尻尾に至るまで、それまでの肉食恐竜とはまったくの別物だった。

白亜紀最後の日々も、ティラノサウルスは王者として生きていた。この獰猛な恐竜は、周囲の環境を完全に支配しており、ライバルになりえそうな種の進化を阻むほどの影響力をもっていた。たとえば、ヘルクリークでは、アトロキラプトルのような小型の肉食恐竜は、齧歯類を追いかけたり、死骸をつついたりしていた。ダコタラプトルのように、例外的に人間ほど背が高かった肉食恐竜であれば、生まれたてのティラノサウルスを捕食することがあったかもしれないが、それでもヘルクリークの森や氾濫原で、暴君竜ティラノサウルスに敵うものはいなかった。[40] 肉食恐竜たちには、それぞれ対象とする獲物があったが——たとえば、アヒル口のカモノハシ恐竜（ハドロサウルス類）を専門に狙うもの、死肉だけを食べるもの、トリケラトプスだけを餌食にするものなど——ティラノサウルスは、それらの獲物すべてをカバーしていた。

ティラノサウルスは成長するにしたがって急激に変化していき、ライバルたちを押しのけていった。その変化は劇的である。赤ちゃんのころは、成体のティラノサウルスよりも初期のティラノサウルスに似ている。グレープフルーツ大の卵を蹴破って出てきた赤ちゃんは、目は大きく、ふわふわの羽毛に覆われており、長い肢をもっている。体重九トンもある殺戮者というよりは、歯を生やしたミチバシリといった風貌である。主食は、昆虫、トカゲ、小型の哺乳類といったもので、死肉にありつければ、それも食べていた。幼体期から亜成体期前までの頭骨はまだ長く、顎の厚みもそれほどない。しかし一一歳ごろになると、その姿は一変する。[41] 成長期のティラノサウルスは、驚異的な早さでどんどん体重を増やしていくだけではなく、頭骨の形まで変えていく。顎の厚みが増し、筋肉量は増えて、咬合(こうごう)力はさらに増す。二〇歳を迎えるころには、すでに大型の獲物を仕留めることができるようになり、ケラトプス類やカモノハシ恐竜を食べたあとには、残骸と糞くらいしか残らなくなる。こうして、彼らと同じサイズのライバル恐竜たちは排除されていった。ティラノサウルスは、幼体期、亜成体期、成体期で、それぞれ違った習性と獲物メニューをもち、長期にわたる激しい進化競争でライバルたちを押しのけていった。こうして彼らはヘルクリーク一帯で繁栄する唯一の巨大種となったのである。そんな彼らには広いスペースが必要だった。それぞれが自分のテリトリーをもっていたため、北アメリカ大陸全体でもティラノサウルスは二万頭くらいしか生息していなかった。[42]

　そのメスのティラノサウルスは、ほかの捕食者には目もくれず、柔らかい地面に巨大な三本指の足跡を残しながら、トリケラトプスの死体に近づいていく。もし、そこにライバルとなる肉食恐竜がいたとしても、彼女は歯牙にもかけないだろう。トリケラトプスの死肉から漂う甘ったるい腐敗臭に、夢中になっているのだ。この匂いを嗅ぎ取ったのは数時間前のこと。モクレンの木の下でうたたねをしていたとき、昼過ぎの爽やかなそよ風に乗ってかすかに漂ってきたのだ。彼女は、トリケラトプスの死臭(アロマ)をたどりながら、湿地を越え、アケボノスギとも呼ばれる大きなメタセコイアの並木を抜けて進んでいった。一歩、また一歩と近づくにつれて、匂いは強くなっていく。

　死体に近づくと、彼女は顎をガチガチと打ち鳴らした。[43] その音で、死体に群がっていた翼竜や歯を生やした鳥が、特大のハエのように一斉に飛び立っていく。ティラノサウルスはさっそく仕事に取りかかった。まずは、死体から漏れ出した体液で湿っている地面に、どっかりと左足を降ろす。それから上体を起こすと、鋭い三本の爪のついた右足でトリケラトプスの腹部をひっかいた。ウロコで覆われた皮膚は厚く、一度や二度ひっかいたくらいでは破れない。しかし、三度目でその防御壁は崩れ、皮膚が裂けて大きくえぐれた。暴君が頭を死体に突っ込んで、内臓の大きな塊を口の中にほおばると、大量の血が流れ出た。

ティラノサウルスがその気になれば、この死んだ植物食恐竜の肢を付け根からポキンと折って持ち去ったり、肩から頭を引き抜いたりすることもできる。実際に、少しあとにはそうしているかもしれない。しかし、いまはまだそんな乱暴な方法に頼る必要はない。体の中で一番柔らかくて一番おいしい部位がまだ手付かずで残っている。彼女は、頭を下げて、ドロドロになっていく五〇キログラム近い肉の塊を口で咥えてすくい取ると、また頭を上げて喉の奥へと流し込む。まるでおぞましいシーソーのようだが、恐竜の親戚であるワニや鳥も、こんな風に食べる。これは、慣性摂食法と呼ばれる食べ方で、食べ物をつかむ手がなかったり、口で咀嚼できなかったりする場合に便利な方法である。ハサミのような歯が並ぶティラノサウルスの口は、咥えたり切り裂いたりすることに特化しており、肉の消化は、消化管の筋肉と胃酸のはたらきでほとんどが完了する。一回分の食事が胃にとどまっているのは比較的短い時間で、その間にできるだけたくさんの栄養を吸収するという、まさに燃費の悪い生き物の見本である。[44] 貪り食べたあとも、その食べ物が液状化するまでの数日、あるいは数週間も休んでいるわけにはいかない。ティラノサウルスの狩りの腕前はスピードとパワーに拠っているため、そのぶん、たくさん食べる必要がある。おいしくいただいた肉組織が、筋繊維や骨の断片と一緒に三〇センチメートル超の糞になって排泄される前に、素早く行動を起こして、毎回の食事を有効活用しなければいけないのである。

ティラノサウルスが頭を起こして肉を飲み込む隙に、空を飛んでいる腐肉食動物たちは肉の切れ端をひっさらおうとするが、ティラノサウルスはそんなことには目もくれず、無心に肉を貪っている。もたしかにトリケラトプスはうまいのだが、ティラノサウルス一頭で平らげられるサイズではない。もうひと塊を飲み込んだ瞬間、ティラノサウルスは身をよじり、噛み砕いたトリケラトプスの肉を吐き出した。そして、大きな頭を左右に振って鼻を鳴らすと、ふたたび生肉を食べ始めた。その横では、翼竜や鳥が、そのティラノ特製の肉片を素早く飲み込んでいる。この一頭だけで、食べ物をねだるものたちも十分な分け前にありつけるのだ。

時間が経つにつれ、死体はどんどん小さくなっていく。分厚い筋肉を食べるために、杭のような鋭い歯が骨まで削りとる。[45] そして、その骨もまた強力な顎で引き抜かれ、粉々にされて、こびりついた肉片や髄液と一緒に飲み込まれていく。そんなティラノサウルスだが、この食事会の主催者として、客へのもてなしを忘れているわけではない。彼女が一回の食事で食べられる量には限りがあるので、お腹がいっぱいになると近くのシュロの木の根元でウトウトと昼寝を始める。そんなとき、ほかの肉食動物たちはここぞとばかりに自分たちの分け前にあずかるのである。ドロマエオサウルス科に属する小さな恐竜たちは、独りで、あるいはカップルで、ボロボロになった骨の破片をついばんでいる。ティラノサウルスからすればテーブルに落ちた食べかす程度の残り物だが、彼らにとっては、十分にほおばれる量だ。そのおこぼれをめぐって、鳥や小型肉食恐竜、翼竜などが、けたたましい叫び声をあげて、骨の周りに茶色や白の羽根をまき散らしながら争っている。自分の取り分を食べるティラノサウルスと残り物をつまむ取り巻き連中は、さながら舞台で踊るダンサーたちのように、入れ代わり立ち代わり肉をあさる。その様子は、残酷なカオスを呈する現場にも秩序があることを示している。

やがてそこには、悪臭を放つ三本角の頭骨だけが残った。骨がまとっているのは、血が抜けて乾き、ジャーキーのようになった薄い肉片だけだ。四肢、臀(でん)部、尻尾、首元といった最上の部位はすべてなくなっている。肉よりも骨でいっぱいになったお腹を抱えたティラノサウルスは、ボロボロになった頭骨の匂いを嗅ぎ、鼻で押した。もうここには何も残っていない。おいしそうに感じた匂いも、いまは死の香りでしかない。あとの処理は専門の掃除係に任せるとしよう。ハエ、骨に穴を掘って子育てをする甲虫、栄養豊富な土に生える菌類、それからこの壮大なリサイクルプロジェクトを達成してくれる無数の微生物といった面々だ。このトリケラトプスは、化石となるなかまたちと同じ運命をたどることはできない。彼がかつてここに生きていたことを証言できるのは、踏み荒らされた大地のみである。

満腹になったティラノサウルスはふたたび歩き始める。彼女は、毎晩自分の縄張り内に寝床をつくる。縄張りの境界線は一定しておらず、常にマーキングをして同種のライバルの侵入を防ぐ必要があった。それでも、爬虫類の脳をもつ彼女は、自分以外のティラノサウルスに出くわすことはないと単純に思っている。だが、もし迷い込んだ平地で同族のライバルを見かけたり、羽毛の生えた巨体が体を揺らしながら木々の間をすり抜けるのを見つけたりしたら、威嚇の声をあげながら、自分の王国を脅かす相手に全力で立ち向かっていくことだろう。

しかし、今朝は何事もなく穏やかだった。朝日が沼地や木立を黄金色に照らしている。ティラノサウルスは、三本指の肢であてもなく歩き回りながら、何か面白そうなことはないかと周囲の気配をうかがった。いまはまだ大丈夫だが、またすぐに狩りを行なうことになるはずだ。それならば、獲物に出くわしそうな場所にいるほうが何かと都合がいい。獲物なら何でもいいというわけではないのだ。ヘルクリークの生態系は生命力にあふれていた。林では虫たちの鳴き声が響き、水草の生い茂った沼ではワニとワニもどきのチャンプソサウルスが、魚や小さなカメをパクっとひと飲みする。毛に覆われた哺乳類は巣穴や木の枝で賑やかにおしゃべりを交わす。木の幹の上ではトカゲがチョロチョロと走り回り、シダ類が広がる野原をヘビがくねくねと進む。朝は、鳥と翼竜の歌声で始まる。それぞれがなかまたちと交わす挨拶の声が大合唱となり、眠っていた恐竜たちを起こす。厳密にいえば、ティラノサウルスはこれらの生き物すべてを食べることができる。ただ、小さな食料に手を出すのは、ほかに獲物がいなくてどうしようもないときだけだ。どうせ苦労して狩りをするならば、仕留め甲斐のあるものがいい。一番いいのは、大きくて油断していて、不意打ちをかければ捕まえられるような獲物だ。

ときには、中型の恐竜を食べることもある。運よく死体に出くわしたときなどだ。しかし、たいていの中型恐竜は、すばしっこすぎたりして割に合わない。たとえば、ダチョウのような見た目のオルニトミムスは、前肢の華麗な羽毛が目を引くので、見つけるのは簡単なのだが、いかんせん逃げ足が速すぎる。頭がドームのような形をしたパキケファロサウルスもまた敏捷で、しかも数自体が少ない。

小さい肉食恐竜（ドロマエオサウルス科やトロオドン科）はティラノサウルスが近づくと逃げることが多く、経験上、彼らが射程圏内に入ってくるのは、同じ死肉を食べようとしたときくらいである。また、二足歩行でクチバシをもったテスケロサウルスは、カモフラージュくらいしか防御手段をもっていないものの、捕まえるのは骨が折れる。彼女ほどの年齢と体格のティラノサウルスにとって、軽食の食べ歩きは疲れるだけだ。オードブルをちょこちょこ食べるより、一回の食事で済むビュッフェのほうが望ましいというわけである。

この辺りによくいる大型植物食恐竜は三種類だが、そのうち狩りで仕留める値打ちがあるのは二種のみだ。そのひとつが、ショベルのようなクチバシをもつエドモントサウルスである。彼らは群れで行動し、用心深い。そのため、群れに忍び寄るにはそれなりのスキルが求められるが、反対にいえば、安全だと油断させれば、何頭もの獲物に隙が生まれる。そうなれば、彼らの太い尻尾だけでも、数日分の食料になる。一方、トリケラトプスはやや厄介な獲物である。三つの角をもつこの植物食恐竜は、青年期には群れで行動するが、おとなになると単独で行動するようになる。ときにはほかの個体と一緒に植物を食むこともあるが、基本的には群れをつくらない。エドモントサウルスと同じく、トリケラトプスをうまく倒すのにも、狩りの技術と運が必要になってくる。下手をすれば、あの長い角で大怪我を負って、感染症を起こしてしまうことだってある。そこで、最初の一撃は背後から咬みついて、相手がこちらに向き直る前に決定的なダメージを与えなければならない。だが、そんなトリケラトプスも、アンキロサウルスよりはましである。この短い四肢をもつ植物食恐竜は、決して無敵というわけではないのだが、全身、まぶたに至るまで鎧で覆われており、咬みつくべき場所を間違えただけでも歯を何本か失ってしまう。それに、もし尻尾の先についているタイヤ大の骨塊ハンマーを食らえば、骨が粉々に砕けてしまうかもしれない。必死のエドモントサウルスの抵抗で、かろうじて小骨を折らずに済んだり、向かってくるトリケラトプスの角を何とかかわしたりすることはできるかもしれないが、アンキロサウルスの尻尾のハンマー攻撃はダメージが大きすぎる[46]。その一撃で死に至ることだってありうるのだから。実際、このメスのティラノサウルスがアンキロサウルスを食べたのも過去に一度だけだ。彼女がアンキロサウルスの体を転がして仰向けにし、そのガスで膨らんだ柔らかいお腹に食らいつくことができたのは、自然死した死体を偶然に見つけたからだった。

しかしその朝、彼女の食指が動くような獲物は近くにいないようだった。ティラノサウルスが近づくと、鳥たちは下草から飛び立ち、哺乳類たちは虚勢を張って毛を逆立てながら怒りの鳴き声を上げる。もう少し歩いて、狩りにもっとふさわしい場所を見つけなければ。それに喉も渇いてきた。日はだんだんと高くなり、長かった影も短くなってきている。ティラノサウルスはメタセコイアの木立に分け入り、そのほとりにある小さな池までやってくると、頭を低くして水を飲んだ。丸太の上で一休みしていたカメが水中へするりともぐり、泥で濁った池の底に隠れた。そのとき、バサッという大きな音がした。枝にとまっていた歯を生やした鳥が水面まで急降下したと思ったら、クチバシに何か小さくて銀色に光るものをくわえて飛び立っていったのだ。ティラノサウルスはその鳥を眺めていた。獲物としてではなく、興味をひくものとして。自分が近づくと、周りはみな静まり返ることが多いので、動くものがあればつい目で追ってしまうのだ。ティラノサウルスは鼻を一度鳴らすとふたたび頭を下ろし、水をしたたらせながらもう一口水を飲んだ。それから、鼻先から尻尾の先までをブルっと震わせると、木立の中へと戻っていった。
このティラノサウルスが、口の中で新鮮な血液がどくどくと脈打つのを感じることはもうない。彼女の、そして地球のすべての生き物たちの知らないうちに、世界の終焉は秒速二〇キロメートルの速さで近づいていた。

そのころ……

ユタ州ノース・ホーン層では

ちっちゃな恐竜が自分専用の池の中でキックしたり身をよじったりしている。[47] 卵の中の赤ちゃん恐竜は、その小さな歯を噛みしめながら、もっと居心地のいい体勢をとろうともがいていた。ここで過ごすのもあとわずかだ。長い首をしたこの赤ちゃんがどんどん大きくなっていくにつれ、硬い殻の壁に囲まれた空間はますます狭くなっていた。それに、赤ちゃんの鼻先からは、一風変わったプロテーゼ〔人工軟骨。美容整形では鼻を高くするために使われる〕のように、とんがった卵歯が突き出ている。[48] あとはこれで殻に穴を開けるだけだ。この数か月で、赤ちゃんは猛

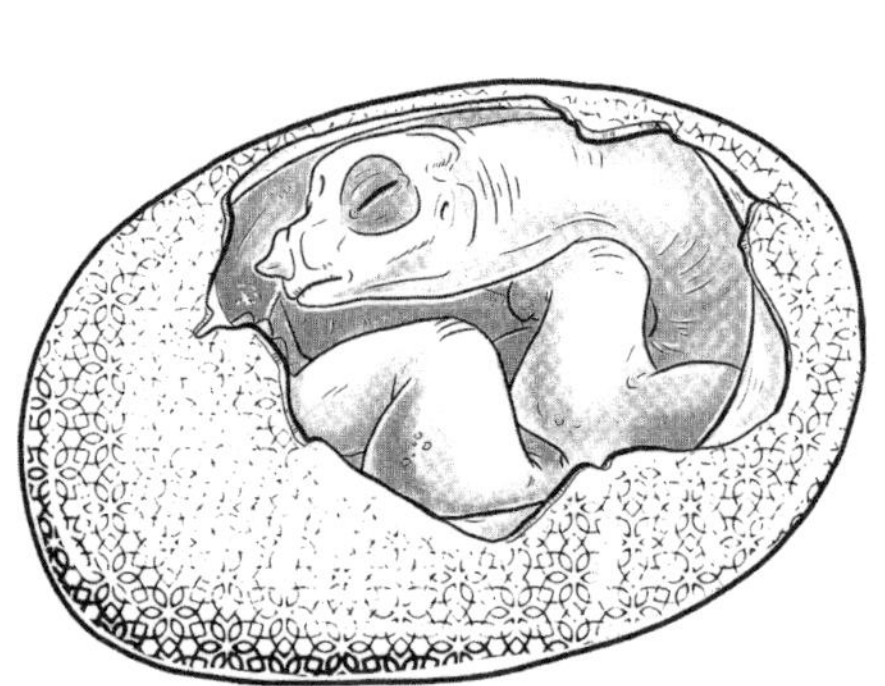

烈なスピードで細胞分裂を繰り返し、ぷよぷよした塊から恐竜らしい見た目になっていた。神経系、血液、筋肉、骨、歯、臓器といったものすべてが一体となって、のちに古生物学者らがアラモサウルス・サンフアネンシスと呼ぶ、史上最大級の恐竜へと成長していた。[49]

この孵化直前の巨大恐竜は、砂地に浅く掘られた巣穴に産み落とされた一二個の卵のひとつだった。母親は全長二四メートル、体重二〇トン以上はあったが、もっと大きい個体では、鉛筆のように細長い歯を生やした口元から先細りした尻尾の先までの長さが三〇メートル以上にもなる。ティラノサウルスがつま先立ちをしても、アラモサウルスの肩には届かないくらいだ。しかし、実際にティラノサウルスが側で背比べをしたわけではない。アラモサウルスの筋肉質な尻尾で強打されたり、太い柱のような肢で踏みつけられたりすれば、いくら羽毛つきの大型肉食恐竜といえども、ひとたまりもない。アラモサウルスの大きさの半分もなく、体重が三分の一にも満たないティラノサウルスが、このような大型植物食恐竜を狙うことはほとんどない。食べたければ、彼らが自然に死ぬのを待つしかない。それが細菌感染というような単純な死因であれば、ティラノサウルスの何週間分の食事になる。食いしん坊のティラノサウルスならば、巨大なアラモサウルスの体の中に自身の体を押し込み、そのまま食べ進んでトンネルを貫通させてしまうかもしれない。

とはいえ、そのようなごちそうにありつけるティラノサウルスばかりではない。アラモサウルスはもともと南方の由来である。大きくてどっしりとした体のティタノサウルス類の一種で、白亜紀のアフリカや南アメリカに多く生息していた。体格的にはブロントサウルスのような初期の巨大竜脚類恐竜と似ているが、ティタノサウルス類のほうがもっとがっしりとしている。同じ全長のアラモサウルスとブロントサウルスがいたとしても、その体重差は大きく、それぞれの足跡を見れば、二者の違いがはっきりとわかるだろう。ジュラ紀の巨大恐竜であるブロントサウルスやディプロドクスは、体重のほとんどを腰で支えていた。そのため、太い後ろ肢が前肢よりも深く地面に沈み込む形になっている。対するアラモサウルスは、前輪駆動型の恐竜だ。肩近くに重心があり、前肢はたくましい筋肉で覆われている。なので、長い首をしたほかの竜脚類と比べると、前肢のほうが地面に深く沈み込んだ足跡になっている。

アラモサウルスのようなティタノサウルス類は、白亜紀の後半に北のほうへと移動していき、数千万年の間見向きもされなかった場所にふたたび活力を与えた。(50) 北半球の大陸には、アヒル口のカモノハシ恐竜やケラトプス類やアンキロサウルス類といった大型植物食恐竜が生息していた。彼らは腐った丸太ほど繊維の多い植物であっても、むしり取り、砕き、すり潰す能力があったため、進化において優位に立つことができたのだ。そこに竜脚類の姿はなかったが、白亜紀になってアラモサウルスがやってきたことで、何トンにもおよぶ植物を平らげて、タンクのような胃腸で発酵、分解させる巨大恐竜たちの復活が現実のものとなった。そんな巨大恐竜たちが集まったとすると、さぞかし彼らの放つメタン臭は強烈だったことだろう。

とはいえ、アラモサウルスは北アメリカ大陸の一部にしか広まらなかった。食欲旺盛な彼らも、ヘルクリークまでは北上してこなかったのだ。この巨大な竜脚類たちがたどり着いたのは、白亜紀のテキサス州やニューメキシコ州、ユタ州のあたりまでになるが、ここはティラノサウルスの南の生息地と重なっている。したがって、ユタ州のノース・ホーンという場所は、骨まで噛み砕くティラノサウルスが竜脚類の恐竜に食らいつくことのできた、世界的にも時代的にもひじょうに珍しい場所だった。

ティラノサウルスのような肉食恐竜にとって、孵化前のアラモサウルスは一口にも満たない。卵はソフトボール大で、孵化直後の赤ちゃんはネコほどのサイズでしかない。ティーンエイジャーのティラノサウルスにとったらポップコーンくらいのものだろう。アラモサウルスは子どもたちが狙われていても、ほとんど気にしない。恐竜の中には、何年間も子どもたちの世話をして、敵から守るものもいるが、アラモサウルスは、ほかの竜脚類と同様に、巣に卵をたくさん産み、古くからの本能に従って、赤ちゃんが卵の中にいる間は営巣地の周辺に留まることもあり得る。しかし、子どもが孵（かえ）り始める時期になると去って行く。赤ちゃんは、巣から白亜紀の森へと出ていくときも、自力で何とか生きていかねばならない。いくらピーピーと鳴き声をあげても、そこにいるのは自分のきょうだい、あるいは小型の哺乳類、ワニ、ヘビ、羽毛恐竜といった自分たちの天敵だけなのだ。最初はほとんどが軟骨だった肢の骨格要素が、ほかの部分よりも先に骨癒合に進むのはそのためである。彼らは、その小さな足裏で土を踏んだ瞬間から、逃げるための準備にとりかからなければならない。そしてここから先、最初の大事な一年を生き延びることができるかどうかは運次第である。しかし、ほとんどのなかまは最初の一年を生き延びることができない。

第2章 衝突

かゆい。耐えがたい衝動が若いハドロサウルスの体のあちこちにしつこく沸き起こる。かゆい、かゆい、かゆい。四肢の指とウロコ状の脇腹部分がひどく疼(うず)く。

そんな若いエドモントサウルスができることといえば、ひとつしかない。森の木陰にいる小さな群れの片隅で、彼はそのチクチクする疼きを鎮(しず)めようと立ち止まった。こんなとき、ブナ科の木はうっ

てつけだ。低いところから何本かの曲がりくねった幹が出ていて、肋骨(ろっこつ)みたいに連なっているため、かゆいところを掻(か)くのにぴったりなのだ。しかも樹皮はいい感じにザラザラしている。彼は、ずっしりと太い尻尾を後ろに傾け、体の前の部分をシーソーの要領で高く起こすと、ゆっくりと前に進み、ざらついた幹に体をこすりつけた。体を覆っている小石状のウロコ[51]に走るかゆみが、摩擦で一時だけ治まる。

このエドモントサウルスは、全長五メートル以上はありそうな若いオスだったが、この場所へやってきたのは彼が初めてではなかった。ブナ、それからプラタナス、ハナミズキ、月桂樹といった周囲の木々の樹皮は、どうにかしてかゆみから解放されたい恐竜たちが体をこすりつけるので、てかてかに光ったり割れたりしていた。あちこちから滲(し)み出ているベタベタの樹液には、不運なハエや小さな無脊椎動物などがからめとられている。これらも、いつの日か琥珀(こはく)になるかもしれない。しかしいまはただ、氾濫原のこのあたりを棲処にしている大型植物食恐竜が荒らしたあとの、ただのベトベトとした跡でしかない。こうやってエドモントサウルスの群れは何世代にもわたって森の特定の区域に自分たちのしるしを残してきた。一頭の行動がほかのなかまに同じような行動を促し、そのうち自分たちのお気に入りのスポットが出来上がるのだ。

この若いエドモントサウルスは満足げに鼻を鳴らすと、ふたたび四足歩行の姿勢に戻った。ミトンのような肉厚の前肢が地面につくと、三本指の後肢から恐竜は歩み始める。かゆいところが掻けてすっきりしたのはいいが、なかまから遅れをとるのは危険だ。エドモントサウルスは、アケロラプトルのような小型の肉食恐竜には大きすぎるため、彼らに襲われることはめったにない。場合によっては、筋肉隆々の尻尾を振って追い払うこともできる。しかし、大型肉食恐竜のティラノサウルスから見れば、若いエドモントサウルスはせいぜい一日ぶんの食料になるくらいの大きさでしかない。隙を見せて、お尻の肉をいきなりガブリとやられてはたまらない。彼は一歩また一歩と進み、群れに追いつくと、アヒル口のなかまたちと一緒に森の中へ歩いていった。

エドモントサウルスは、森の奥に潜んでいる鋭い歯や自分を狙う視線を恐れるあまり、無意識に周囲の環境を変えていく。それは、恐怖に駆られて出来上がった景観だ。変化し続けるテリトリーの境界は目には見えないが、移動する群れに沿って、その輪郭は浮かび上がる。

単体のエドモントサウルスには、自分の身を守れるような華麗な技はない。トリケラトプスのような角もなければ、アンキロサウルスのように頑丈な甲冑（かっちゅう）を皮膚に埋め込んでいるわけでもない。成体になっていれば、蹴ったり、尻尾を振り回して打ちつけたりして迎え撃つことはできるが、そうする前にすでに致命傷を負っているかもしれない。成体のエドモントサウルスならば、一度はみな目にしていた。突然、森の外れの木陰から、目にもとまらぬ速さで襲いかかる顎がなかまを噛み砕き、食らうのを。

こうして、エドモントサウルスたちは森の外れにくると用心するようになった。立ち並ぶ木々の陰に隠れて、ティラノサウルスはやすやすと忍び寄ってくる。危険を知る手がかりは、枝の折れる音や、鳥が警戒して発する鳴き声くらいしかない。エドモントサウルスにとっては、開けた草原や氾濫原にいるほうがよっぽどリラックスできる。そこなら、いきなり襲われる心配はない。ティラノサウルスが忍び寄ろうとしてもすぐに目につくため、エドモントサウルスたちは自分たちの取り柄、つまり逃げ足の速さを生かすことができる。

成体のティラノサウルスは、恐ろしいほど強力な顎の力をもっている一方で、素早く動くのは苦手である。たいていは散歩でもしているかのようにゆったりと歩く。急いで走れば時速二四キロメートル程度は出せるかもしれないが、そもそもそんなに速く移動する必要がない。彼らは獲物を追いかけて捕らえるような進化をしてこなかったのだ。その代わり、ティラノサウルスは——ほかのティラノサウルス類のなかまと同じく——奇襲攻撃での狩りを得意としていた。時機を見計らい、ちょうどいいタイミングで後ろ脚に力を入れて襲いかかるのだ。もし、失敗して獲物が逃げてしまったり、ここぞというときに見つかってしまったりすれば、そこで狩りは終了となり、偉大なる肉食恐竜は去っていく。ティラノサウルス類とハドロサウルス類は数百万年もの間共存してきたため、この狩猟パターンはエドモントサウルスの性質形成に影響を与えていた。身動きのとれるスペースさえあれば、おとなのエドモントサウルスは後ろ脚だけの二足歩行になり、時速四五キロメートルの速さで走りだすことができるのだ。恐竜界の最高速度記録にはほど遠いが、それでも十分な速さだろう。もし群れの一頭がティラノサウルスを発見して警戒の鳴き声をあげれば、なかまは全員、直立姿勢になって逃げ出してしまうため、ティラノサウルスはその日の食事をあきらめなければならない。

だからといって、エドモントサウルスたちが常に身構えているというわけではない。お気に入りの食事場所に向かうために森を横切ろうとして、捕まってしまうなかまももちろんいる。どんな時代でも、ティラノサウルスのような肉食恐竜が狙うのは、老いた個体、病気の個体、幼い個体がほとんどで、健康なおとなの恐竜には目をつけない。たしかにエドモントサウルスは、ティラノサウルスを刺したり殴ったりできるような武器を身につけていないのだが、蹴りや強打を繰り出して相手の骨を折ることもできなくはない。そこでティラノサウルスは、できるだけ幼い個体を選ぼうとするわけだが、そのことが何世代にもわたってエドモントサウルスに進化上のプレッシャーを与えることになった。その結果、エドモントサウルスは早く成長し、肉食恐竜に狙われにくい体格になっていった。もし彼らが最初の一年を生き抜くことができれば、生存の可能性はぐっと高まる。ただし、年老いてリウマチの関節がきしむようになる[52]までは、だが。

このような動物たちの相互作用によって、ヘルクリークの環境は調整され、形づくられていた。もちろん、植物があらゆる食物網の基盤であるのは間違いないのだが、生態系というものは動物間のトップダウン型の影響力も受ける。生態系は単純に地面から上へと育つわけではなく、さまざまなプレッシャーを受けながら押し出された形態なのである。動物が進化していくように、環境もまた進化する。そしてエドモントサウルスの群れもまた、下草で覆われた平原を維持することで、知らず知らずのうちに自分たちが生き残れるような環境をつくり出していた。

もしエドモントサウルスやトリケラトプスがいなければ[53]、ヘルクリークの大部分は森になっていたことだろう。若木は空間と陽光を求めて、互いに競い合いながら成長していく。そんな生命力あふれる若木がひしめいている白亜紀の森は、もっと鬱蒼（うっそう）としていてもおかしくなかった。だが、エドモントサウルスやトリケラトプスといった食欲旺盛な植物食恐竜たちは、下草はもちろん、若木や若芽もまだ成長しきらないうちに食べてしまう。エドモントサウルスの群れは、下草を食べることで白亜紀の園（ガーデン）をきれいに整え、自分たち好みの広々とした平原をつくりだしていた。さらに、恐竜たちが同じ行動を繰り返していくと、自然とそこには通り道ができ、地面が踏み固められていく。そして季節がめぐるにつれ、地面のくぼみには水が溜まり、いつの間にか池になる。こうして、恐竜たちの習性が生息地を変化させていくのだ。

とはいえ、そんな牧歌的な生息地にも危険や煩わしさはある。ヘルクリークで恐竜を食べるのは、何もティラノサウルスに限ったことではない。じつのところ、あの若いオスのエドモントサウルスもすでに食べられていた。かゆみの感覚[54]が起これば、それを解消したくなるが、植物食恐竜はその原因を知る由もない。シラミである。

一匹のシラミ——とその大家族および親戚一同——にとって、エドモントサウルスはとびきり居心地のよい棲まいである。どの肢へ飛び移っても、そこにはしなやかな皮膚が「咬んでください」といわんばかりに広がっている。恐竜の皮膚は頑丈で、森を歩いても擦(こす)れたり切ったり打ったりすることはあまりないが、四肢と胴体の境目や首の付け根部分にある割れ目やくぼみは温かくて暗く、シラミなどの節足動物にとっては天国だ。彼らは、血を求めてただひたすらに皮膚を齧(かじ)り、真皮を少しだけ突き破って、毛細血管から血をいただく。そうやって手に入れた血液は自分の子どもたちの栄養になり、その子どもたちも親のやり方を受け継いで子どもを育てていくのだ。そして体がぶつかったときや交尾のときなど、皮膚接触を介して、シラミたちはほかのエドモントサウルスへと移り棲んで数を増やしていく。おとなのエドモントサウルスにとって、シラミはかゆみを引き起こしたり皮膚をただれさせたりする悩みの種ではあるものの、それは頭上にある太陽やモクレンの花を揺らすそよ風と同じように、彼らの人生において当たり前のことでもあった。しかし、親に大量のシラミが棲みついていると、卵から孵ったばかりの赤ちゃんたちの体もシラミに襲われてしまう。しかも、免疫系を活性化させてその寄生虫を撃退しようとすれば、群れの幼い個体の成長が妨げられることになりかねない。よって、このハドロサウルス類たちのせめてもの望みは、体を掻けるような木があったり、泥浴びができる場所が見つかったり、シラミが死ぬほど寒い夜がくることだった。

　群れは、木々の絡み合う森から移動して、広い平原にやってきていた。シダやソテツが所々に生えており、あちらこちらでヤシの木が空に向かって伸びている。ここは飽和状態に達して一変した場所である。かつては緑豊かでランチにぴったりのスポットだったが、いまはまだ十分な草が生えていないため、おやつをつまむためにちょっと立ち寄るだけの場所になっていた。エドモントサウルスとトリケラトプスは、この風景そのものを変えてしまっていた。彼らは若芽を食べ、木を倒し、土壌を激しく踏み荒らして、緑豊かだった白亜紀のこの平原を、草木がまばらに生えるだけの場所にしていた。それでも緑に飢えた恐竜たちは、長くて四角い口先を地面につけて、植物をモリモリと食べ続けている。数千万年後の未来につけられた名前に反して、エドモントサウルスの口元はアヒルとは似ていない〔日本ではハドロサウルス類をカモノハシ恐竜とも呼ぶが、英語では duckbilled dinosaurs［アヒルのクチバシをした恐竜］と呼ばれている〕。強いていえば、ショベル口のウシのようであり、そのクチバシと歯でどんなに硬い植物でも噛み砕く。長い口元の先端は四角く、溝がいくつも入ったクチバシが下向きに突き出ている。短い時間でたくさんの下草を食べられるように進化した結果、このような姿になったのだろう。それに、鳥類型恐竜から派生した実際のアヒルとは違い、エドモントサウルスには見事なデンタルバッテリーがあって、一〇〇〇本以上もの歯がぎっしりと生えている。新しい歯はどれもひし形をしているが、土のついた植物――植物食の動物から身を守るため、土の中に埋もれるよう進化したもの——を嚙むうちに歯はどんどんすり減っていき、先っぽが平らになって、大きな臼歯のようなはたらきをするようになる。そして、口に入れたものは何であれ、すり潰してパルプ状にしてしまうのだ。涼しい季節になると、ハドロサウルス類は腐った木材を嚙むことがある。[55]これは日々必要としている繊維質を摂るためであるが、そこにキノコや昆虫を加えて、タンパク質も補っている。しかし、この腹ぺこ植物食恐竜の口腔器官ですごいところは、歯だけではない。彼らのような恐竜の頭骨は弾力性と柔軟性に優れている。[56]頭骨の構造は、一か所でがっちりと固定されたハサミのようにはなっていない。咀嚼するために下顎を閉じると、歯のある上顎が左右前後に動き、植物をすり潰す。そして口を開くと、歯はまた元の位置に戻って次の咀嚼に備えるのである。このように、解剖学的には素晴らしい構造をもつ彼らだが、その威厳を帳消しにしてしまうのが、頭の上に乗っかっている、小さくて薄いドーム型の出っ張りである。どうやら、この肉の冠で互いを識別しているらしい。私たちにはなんとも馬鹿げた装飾品に思えるが、なかまのエドモントサウルスたちの目にはとても魅力的に映っていたようだ。

群れのエドモントサウルスたちは鼻を鳴らしながら、穏やかに植物を食んでいる。近くに肉食動物の気配はなく、不安を煽る腐肉臭も漂ってきてはいない。日差しは明るく、時折吹く柔らかいそよ風が、日中の暑さを一瞬だけ忘れさせてくれる。群れのなかまたちは安心して食事を続けていた。この小さな群れの一三頭はいずれも、いましがた起こったことに気づいてはいない。

破滅が迫りくるような気配はまったく感じられなかった。風向きが変わったり、暗い雲が立ち込めたりすることもなかった。稲妻や雷鳴もない。ここ、モンタナ州ヘルクリークという小さなエリアでは、恐竜たちに関する限り、すべてがいつもどおりだった。だが、ここから三〇〇〇キロメートル先では、直径一一キロメートルにも及ぶ小惑星が地球に衝突していた。世界の終焉が幕を開けたのである。

もちろん、どこからともなくその小惑星が現れたわけではない。死をもたらすその岩石にも歴史があった。恐竜たちが生き、死に、進化し、絶滅していった何千万年という間にも、絶滅のシナリオは着々と描かれていた。その発端は、はるか昔のはるか遠い場所で、不幸な偶然がいくつも積み重なって起こったわけだが、それが破滅へと導くものだったと判明するのは、もっとずっと後になってからのことだ。地球上で起こる生命の消滅は、冷たく暗い、生命のない宇宙から始まっていたのだ。

オールトの雲とは、太陽系の周りにあるもやのようなものだ[57]。そのもやは、数える意味を見失うほどおびただしい数の天体からできている。数百万個、数十億個、数兆個なのかもわからない。たとえ、例の小惑星が形成されたときにその場にいたとして、そこらじゅうに散らばる石や破片をひとつひとつ数えていったとしても、きっとそのうちの一握りすら数え終わらないうちに一生が終わってしまうだろう。そこには冷え冷えとするような美しさがあるが、実際は太陽系のゴミ捨て場でもある。そしてここで、惑星になり損ねた残り物の岩石が、流星、彗星（すいせい）、小惑星へと生まれ変わるのだ。

この膨大で冷たい残骸の中に、私たちの歴史にかかわる岩がある。この一個の硬い岩の塊は、無関心という名の冷たい意志をもっており、やがて地球の生物たちが遭遇したことのないような破壊をもたらす。その巨大な姿は、あたかも宇宙を漂う、岩のレビヤタン〔旧約聖書に出てくる海の怪物〕のようだ。岩石の組成から、球状の粒子を多く含む古代の隕石、炭素質コンドライトであることがわかる。球状の粒子はコンドリュールと呼ばれ、輝石などの鉱物が溶けたものが石を覆ってできている。その岩は、さらに昔の時代の残骸で、ほかの物体に取り込まれたり消失したりするのをたまたま免れたものだった。

死を招く、このゴツゴツした岩がどこからきたのかはわかっていない。何らかの衝突で弾き飛ばされた、惑星の一部だったのかもしれない。あるいは、惑星が形成されるときに取り残された部分である可能性もある。パン生地をまとめたときに、ボウルの端に少し生地が残ってしまったようなイメージだろうか。移動を続けている巨大な火成岩群の一部、あるいは宇宙の流れに乗って漂う不安定な残り物ともいえよう。その岩は、ほかの岩石と衝突したりされたりを繰り返しているうちに、残酷な青春時代のニキビ跡を彷彿とさせるようなデコボコ姿になった。直径が数十キロメートルにもなるため、いくら衝突されても完全に破壊されることはなかったが、傷跡だけは増えていった。

しかしここで何かが変わった。目には見えない、強い力がはたらいて、この岩は太陽系の中心に向かって吸い寄せられていく。厳密にいえば、SF小説や映画に出てくる「トラクター・ビーム」とは違うのだが、イメージとしてはそんな感じだろう。このような小惑星が宇宙を漂っていれば、太陽や木星という巨大な存在の影響をどうしても受けてしまう。引力で、どんどん引き寄せられてしまうのだ。太陽の質量は地球の三三・三万倍だ。対する木星の質量は地球のたった三一八倍にすぎないが、それでも十分大きいといえる。この太陽・木星間の引力によって、巨大な岩石の数々は太陽系内で新しい経路を進むように押しやられていた。時とともに、例の岩は太陽・木星間の七億七八〇〇万キロメートルに向かって少しずつ近づいていく。

太陽と地球はあまりに遠く離れているため、あの小惑星など、その間のどこかで消えてしまってもおかしくはなかった。その空虚な空間の距離は地球・火星間の距離の約二倍はある。どの方向を向いても何百万キロメートルはあるだだっ広い空間で、そのあまりの隔たりに、どんな惑星でも小さく見えてしまうほどだ。だから、あの岩石も、そのあたりのどこか適当な場所に身を落ち着けてもよかったはずだ。そして、自転しながら何度も小さな衝突を受けて次第にすり減っていき、元々の構成要素に戻ることだってありえただろう。しかし、そうはならなかった。凍っていた小惑星は、徐々に解けだし、熱によって膨張し始めた。さらに木星の表面の近くまでくると、その巨大な岩石のところどころが弱くなり始める。少しずつ、少しずつ、このままいけば、木星との衝突コースに乗ってしまいそうだ。

引力は大きくなり、耐えられないほどになってきている。その小惑星は、さながら宇宙に浮かぶキャラメル菓子のように引っ張られ、伸ばされて、亜円だった形が、長い円筒状になっている。パチンコのゴムのように引き延ばされた小惑星は、いまにも弾けそうになっていた。そのときだ。太陽系の端っこで何度も痛めつけられながらも、長く耐え続けていた岩石が突然「パン！」と砕けた。木星へ向かい、表面のガスでできた雲の下に落下していった破片もあったが、全部がそうなったわけではない。その中の、直径一一キロメートル以上はあるひとつの破片が、重力の誘いを逃れ、太陽系の中心部分からもっと離れた方向へ進んでいった。危機一髪で助かったことで弾みがついたのか、その岩石はものすごいスピードで太陽から三番目の惑星へ向かっていく。

まさに偶然に次ぐ偶然が招いた、絶滅のスキルショットではないか。それまでも同じようにして生まれた小惑星や彗星はほかにいくらでもあったが、地球に当たることはほとんどなかった。それらは遠くであれ近くであれ、ぶつかることなく通り過ぎていき、そして当の地球の生物たちは、そんなことなど露知らずで暮らしていた。だが、もし仮にいま、あの小惑星が落ちてくることを彼らが知っていたとしても、いったい何ができるだろうか。今度ばかりは本当にそれが落ちてくるのだ。ほかの小惑星とぶつかって進路を変えたりはしない。火星に穴を開けて、その赤く乾燥した表土にひび割れを起こすこともなければ、それまでの岩石のように、軌道上にある月に激突して、月の海やクレーターをつくることもない。何百万とあった危険な岩石の中でも、この岩石こそが実際に生命を脅かす存在なのである。この出来事は、地球のあらゆる種に過酷な犠牲を強いるだろうが、そこに悪意や復讐心があったわけではない。それは終わりでもあり、始まりでもあった。この出来事が地球の歴史的な区切りとなり、無限にも思えた爬虫類の時代と、哺乳類の時代の輝かしい夜明けの間に、はっきりとした境界線を引いたのである。

その岩石は猛烈なスピードで進んでいた[58]。もし私たちが目撃できたとしても、そのあまりの速さに目は追いつかず、せいぜい見えないことでその速さを感じることくらいしかできないだろう。小惑星は時速約七万二〇〇〇キロメートルという速度で宇宙を駆け抜けていく。それほどの速さで宇宙を疾走するものを私たちは知らないため、比較のしようもない。「瞬きする間に見逃してしまう」どころか、「目を凝らしていても見逃してしまう」レベルだ。

この歴史的転機に、地球には果たすべき役割があった。地球も、ただぼんやりと宇宙に浮かんでいるわけではない。太陽の周りを時速約一一万キロメートルで公転しているのだ。これは、衝突しようとしている小惑星よりも速いスピードである。だが、そんな地球のスピードは、小惑星との悲劇的な衝突が起こるまでは意識されたことなどなかったのだが。

この凄まじい一瞬に、小惑星は空にまぶしい光の線を描く。巨大な岩石が地球の大気圏に突入するときに生じる摩擦で、空気そのものが岩石にこすれるときに光が生じ、表面が剝がれていく。小石程度のものならば地上にぶつかる前に燃え尽きてしまうのだろうが、今回は直径が何キロメートルもある小惑星だ。しかも、地球は身をかわしてそれを避けることもできない。こうしてその小惑星はユカタン半島に命中した。目にもとまらぬ速さで、そして四五度という最悪の角度で地球の重心に向かってまっすぐ撃ち込まれたのだ。

ヘルクリークで、この衝突に気づいたものはいない。お腹を満たしたエドモントサウルスの一行は、午後の時間をくつろいで過ごせる日陰を求めて歩き始めた。うまくいけば海沿いの平野のどこかに気持ちのよい泥風呂が見つかるかもしれないと思いながら。

群れは、一頭のメスのトロサウルスのそばを通り過ぎた[59]。三本の角をもち、単独行動をするこの恐竜をヘルクリークで見かけるのは珍しい。クチバシの先から尻尾の先までが六メートル程度なので、トロサウルスとしてはまだ小さいほうだ。完全に成長すると、全長九メートル、体重は六トンほどにはなるだろう。お腹を空かせたティラノサウルスにとっては十分な食料となる大きさである。しかし、このメスはまだ、おとなとして歩み始めたばかりである。あのエドモントサウルスが感じているのとは別の疼き——交尾を求める生物学的本能——によって、このメスは落ち着きをなくしていた。彼女が目の上にあるケラチン質の角をハナミズキの樹皮にこすりつけると、灰色の樹皮が割れ、そこから樹液が滲み出てきた。まもなくこのトロサウルスは、交尾の相手を求めるようになる。

骨だけで、トロサウルスのオスとメスを見分けるのは難しい。トロサウルスの骨格サイズに性別的な違いはなく、装飾パターンも同じで、頭には同じように角を生やしている。そこで、彼らは上記のような合図で、離れたところでも互いの存在を認識している。一方で、進化上の近縁種にあたるトリケラトプスは、ここでは群れで生活しており、外見はトロサウルスとよく似ている。おもな違いは、頭骨の後ろから突き出ている大きく骨ばったフリルだ。トリケラトプスの首周りの盾は端から端まですべて骨でできている。一方のトロサウルスは、フリルの外側には「縁後頭骨」と呼ばれる小さな三角形の骨が偶数個ついている。また、フリルの正中線の両サイドには大きな穴が開いており、そのぶんフリルは軽くなっている。この装飾は生き残るうえでとくに役立っているわけではない。狡猾なティラノサウルスからすれば、どちらも獲物であることに変わりはなく、無防備な首の裏に歯を突き立てることができる。しかし、トロサウルスにとって、フリルを見分けることには重要な意味があった。トロサウルスのメスは繁殖縄張りを守りながら、オスにフリルを見せつける。一方のオスはそれを眺めつつ、自分が選ばれるのを待つのである。だが、トロサウルスのメスが間違えてトリケラトプスに求愛したりすれば、その積極的なアプローチは攻撃と受け止められて、トラブルに巻き込まれることだろう。とくに、トロサウルスの少ないこのあたりでは、相手を間違えないようにこのような合図が必要なのである。

このメスにはアピールポイントがあった。以前は、フリルのウロコ状の皮膚は薄茶色で、穴の上を覆う部分は淡いクリーム色だった。しかしいままでは、その薄いクリーム色のくぼみの真ん中が赤くなりつつあった。古代から受け継いだ時間の感覚が作動して、血管がフリルの色を変えたのだ。一方、トリケラトプスのフリルにこのような変化は見られない。彼らのフリルはケラチンに覆われており、まったく変化しない。ここが赤く染まるのはトロサウルスの特徴なのである。

だが、そのメスがトロサウルスの複雑な求愛行動を成し遂げられるかどうかは、また別の話である。彼女は、まだ生理学的な衝動に突き動かされているだけだ。彼女は、オスとメスが唸り声をあげたり、威嚇したり、横向けになって自分の強さや体の大きさを見せつけ合ったりするのを見たことがあった。そして、最終決定権——オスを受け入れるか、それとも目の上に突き出ている一メートルほどもある両角でつついて相手を追い払うか——をもっているのは常にメスの側だった。しかし、彼女が知っているのはそれくらいである。ほかの非鳥類型恐竜と同様に、トロサウルスもまた、体が完全に大きくなる前に交尾の年齢を迎える。彼女はまだ成長途中だが、その成熟ペースは早い。骨格が成体として完全になるには、まだあと一〇年はかかるが、彼女が祖先から受け継いでいるのは、その生殖ペースの早さだった。世界を支配していた爬虫類は、子孫を大量に産み、成熟しきる前から交尾を始めるというライフサイクルで、初期の哺乳類を凌駕(りょうが)した。こうした単純な生物学的行為のおかげで、「爬虫類の時代」は何千万年も早く到来し、爬虫類は生息地を広げながら、進化に伴って生息地を変化させていた。それが、この最後の日まで続いていたのだ。決して訪れることのない未来を創造するために。

ヘルクリークの生態系が恐竜進化の絶頂期だったというのは、少し違うだろう。たしかに、どこもかしこも恐竜であふれてはいるが、それは別の場所、別の時代でも同じだったからだ。この生態系より八〇〇〇万年以上前のこの地域でも、巨大で長い首をしたさまざまな種の植物食恐竜がシダの生えた氾濫原を歩き回り、ティラノサウルスと同じくらい大きな肉食恐竜が背の高い針葉樹林の中を闊歩(かっぽ)

していた。恐竜たちが、かつてないほどの大きさと形態を手に入れ、初めて大きな影響を及ぼすようになったのは、このジュラ紀後期のことだ。そこにはハトほど小さな恐竜もいたし、一方では、鉛筆のように尖った歯の生えた口元から、ムチのような尻尾の先までが三〇メートルにもなるものまでいた。

恐竜たちは、周囲の環境から独立した存在だったわけではない。そもそも、恐竜のような素晴らしい生物がここまで進化できたのも、彼らと共に生きていた植物や昆虫、哺乳類といった生物たちが多くの変化を遂げたからである。世界というものは、植物が植物食動物に食べられ、それがまた肉食動物に食べられる、というような単純な構造になっているわけではない。それぞれの種はいくつものつながりと役割をもち、進化が連綿と続くなかでさらなる多様性を生み出してきたのだ。

「恐竜の時代」は、生命そのものが大輪の花を咲かせたような時代だった。見方を変えれば、恐竜の時代がこれほど長く続いたのは不思議なことでもある。大量絶滅は、周期的に起こるものではなく、発生のパターンや時期を予想することはできない。カンブリア紀に初期の動物が海で繁栄して以降、生命が九〇〇〇万年以上続くときには、必ず劇的な大量絶滅が起こるように思われた。時には、九〇〇〇万年さえ続かないことすらあった。たとえば、史上最悪の大量絶滅〔ペルム紀末、P／T境界期の大量絶滅のこと〕と、恐竜たちに生態学的なクーデターを起こさせた三畳紀の大量絶滅の間には、わずか五〇〇〇万年の開きしかない。しかし、それ以降、大量絶滅は起こっていなかった。その約一億三五〇〇万年の間、生命は繁栄し続け、絶滅の危機は訪れていなかったのだ。

多様性はさらなる多様性を生む傾向にある。これから起こることや、衝突後の影響を考えれば、ありえないと思われるかもしれない。たしかに大量絶滅はひどい出来事だが、結果的に生き残ったものには新天地が開かれる。さまざまな種の間でつながっていた生態系が破壊され、残された種は新たな生態的地位(ニッチ)を開拓する。進化によって特定の種の存続が保証されることはない。ティラノサウルスやトリケラトプスがふたたび割り込めるような隙間はないのである。そうした生物は、ああでもないこうでもないと変異と自然選択を繰り返しながら進化してきた。たとえるならば、パートナーを変えつつ、終わりのないダンスを踊り続けるようなものだ。大量絶滅は破壊をもたらすが、それによって必ずしも新たな成長がもたらされるとは限らない。実際に歴史を振り返ってみれば、生命が爆発的な勢いで世界にあふれたことは何度もあったが、そうした壮大な進化は、大量絶滅とはまったく関係のないところで起こっていた。自然界が栄華を極めるとき、その背景では、不運や偶然が何度も重なっていたことが多い。太古の昔に足を生やした魚が干潟に這(は)い出し、水辺で生きるようになったのもその一例だ。そのころには、水中以外で生きる生物がすでに現れており、脊椎動物はすでに陸に進出していた昆虫や植物を食べていた。彼らは新しい環境を知り、新しい獲物を食べ、一気に適応していったのである。

そして、ジュラ紀から白亜紀にかけて数百万年続いた恐竜の全盛期もそうだった。アラモサウルスのような巨大な植物食恐竜が出現したのも、運命や必要性があってのことではない。さまざまな進化の力がはたらいた結果、このように巨大化した恐竜が生まれたのである。大きくなっていく肉食恐竜の進化に対抗するため、植物食恐竜も早く大きくなることで身を守ろうとする。そんな進化のいたちごっこが続いた。また、巨大化の背景には、成長の早いシダのような、質は悪いが大量摂取が可能な植物を主食としていたという生理学的な側面もある。恐竜の成長スピードが早まり、どんどん大きくなっていくにつれて、同じ生息地をちょこちょこと走り回る小さい種とのギャップが大きくなっていった。寄生虫や糞虫のように、恐竜たちの体や糞にかぶりついて利益を得ていた生物もいうに及ばずである。生命自体が、新しい種が進化できる環境をつくり出し、多様性がさらなる多様性の余地を生み出していった。森で高く育った木々に、林冠、下層、幹の部分それぞれに異なる環境ができるようなものだ。そんな活気ある生態系をつくるには時間がかかる。地球にとっての中生代は、巨大な爬虫類が生きた、とこしえの夏の時代だった。

　そのころ、哺乳類も哺乳類なりに黄金時代を謳歌していた[60]――といえば、やや奇妙に聞こえるかもしれない。進化という点で見れば、これまで彼らは負け犬という役に甘んじていたからだ。初期の哺乳類といえば、恐竜たちが眠りにつき始める夕暮れ時に、チューチュー鳴きながら虫を食べて生きている小さな動物で、当時のコオロギをもぐもぐとやっているトガリネズミのようなイメージが思い浮かぶ。しかし、彼らは、初期の恐竜に引けを取らないくらいの進化を遂げ、恐竜とともに繁栄していた。たしかに哺乳類は何百万年もの間、イエネコよりも大きくなることはなかったが、彼らがみな虫を食べている臆病者だったわけではない。恐竜ほど目立ってはいないが、当時の哺乳類には、姿かたちから振る舞いまで、現代のビーバー、ムササビ、ツチブタ、アライグマにそっくりなものがいた。哺乳類が進化できたのは、恐竜が生態系の居場所を譲ってくれたからというよりは、むしろ、哺乳類が生態系を小さなスケールでうまく利用できるように進化したためである。たとえば、シロアリのような社会性昆虫が現れたことで、土や腐った丸太を掘ってそれを食料にする哺乳類が出てきた。また、季節がめぐるたびに孵化した赤ちゃん恐竜があふれかえることで、卵や爬虫類の子どもを食べる捕食性哺乳類が出現するようになった。森の林冠は、最大級の肉食恐竜でさえ届かない高さにあるので、毛皮のパラシュートで木から木へと飛び移る哺乳類たちにとっては格好の棲処となる。もちろん、環境へ与える影響は非鳥類型恐竜ほど大きくはなかったかもしれないが、それでも哺乳類は、ただ指をくわえて自分たちの出番を待っていただけではない。哺乳類もまた、生きているだけで世界を変えていた。そして、その世界の変化は、時代を超えてさらなる多様性を生み出してきたのである。

中生代で繁栄した哺乳類は、その後の出来事に大きな意味をもつようになる。もし哺乳類の種類が極端に少なかったり、食性の違いが昆虫食という範囲に限られていたりすれば、哺乳類の絶滅リスクはかなり高くなっていただろう。多様性とは、単に生命のスパイスというだけではない。多様性という土壌があってこそ、蒔かれた種子は生き残ることができる。衝突直後のように、すべての生物にとって不利な状況では、わずかな違いで生き残る者と滅びる者が決まってしまう。つまり、多様性が豊かであればあるほど、一部の種が生き残れる可能性は高まるのである。

ヘルクリークの哺乳類は、恐竜と同じくらい多様性に富んでいた。ここからは、哺乳類に焦点を当てるため、より小さなスケールで生き物を見ていくことにしよう。頭を低くして湿った鼻を出し、水面にVの字を描きながら小川を横切っているのは、ディデルフォドンだ。大きさはオポッサムくらいで、カタツムリから恐竜の赤ちゃんまで食べる雑食性の哺乳類である。高いメタセコイアの枝の上では、枝に巻きつけやすそうな長い尻尾をした、ネズミのような哺乳類のキモレステスが樹皮に潜む虫を探している。一方、地上では、リスに似たメソドマという哺乳類が、巣穴から出ていく前に、尖った鼻先だけを出して地面の匂いをフンフンと嗅ぎ、辺りの様子をうかがっている。この哺乳類たちもまた、あともう少しすれば恐竜たちと同じ恐怖を味わうことになるだろう。一億年以上かけて多様化した生命が試される瞬間がもうすぐ訪れようとしている。

そのころ……

北大西洋のどこか上空では

いまは羽ばたかなくてもいい。その大きな生き物は、羽をピンと広げたまま宙を舞っていた。時折、暖かな風が腕と体の間に張られた皮膚を振動させる。今日のように穏やかに晴れた日には、思い煩うことなど何もない。ケツァルコアトルス・ノルトロピは史上もっとも大きな翼竜である。その大きさのおかげで、やかましい鳥や翼竜から手を出されることもない。また、空高く飛んでいる彼にとっては、お腹を空かせたモササウルスが下の波間に見え隠れしていても、何も怯える必要はなかった。

彼は巣に戻るところだった。定住という概念を持ち合わせている

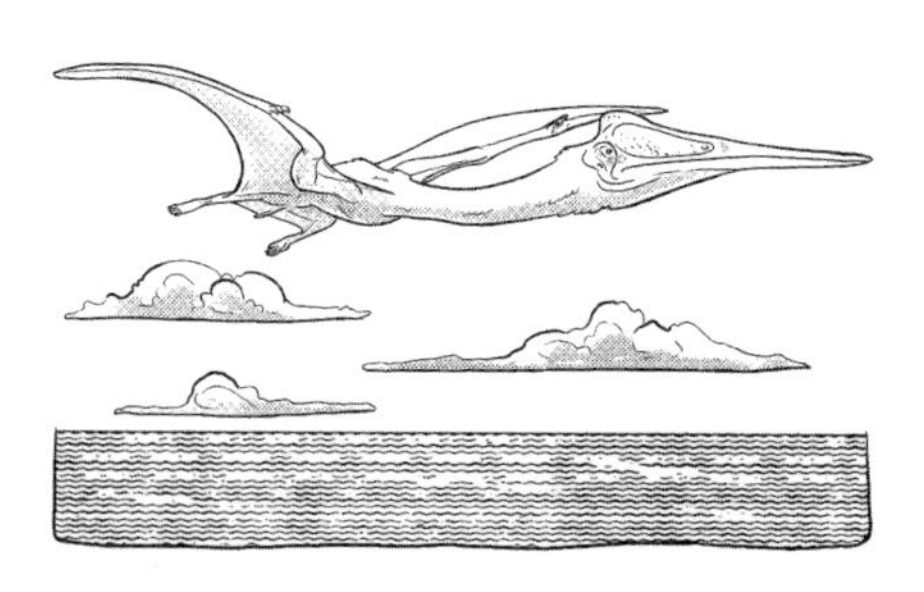

からではない。ただ頭のどこかにある爬虫類としての本能が、ふるさとへ戻るように駆り立てるのだ。数年前に卵から孵った、あの一面のシダが広がる平原へと。

そこには必ずなかまがいるはずだ。[61] あちこちから一斉に集まってきたケツァルコアトルスが、小競り合いを起こしたり、つがいになったり、巣をつくったりしている。そして低地の至るところには、両羽を広げたくらいの間隔で何十もの巣が並ぶ。この集会の時期には、糞の山から鼻を突くような悪臭が漂うが、それもやむを得ない。単独で巣づくりをしたり、グループから離れたところに巣をつくったりすれば、ティラノサウルスに襲われる危険があるし、卵や生まれたばかりの赤ちゃんは、オウムに似たアンズーという恐竜のごちそうと化してしまうだろう。しかし、たくさんのなかまと一緒にいれば、そう簡単にやられることはない。若干の犠牲者は出るかもしれないが、成体のティラノサウルスでさえも、ギャーギャーと金切り声をあげ、クチバシでつつきながら向かってくるケツァルコアトルスの壁にはたじろぐはずだ。この巨大な翼竜たちは、なかまとともに生き残るか、それとも全滅するかのどちらかなのである。

海の上空を漂っているこのケツァルコアトルスは、明らかに生き残ったうちの一頭である。生まれてからしばらくの間は、すきっ腹を抱えたアケロラプトルに遭遇して、命からがら生き延びたことが何度もあったが、何とか無事に生き延びて、翼幅が一〇メートルになるまでに成長した。この一〇年以上もの間、北半球から南半球へ影を落としながらいくつもの季節を過ごした。あちらこちらで、シダの葉陰に隠れていた小さな恐竜をちょこちょことつまんでは、次のビュッフェ会場へと飛び立っていく。もし、白亜紀後期の世界を、沼地から森林、そして山々から海の隅々に至るまで知っている生き物がいるとすれば、それはケツァルコアトルスにほかならない。

彼は風に乗りながら顎をカチカチと打ち鳴らした。お腹がすいてきたようだ。そろそろ栄養を補給したいところだが、いまは無理だ。海面まで降下すれば、巨大な海トカゲや、縁がノコギリ状になっている三角歯をもつサメに襲われてしまうだろう。ケツァルコアトルスは、自分よりも小さな翼竜が海面に近づきすぎて、食べられてしまうところを見たことがあった。その翼竜が気持ちよさげに滑空していたとき、海から突然水しぶきが上がったかと思うと、その姿が忽然（こつぜん）と消え、海面が広く円状に赤く染まったのだ。それに、たとえ捕食動物がいなくても、彼の口は飛行しながら魚をついばめるようにはできていない。水は空気よりもはるかに密度が高い[62]。銀色に輝く魚のウロコが見えたからといって、下顎を波に沈めれば、強い海流に引っ張られて海の中へ真っ逆さまに落ちてしまう。そうなると、彼は空中へ戻るために必死でもがき、ばたつかねばならない。低脂肪・低カロリーのエサがあったとしても、これでは体力を無駄に使うだけで割に合わない。

やはり上陸するまで待つのがよさそうだ。そこで小さな恐竜の子でもつまみ食いすればいい。いまではもう、やつらを捕まえるのもお手の物だ。ケツァルコアトルスは、陸地ではたしかに不格好に見えるが、竹馬に乗ったようにして歩くことはできる。小さな恐竜が逃げ惑いながら進む距離を、ケツァルコアトルスなら一歩で追いつけるのだ。長い首と長いクチバシで、おいしそうな恐竜（おやつ）との距離をさらに縮めると、その獲物を地面に叩きつけてから丸呑みする。ケツァルコアトルスの口には歯がないため、噛むことはできないのだ。こうして何頭かをお腹に入れれば、自分が生まれた地へ帰り着くのに十分なエネルギーとなるだろう。あともう少しで、たどり着く。ふるさとはすぐそこだ。

第3章 衝突から一時間後

何かがおかしい――メスのアンキロサウルスはそう感じていた。

ヘルクリークを歩き回っていたこの二〇年間、自分が無事に生きてこられたのは、生きた戦車ともいえるような体のおかげだ。(63) 背中に並ぶケラチン質の鱗甲（りんこう）や、腹と背中の間の脇から突き出ている鋭いトゲトゲ、そして忘れてはならないのが、尻尾の先についている重たい骨ハンマー。この姿を見せるだけで、自分は危険な相手なのだと認識させることができる。もし彼女の前に立ちふさがるティラノサウルスがいたとしたら、よっぽどの向こう見ずか、自暴自棄になっているとしか考えられない。アンキロサウルスは、目の周りに至るまで強靭なウロコで装甲されているので、目を突かれたり擦ったりすることもない。それに、もしティラノサウルスが近づいてきて危険を感じたら、肢を曲げて体を地面につけ、尻尾の大きなハンマーを左右に振ればいい。これは、全長八メートル近くあるアンキロサウルスが自分のテリトリーを守るときに発する不機嫌なメッセージなのだが、この意味を察知できなければ、相手がどんな肉食恐竜であっても、肢の骨を砕かれて、結果的に敗血症を起こすか、飢え死にするか、ほかの肉食恐竜の餌食になるかして死んでしまう可能性が高い。

しかし、このアンキロサウルスが感じている不安は、牙をむいて襲ってくるティラノサウルスのような敵に抱くたぐいのものではなかった。今回の敵は、どこにでもいるようでいて、どこにもいないような気がする。地鳴りがして、地面がぐらぐらと揺れている。彼女の蹄の下の地面が、いまにもひっくり返りそうだ。

ついさきほどから、この大きなアンキロサウルスは湖畔にきていた。割れた石が点在している水辺は、足場がしっかりしているので、朽ちかけの枝葉でぬかるむ泥に足を取られずに済む。ここならば、装甲で覆われた頭を下げて、心ゆくまで水を飲むことができるだろう。しかし、最初の冷たい一口を飲むやいなや、足元の地面が滑っていくような気がした。すべてが揺れている。まるで、近くにいる恐竜たち全員が一斉に飛び跳ねているかのようだ。しかし、辺りに自分以外の大きな恐竜はいない。彼女のほかには、鳥が数羽と、頭上で輪を描いている翼竜が何頭かいるだけだ。すぐそばで、湖に張り出した森の木々が前後左右に大きく揺れ動き、焦燥に駆られた鳥たちがけたたましい鳴き声をあげた。一本のメタセコイアの大木が、土砂をまき散らしながら横倒しになると、近くの枯れ木までが大きな音を立ててなぎ倒された。

そして、音もなく揺れが収まった。揺れていた木々は何事もなかったかのように元の直立姿勢に戻った。突然すべてが不気味なほどの静寂に包まれる。アンキロサウルスもじっと立ったままだった。こんな経験は初めてで、何をどうすればいいのかもわからない。濁った水辺から離れると、尻尾を上げたまま動かず、しばらくそのまま待ってみる。それから一息ついた。何も起こらない。頭上では、翼竜が接近してきた別の翼竜に向かって威嚇の声をあげているが、それ以外は何の音もしない。静かすぎて気味が悪いくらいである。ヘルクリークはもっと騒がしいところだったはずだ。ホーホー、ブーブー、グルグル、キーキーといった種々さまざまな鳴き声が飛び交い、静かになるときなどめったにない。夜の闇の中でも、虫たちが鳴き声を響かせ、茂みから互いに挨拶を交わしている。しかし、いまはすべてが静止している。まるで地球全体が何かを待ち構えているかのようだ。アンキロサウルスは鼻を鳴らすと、体の向きを変えた。小さな針葉樹の林にあるお気に入りの日陰に戻ろう。そこには、土を掘ってつくった居心地のいいくぼみがある。そのときだ。二回目の揺れが起こり、地面の下の岩盤が動いた。数分間隔で地震波が伝わってくる。これまで何度も役に立ってきた鎧も、血の臭いをさせた最悪最恐の肉食恐竜を幼いころから何度も撃退してきた防衛手段の数々も、いまとなってはばかばかしいものに思えた。足元で地面が揺れているいま、彼女にいったい何ができるというのだろう。

小惑星の衝突にひとつとして同じものはない。衝突する物体の速さ、大きさ、地球に衝突する角度、そして衝突する場所などが異なれば、結果はまったく違ってくる。いわば、ちょうどいまヘルクリークに起こりつつある一連の出来事は、必然ではなかったということだ。地球の自転の角度や小惑星のスピードがほんの少しでも違っていれば、この大きな岩石の塊は海の中へ落ちていたかもしれない。その場合、クレーターはやはり巨大だっただろうが、水の抵抗を受けて小惑星の威力は若干なりとも弱まっていたはずだ。あるいは、衝突地点が、石炭紀の岩石で覆われた地表だった可能性もある。石炭紀とは、古代の樹木が生い茂っていた広大な沼地が埋もれ、その後巨大な炭層になった時代である。その場合、衝突で地中の石炭鉱床に火がついて地下火災が起こり、大量の二酸化炭素が空気中に放出されたことだろう。そうなれば、結果的に地球温暖化に至り、やはり厳しい状況になっていたと思われる。しかし、そのようなことは過去にもあったことで、それでも地球の生物たちは何とか生き延びてきていた。また小惑星が、比較的外的な影響を受けにくい岩盤に衝突するという可能性だってありえた。その場合、岩石は溶け、周辺地域には揺れが起こり、破片や塵が飛び散っていただろう。また、この衝撃で近隣の火山が活発化し、溶岩が地表に流れ出ていたかもしれないが、それでも災害そのものは局所的で済んでいただろう。

だが、目下のところ、状況はこれ以上悪くなりようがないほどひどかった。

小惑星はあまりに速く、赤っぽい光の筋にしか見えないほどのスピードで、北東から衝突地点に接近していた。[64] その密度の高い岩石の塊は、垂直ではなく、四五度の角度でぶつかってきた。それまでは何の変哲もなかったのに、その一瞬後には、衝突地点の地殻が、まるでニキビが潰れたときのように炸裂していた。その衝撃の威力を数字で表せば、あまりの大きさに唖然としてしまうほどだ。この衝突で生じたエネルギー量はダイナマイト一〇〇テラトンぶん。四二〇ゼタジュールに相当する〔一テラトンは一兆トン。一ゼタジュールは10^{21}ジュールに相当する〕。だが、こう説明したところで、この凄まじい衝撃のスケールを理解できる人は、地球上どこを探してもいないだろう。これほど大きな衝突は、地球の形成期にあったきりだ。それがふたたび起こるなど、確率的にはありえないレベルである。どれだけ大きな爆発を頭に浮かべてみても、この衝突には到底かなわないだろう。

この問題の小惑星だが、どこかの原っぱに落っこちたような小さい隕石とはわけが違う。それは、ただ地面に埋もれて、情けなさそうにシューシューと蒸気を出していただけではない。衝突の推進力で小惑星が地球の地殻へめり込むと、その硬い地殻はあっという間に衝撃の熱と圧力で溶け始めたのだ。岩盤は、小惑星が接触して割れただけではなかった。激しい衝撃ですぐに気化しなかったり、大気圏へ投げ出されたりしなかった岩石は液状化し、ねばねばの血液のようになって押し流されていった。水面に水滴が落ちたときを思い浮かべてみてほしい。水滴が落ちて水面にくぼみができ、そこから波紋が広がっていく。真ん中の落下地点では水が盛り上がったり下がったりするのがわかるだろう。では、落ちたのが水滴ではなく石だったらどうだろうか。そして落ちたのが水たまりではなく、地球のとある地点で、月から見えるほど広い範囲だったらどうなるだろうか。岩石は衝突した部分から上へ押し戻されるが、高くそびえ立った側面はまだ液状のままなので、自分の重みを支えることができない。岩石は上昇してからふたたび中心に向かって落下し、打撃地点の上に中央丘をつくる。しかし、叩きつけられて砕け散った岩石はどれも静止してはいない。中央丘ができたと思ったら、すぐに自分の重みで崩れ始める。岩石は割れて砕け落ち、残ったのはがらくたのような石の山だけになる。

こうしたことがすべて、衝突から五分以内に起こった。

たしかに、その衝撃には直径一八〇キロメートルのクレーターをつくるほどの凄まじい破壊力があったが、それ自体は単なる派手な幕開けにすぎない。このパワーはどこかへ向かわなくてはいけなかった[65]。それは力の波となって岩石と水を通り、衝撃を世界中に伝えたのである。

小惑星が衝突したのは、のちにメキシコ湾の南部となる場所の端、つまり沿岸部だったため、陸地だけでなく海にも影響を及ぼした。まず、衝突の中心部では、大量の海水が一瞬にして蒸発し、海の中に大きな空洞ができた。そして、この空洞の端で押しやられた海水は、とてつもなく巨大な津波となって外へ向かって流れ、高さ三〇〇メートルにもなる波となって海岸に向かって押し寄せた[66]。この波は、地上の摩擦や抵抗——海岸から森林、そしてそこに棲む多くの生物たちのことだ——を受けながら、陸地を何キロメートルも進んでやっと止まった。波に飲まれた大きな海棲爬虫類たちが、さきほどまでは乾いていたはずの地面に叩きつけられる。そして海水は、恐竜たちが悠々と歩いていたところにまで轟音を立てながら激しく押し寄せた。そして、水が引き始めると、海岸にどっと押し寄せた波が、今度は瓦礫や砂と一緒になって最初に押しやられたところへと戻っていく。波が静まるころ、衝突した地点には一〇〇メートルもの砂が積っていた。

衝撃は石の中をも伝わっていく。硬い石は、見かけによらず、不変でもなければ不動でもない。ただ、時間の進み方がほかよりも遅いだけだ。だが、衝突の物理的エネルギーが地殻に吸収されるとき、大きすぎる衝撃を受けて活性化した石は動いたり歪んだりする。衝突の力は、地球の外層を押し下げて、衝突地点の周辺に石を跳ね飛ばしただけではない。その力は周辺へと徐々に広がり、岩盤からプレートまで伝わっていった。そして石を伝わってどんどん進み、とうとうヘルクリークにまで到達しようとしていた。それまでにかかった時間は？　じつに一五分程度のものだ。

最初の地震はアンキロサウルスをただびっくりさせただけだったが、二度目の揺れはどこか奇妙で不気味な感じがした。その揺れはあまりに大きく、木々が倒れ、歩いていた恐竜たちが転びそうになるほどだった。そして最初の地震から一〇分後に起こった三度目の揺れは、さらに深刻な事態をもたらした。

アンキロサウルスが湖のほとりに着いたとき、すべては平穏だった。湖は穏やかで、アメンボが動いているのと、水面の昆虫を捕らえようとする魚が時折水面を揺らす以外は、動きがなかった。しかし、いまは湖の水位が満潮を迎えたかのように上がってきている。しかも、そのスピードが異様に速い。振動で湖の水が前後に揺れ、そのたびに水の勢いがどんどん増している。こちらへ寄せてはあちらへ寄せてといったように、水が行ったり来たりして、まるで湖の水がひとつになって一挙に動き出したかのようだ。そしてついに水があふれ出た。

寄せる水の重量が大きくなりすぎて、この湖に収まらなくなったのだ。波は一方の湖岸に寄せては引いていく。湖底の堆積物を掘り起こすかのように、ずっと昔から溜まっていたものを勢いよく削り取りながら。一〇〇〇万年前、この場所は温暖な内海の一部だった。陽の光が射す水の中で、らせん状に巻いた殻をもつアンモナイトが獰猛なモサウルスから逃げ回っていた。頭足類であるアンモナイトは、水が大陸から流れ出ていってしまったのと同時期に姿を消し、その後化石となって、何百万年もの間、誰の目にも触れることなく湖の下でひっそりと眠っていた。だが、貝殻だけになったこの太古の生物は、広い湖に起きた静振によって掘り起こされ、ふたたび陽の光を浴びることになった。湖底を削る波は崩れて砕け、そして周囲に——アンキロサウルスがいる方向にも——新たな波が向かう。

その直後である。体重六トンのアンキロサウルスは巨大なコマ同然となり、水の中で回転し、打ちのめされた。濁流にもまれながら、皮骨板（オステオダーム）〔体表面近くに形成される骨。ワニの背中にあるボツボツの突起部分もこれにあたる。〕に覆われた硬い背中が木の幹にぶつかり、また別の方向へと流されていく。彼女は足場を求めて四肢をばたつかせていた。アンキロサウルスは、鋭い歯から身を守ったり、シダをゆったりと食べたりするように進化してきたのであって、地震や激しい洪水を想定して進化してきたわけではない。その結果、レンガのような彼女は為すすべもなく、あたかもスープの具材であるかのように、ほかの恐竜や植物、化石、土砂などがごちゃ混ぜになった水と一緒に運ばれていく。

水に飲みこまれて少ししてから、アンキロサウルスは目を覚ました。鎧をまとった巨体はいつの間にか水路を通り抜けて砂州に流れ着いていた。立ち上がろうとしたとたん、左の後肢に鋭い痛みが走る。どこかの骨を痛めたようだ。もう一度立ち上がろうとして、あまりの激痛にうめき声が出てしまったが、それでもゆっくりとなら、残り三本の肢でかろうじて歩くことができた。どこか、眠れて怪我が治るまで休める場所を見つけなければ。

いまは何もかもが変わってしまったようだ。林全体は洪水に押し流されてしまっていた。地面に張っていた根が先の地震で揺り動かされ、もちこたえられなくなったのだろう。夕暮れの太陽が怒りに満ちた球体となって、遠くの地平線上から赤く照りつけていた。アンキロサウルスは以前にもこのような光景を見たことがあった。かつて森が燃えたときにも、太陽は炎より赤く輝いていた。なぜだかはわからない。このアンキロサウルスには、煤煙や塵で大気を通過する太陽光が屈折するという因果関係を理解することはできない。それでも、山火事と太陽の関係がわかれば十分である。

体はずぶ濡れだったのに、アンキロサウルスは寒くなかった。むしろ、夕方だというのに気温は不気味なほど暖かかった。大気に熱気がこもり、氾濫原の遠くの空気が揺らめいて見える。どうやらもっと暑くなりそうだ。

上昇したものは下降する。[67] 小惑星は、単にドシンと大きな音を立てて地球に突っ込み、そこに鎮座して終わったわけではない。大気圏に突入した際、その表面からは破片がポロポロと剝がれ落ちており、さらに衝突したときには岩石本体が割れ、砕け散ってしまった。そして岩石でできた地殻もまた、割れて粉々になった。「砕けた」というよりも、「粉々」という言葉どおり、粉塵に帰したのである。衝突による衝撃は、岩石の鉱物レベルにまで及び、硬化した石英までも破壊した。衝撃で生じた熱によって、石の一部はガラス質球粒に変化した。この小惑星は親岩として、うかつにも無数の小さな子どもを生み出し、その多くを衝撃の威力で大気圏にまで飛ばしてしまったのである。

このたった一度の出来事で大気圏に舞い上がった物質量は、どれだけ誇張しても足りないほどだった。衝突とほぼ同時に出来上がったのは、行き場を失った、五万立方キロメートル以上にもなる粉塵化あるいは液状化した岩石である。[68] 地面の下の岩石が一瞬にして変化し、この地球を揺るがした衝突によって、三五〇〇億トン以上の硫黄と四六〇〇億トン以上の二酸化炭素が大気中に放出されたのだ。

数千億トンもの温室効果ガスが注入されたいま、上層大気の構成は一気に変化し始める。

衝突で飛び散った粉塵やガラスといったものは、ただ衝突地点の上を毛布のように覆っただけではなかった。衝突で生じたものは、高く舞い上がったのち、ゆっくりと地球へと舞い降りてくる。こうしたひとつひとつの粒子自体はとくに害を及ぼすものではない。しかし、親の小惑星と同じように、それぞれの粒子が地球の重力に引っ張られて落ちてくる際には摩擦が生じる。衝突によってできた粉塵や瓦礫の量は膨大であり、白亜紀のニュージーランドまで飛び散っていったほどだ。そうした塵や石の破片といったゴミがひとつ残らず熱を帯びていく。落下する際に空気と摩擦を起こし、熱が発生するためだ。

あの激しい揺れから一時間ほど経ったころ、ヘルクリークに小さな何かが降り始めた。ほとんどは気づかないほど小さいものだが、なかには地面や川や木々に当たったとき、あるいは恐竜たちに当たったときに、ポツポツと音がするほど大きいものもある。これらの落下スピードは、元の小惑星ほどには速くないので、打たれても恐竜の体に穴が開くということはない。だが、恐ろしいことはもっとあとから襲来し、それから逃れるのは困難だ。周辺の温度はどんどん上昇し始めており、「暑い」から「とても暑い」へ、そして「耐えられないほど暑い」レベルにまでなってきた。穴を掘ることのできる動物たちはすでにそうしていた。湖の生物はできるだけ深く潜り、海底近くでじっとしている。鳥や小型の恐竜は、どこか避難できるところはないかと、手近な木の穴や使われていない地中の巣穴を探している。しかし、森の中で避難できそうな場所はもうすぐなくなってしまうだろう。森の地面を覆っていた乾燥した落ち葉にチリチリと斑点ができ、火が着き始めた。あちこちで火の手が上がったかと思うと、火と火が合わさって大きくなっていく。燃え盛った炎が行く手を阻む壁と化すころ、昼の名残りは未熟で熱すぎる夜へと変わっていった。

アンキロサウルスはパニック状態だった。さきほどの洪水で運ばれてきたところからさほど離れていないところで、彼女は渦巻いた水流に体を浸したまま休んでいた。蹄のある肢を沈泥に埋めて体勢を保ち、鼻先を水面より上に保つ。沈んではいけない。ぼんやりしていてはいけないのだ。一頭のティラノサウルスが咆哮しながら地面を踏み鳴らしてやってきたが、その羽毛には火が燃え移っている。そして、激しく燃え盛る炎に向かって姿を消した。

そのころ……南極沖では

空気を吸おう。モルトゥルネリアはこれまでずっと波の下で生きてきた。[69] 砂浜に上がって砂のザラザラした感触をヒレで味わったことはなかったが、海面にはよく浮き上がっていた。少し時間が経つごとに、彼は海の深いところから海面まで上がっ

てきて、その長い首を出す。そして、塩分を含んだ粘液を鼻から吹き出すと、肺いっぱいに空気を吸い込むのだ。

モルトゥルネリアは、プレシオサウルス類の中ではとくに大きいわけでも、恐ろしいわけでもない。一億年以上にわたり、モルトゥルネリアのような爬虫類は、世界中の海で何百もの種類へと多様化してきた。なかには、巨大化して首が短くなり、大きな口で何でも飲み込んでしまう、怪物のような捕食者もいる。だが、残りの多くは彼と同じように、カメの体にヘビがくっついたような体形をしている。比較的コンパクトな胴体部分には、水をかいて進むための四つの幅広のヒレと、ふざけているとしか思えないほど長い首がくっついている。

プレシオサウルス類の多くは魚食性だ。体を一方へ動かしている間に首を反対側へ回して魚を待ち伏せし、無防備な魚やイカを捕まえる。しかし、この狩りの方法はかなりの体力を使う。それに、外洋での狩りは当たり外れが大きい。キラキラの魚の群れやピカピカのイカの一団に出くわすこともあるが、捕食者であるモササウルスに追いかけられて終わることだってある。しかし、海岸の近くには別の食べ物があった。沿岸の大陸棚には、貝類や甲殻類といった無脊椎動物のごちそうが散らばっており、食べ放題になっている。[70] もっとも豊富な栄養源は、危険の多い外洋ではなく、砂の中に隠れているのだ。

モルトゥルネリアが登場する数百万年前から、プレシオサウルス類は沿岸部の砂を掘り返していた。無脊椎動物と一緒に石も飲み込めば、貝殻が割れて中身の栄養が取りだしやすくなる。だが、そのようにしていた初期のプレシオサウルス類は、大量の獲物を逃してしまっていた。彼らは歯並びが悪かったので、エナメルでコーティングされた円錐状の歯を嚙み合わせても、歯の間に大きな隙間ができてしまう。この口で二枚貝やカニをすくうことはできても、もっと小さな生き物たちには、沈泥で濁った水に紛れて簡単に逃げられてしまっていた。しかし、歯がもっと小さく、密集している個体であれば、底砂にいる小さな端脚類やエビ、イワムシなどを捕まえられる。そうした個体は十分なエネルギー源を得ることができ、つがいとなって繁殖し、例のクセのある表情――歯をニーッと嚙み合わせた笑顔――を次の世代へと伝えていったのである。こうして、進化における何度もの偶然を経て、モルトゥルネリアは誕生した。

肺いっぱいに空気を吸い込んだモルトゥルネリアは、大きな前ビレを動かして海底へと向かった。だが急いではいない。敵から逃げるときなどは、前後のヒレを同時に動かすことができるが、いまはサメの気配も、モササウルスの影もない。彼は後ろのヒレをパドルのように使い、海底をさらうのに一番いいスポットを探しながら海底に向かう。あのあたりがよさそうだ。

ほかのプレシオサウルス類の歯は厚みがあって恐ろしげだが、モルトゥルネリアの歯は違う。自然選択の結果、モルトゥルネリアは、クジラヒゲのように隙間なくびっしりと生えた歯をもつようになった。彼は海底に近づくと口を開け、堆積物の上でも進めるように、ヒレで水をかきながら、口いっぱいに砂や沈泥、隠れている無脊椎動物をかき込むと、すぐに歯を閉じて、爬虫類独特の平べったい舌で、きめの細かい堆積物を上顎に押し付ける。そして小さな生き物たちが針のような円錐状の歯の網にひっかかったところでゴックンと飲み込む。混ざり合った小さな食べ物は、長い首を通ってはるばる胃まで運ばれていく。ここでモルトゥルネリアは向きを変えて、二回目、三回目、四回目と同じ工程を繰り返す。そうするうちに、海底には小さな溝がジグザグ状に刻まれるが、その溝もやがて砂に覆われ、またいつかの朝食や昼食や夕食の会場となる。

　とりあえずお腹を満たしたモルトゥルネリアは、また息継ぎをしに水面へ戻っていった。しかし、目的はそれだけではない。時折、海面から頭を出してスパイ・ホッピング〔周囲を偵察するために浮上すること〕を楽しむのだ。好奇心に駆られてやっているときもあれば、それで命拾いをすることもある。こっそりと接近していたモササウルスを察知できたのも、その潮吹きに気づくことができたからだが、一歩間違えば、食べられていたかもしれない。モルトゥルネリアが海面から首をもたげて顔を出すと、まだら模様の青い皮膚から滝のように水がしたたり落ちた。太陽は沈みかけて、空は赤く輝いていた。そのときだ。近くの水面にポチャンと何かが落ちてきた。波間に顔を出していたモルトゥルネリアが振り向くと、また海面に小さな波紋が現れた。そしてさらに波紋は増えていく。

　モルトゥルネリアの頭に、小さく焼けるような痛みが走った。彼はシューッと声をあげ、その痛みがどこからきたのかと訝（いぶか）る。すると、今度は背中のあちこちに同じ痛みを感じるではないか。天敵の肉食動物やライバルに咬まれたわけでもないし、すぐに逃げ出すほどの痛みでもない。彼はまた唸り声をあげた。何か小さくて硬いものが歯に当たって跳ね返ったのだ。モルトゥルネリアは首を振った。この変なものが降り止むまでは水に潜っていたほうがよさそうだ。彼は思い切り息を吸い込むと、水中に潜っていった。水中なら痛い目に遭わずに済むだろうから。

第4章

衝突から一日後

暁新世の初日に夜明けはなかった[71]。

地上から見上げた空は真っ暗である。しかし、これは錯覚にすぎない。早朝の空――星があちこちに見え、太陽の光に照らされた月が輝くような空――は、すべて覆い隠されている。闇がヘルクリーク全体を覆いつくし、火に強い植物でさえ焼き尽くす炎が、煤煙でできた渦巻き雲を下から赤く照らしている。ヘルクリークに響き渡る轟音は、肉食恐竜たちの雄叫(おたけ)びでも、覇権を争うトリケラトプスの唸り声でもない。それは業火と、それに飲み込まれていくものすべてが発する、おぞましい咆哮である。炎の塊が狂ったように広がるにつれ、息が詰まるほどの煙が舞い上がり、朝日を完全に遮っている。

ちいさなメソドマは、そんな状況を寝てやり過ごそうとしていた。[72] 丸くてフワフワで、大きさも見た目もリスに似たこの小さな動物は、赤錆色をしたふわふわの尻尾の毛に頭をのせて、体をぎゅっと丸めている。メソドマは、多丘歯類という哺乳類の一種だが、そのように分類されるのは、一風変わった歯のせいである。その臼歯には多くの突起、いわゆる結節があり、一般的な哺乳類の歯よりもずっと装飾的な形をしているのだ。のちの研究者らは彼らのことを多丘歯類（Multituberculata）、略してマルティス（multis）と呼ぶようになる。この小さな動物が最初に出現したのは、ジュラ紀後期――この暁新世よりもさらに八〇〇〇万年以上前の、アロサウルスやステゴサウルスがいた時代――であり、彼らは当時の恐竜と共存共栄の関係にあった。メソドマには、長い隆起に覆われた、平べったいスプーン状の小臼歯があった。つい先日まではふんだんにあった、種子や木の実、卵、さらには骨といった硬い食べ物を噛み砕くのに、もってこいの歯である。そんな彼女もいまでは、この世界の片隅で生き残った数少ない哺乳類というだけでなく、ここヘルクリークの火災を生き延びた、数少ない動物のうちの一匹になってしまった。

焼けた野原と黒い煙が立ち昇る森には、大小さまざまな形をした黒っぽい塊があちこちに落ちていた。炎に巻かれ、黒焦げになった大型恐竜の残骸らしきものもある。倒れたトリケラトプスのフリルからは真っ黒のウロコ状の皮膚が剝がれ落ちていた。その近くには、元はアンズーだったとおぼしき塊が同じように横たわっている。クチバシと羽をもっていたその恐竜も、いまでは奇妙な七面鳥の丸焼きのようになっていた。うつ伏せ状態の別の塊は、当時の哺乳類では最大級だったディデルフォドンだ。この有袋類はイエネコほどの大きさで、かつては卵泥棒の名手かつ小型トカゲのハンターだった。そんな白亜紀の世界をちょこまかと動き回っていた小さな動物たちに、火の手から逃れる場所はなかった。地上にあるものといえば、勢いよく広がる炎のみだった。

しかし山火事は、すでに深手を負っていた生態系に追い打ちをかけたにすぎなかった。開けた湿地では、イグアナに似たトカゲの歪んだ体が、まだ若いティラノサウルスの体の近くに横たわっていた。ティラノサウルスの体に火の影響は見られず、毛もウロコも焼け焦げてはいなかったので、きっと熱線にやられたのだろう。舞い上がった塵が大気圏に再突入するとき、地上では数時間にもわたって強力な熱パルスが生じていたのである。このエネルギーだけで、気温は摂氏二六〇度にまで上昇していた。これは火の気がなくても自然に発火してしまう温度である。

この灼熱地獄から逃れることなど、不可能に近い。気温が上がって息苦しさを覚える程度の暑さではないのだ。衝突時の塵が燃えて高熱を発し続けており、小さな粉塵ひとつひとつが世界中で熱パルスを発生させて、地球全体を明るく照らしていた。息苦しい煙で覆われていない場所には日陰がない。空は小惑星衝突の影響で燃えたように赤く照らされ、その眩しさで目がくらむほどである。

直射日光を長時間浴びるのはただでさえ嫌なものだ。場合によっては肌が焼けて炎症を起こすことさえある。しかし、日差しはいつもより一〇倍は強くなっていた。どんな有機物でもいまの太陽光に当たれば、熱で水膨れができ、焼け焦げてしまうほどだ。谷間や地面の割れ目に身を潜めたり木陰に身を寄せたりしても助けにはならない。それは、ヘルクリークの河川や湖でも同じだった。油でコーティングされている水鳥たちの羽には耐水性があるのだが、この急な気温の上昇で、羽は丸まり、焦げついて、疎水性が奪われる。その結果、水鳥たちの体は水に浮かばなくなってしまう。何とか水の中にいようともがく水鳥も、息をこらえることができるのはせいぜい一、二分だ。そして結局は、熱にやられるか、それとも羽毛にしみ込んだ水の重さに耐えきれずに溺れるかして死んでしまう。水浸しになった鳥の中で助かったものがいたとすれば、ひさしのように張り出た岩の下など、日光と熱がもっとも届きにくいところに素早く逃げ込んだものたちだった。

ヘルクリークに生息していた多くの生き物たちにとって、逃げ切れる可能性など微塵もなかった。とくに非鳥類型恐竜は、広々とした野外で生きるように進化してきたのだ。いまのような状況を生き抜くための行動パターンや身体的特徴など、身につけているはずがない。これほどの酷熱に、恐竜たちは為すすべがなかった。ティラノサウルスからトロサウルス、エドモントサウルス、オルニトミムスに至るまで、恐竜たちはみな絶滅してしまった。アンキロサウルスやデンヴァーサウルスの装甲など何の役にも立たない。ドーム型をしたパキケファロサウルスやスファエロトルスの頭など、無用の長物でしかなかった。ハドロサウルス類が大きな群れをつくっても、トロオドンが巣をつくって子育てをしても、それで身を守れるわけがない。恐竜たちの行動パターンで役に立つものはほとんどなかった。数千万年にもわたる進化の成果が、突如として水泡に帰したのである。

大量絶滅がこれほどまでの破壊力をもっているのは、それがめったに起こらないからだ。大量絶滅とはまさに最悪の事態である。過去には何度もこのような災禍はあったが、そのペースは常にゆっくりで持続的だった。変化に対して生物たちができることといえば、移動するか、変化に適応するか、あるいは死滅するかだ。大量絶滅が起こるのは、この最初のふたつ――移動や適応――が全体的にうまくいかなかったときである。

仮にそのような困難を乗り越えて生き残れたとしても、それはたまたま運がよかったからにすぎない。バクテリアのように、度重なる変異で多様化しながらスピーディに繁殖していく生物は別として、地球に生きるたいていの生物は、たとえ極端に長期化した災害であっても、その厳しい変化に適応できるほど早く進化することはできない。生き残れたものは、生き残れるような特性や行動パターンをたまたま身につけていたにすぎないのだ。そんな生き残りたちが、途方もなく大きかったとか、並外れて派手な風貌をしているとか、最高にカリスマ的であるといったケースは概して少なく、むしろ一般的な種、言い換えると、どこにでもいるような種であることが多い。ある意味、「柔和なものが地を受け継ぐ」〔新約聖書のマタイの福音書五章四節にある一節「柔和な人々は、幸いである。その人たちは地を受け継ぐ」を意味している〕というわけである。事実、過去四度の大量絶滅でもそうだった。

だが今回は、極度のストレスと大惨事が一日のうちにいっぺんにやってきた。どんな生物であっても、これほどの一日を経験したことはなかったはずだ。溶鉱炉かと思うほどの熱気に何時間も襲われる――そんな状況に耐えられるように進化した生物など、いるわけがない。この灼熱の時間は、生き抜くには長すぎた反面、適応したり、熱にもっと強い新世代の種が偶然に発生したりするには短すぎた。それに、もしそんな可能性があったとしても、通常の最高気温の約五倍にも相当する焦熱を生き延びることのできる生物など、いったいどこにいるというのだろう。

衝突が起こるずっと前から、体熱の放出は非鳥類型恐竜にとって悩みの種だった。たしかに恐竜たちは、中生代の常夏の環境で隆盛を誇っていたわけだが、大きな体で生きるのは楽なことばかりではない。恐竜たちが早々に地球の支配者として君臨するうえで役立ったことが、いまでは足かせとなっていた。[73]

もちろん、生理機能のはたらきは種によって異なるが、概して恐竜は内温動物である。[74] 内温動物は体内で自発的に熱を生み出すが、これは初期の恐竜のように体が小さい場合には大きなメリットになる。日光浴をしたり、暖かい生息域を歩き回ったりといったように、環境資源から暖をとる必要がない。代謝によって熱を生み出す内温動物だったことは、恐竜が古代のワニ系統の動物たちと覇権を争い、哺乳類たちを出し抜くうえで、重要な役割を果たしたといえる。ところが、ティラノサウルス、トリケラトプス、アンキロサウルスほど巨大化してしまうと、自分の生み出す熱自体が問題になりうる。大きな体には熱がこもりやすく、体温が下がりにくいからだ。そこで恐竜の中には——たとえばティラノサウルスやアラモサウルスといった竜盤類、それから鳥類もそうだが——気嚢という、蒸発冷却器のようなはたらきをする器官をもつようになったものがいる。この気嚢に空気を通すことで、暑い日でも熱を放出することができるのだ。では、気嚢をもたない恐竜たちはどうしていたかといえば、日中の気温が高い時間帯に泥浴びや水浴びをしたり、あるいはできるだけ動かずにいたりして暑さに耐えていた。恐竜は自分の生息域に合わせて進化を遂げてきたのであり、これまでは地球の変化のスピードも適応が可能なレベルだった。だが、いまやこの環境の変化に耐えられるのは、バクテリアのような極限環境微生物くらいしかいない。地中に身を隠すこともできずに野外に取り残された非鳥類型恐竜たちの多くは、小惑星が衝突してから数時間内に死んでしまったが、それは衝突地点から離れた場所であっても同じことだった。

地中ではメスのメソドマが足をピクピクさせながら眠っていた。上では猛火が荒れ狂っているが、地中ではじつに穏やかな時間が流れている。彼女が目を覚ますころ、世界は一日前とはまるっきり変わってしまっていることだろう。それでも彼女は生きていて、眠りから目覚めることができる。それは土があったおかげである。

衝突直後の余波は強烈だったが、その威力にも限界はあった。影響が及ばなかった場所や、被害が少ない場所もあった。たしかに、地球の岩盤にめり込んだ小惑星は、何千キロメートルも離れたところまで地中を駆け抜けて揺れを伝えたが、地表の下にたった一枚の薄い層があったことで、地中に巣穴をつくる生物たちは何とか命拾いをした。暁新世に起きた最初の火災で、摂氏四〇〇度を超えるほどの過酷な熱が地上を襲ったときも、土の中では一〇センチメートル程度しか伝わらなかった。この地域は大きな海岸平野(コースタルプレーン)で、かつては海の一部だったため、小惑星が落下する前の地面は湿っていた。木々や落ち葉は露出していたので乾燥しており、降ってくる塵やその後の熱パルスに対して為すすべがなかったが、恐竜たちが踏みつけていた土壌は、湿った毛布のようなはたらきをした。この湿った地面がある種の境界となった。大型の恐竜はこの境界を越えられなかったが、越えることができたものは避難場所を得ることができたのである。

メソドマは穴掘りのエキスパートだ。[75] 彼女の一族は、何百万年も前から穴掘りの技を磨いていた。

そうやって、恐竜たちの足元のすぐ下で暮らしながらも、身を守ってきたのである。かつて、このメスのメソドマの巣穴はエドモントサウルスの巣のそばにあった。彼女はそこで生まれ、自分と同じく、うすだいだい色にポツポツと斑点のついた体をしているなかまの子どもたちと一緒に育てられた。一年のほとんどは辺りの森で食べ物を調達できた。果実を採ったり、髄液たっぷりの恐竜の骨にかじりついたりすることもあった。だが、本当のごちそうを堪能できるのは、恐竜たちの巣づくりの時期だ。もちろん危険と隣り合わせではある。気を抜けば、足元のことなど気にしない恐竜たちに踏みつぶされることもあるし、また、ふんだんにある食料の匂いを小型の肉食恐竜に嗅ぎつけられたりすれば、巣穴は大きな爪で掘り起こされ、メソドマは彼らのおやつにされてしまう。とはいえメソドマは、たいてい昼間は寝て過ごし、夜に巣穴から出てくる。そしてエドモントサウルスの卵を割って、ドロドロとしたうま味たっぷりの中身を味わう。卵ひとつで何日分もの食料になるため、この宴は何か月も続けられる。そして卵が孵り始めるころになると、今度は生まれたての無防備な赤ちゃん恐竜をさらって安全な巣穴に運び込むと、その芳醇（ほうじゅん）なるごちそうを楽しむのである。一方、親の恐竜たちは、メソドマのはたらく略奪行為にまったく気づかない。エドモントサウルスは、ソフトボール大の卵を一度に十数個産む。それだけの数を二〇頭以上のエドモントサウルスがそれぞれ産み落とすのだから、メソドマにとっては十分すぎる量だったろう。これは、進化が行き詰まったというよりも、長きにわたって育まれた恐竜の特性を哺乳類が利用していたにすぎない。恐竜は、繁殖の速度が速く、かつ多産だったために哺乳類を凌駕したが、その代わりに哺乳類は、恐竜の卵を思う存分食べることができた。彼らにとって、恐竜の卵は、どれだけ食べても決してなくなる心配のない食料源だったのだ。

小さなメソドマは、自分の毛皮に誰かの鼻息がかかった気がして目を覚ました。そこにはなかまが産んだオスの赤ちゃんがいた。当時の一般的な哺乳類は卵生だが、この赤ちゃんは卵から生まれてはいない。何千万年もの間、初期の哺乳動物は、爬虫類だった先祖の生殖方法を受け継ぎ、小さな卵を産んでいた。そして卵から孵ったピンク色の赤ちゃんは、母親のお腹にあるピンホールサイズの穴からにじみ出るミルクをなめていたのだ。いまでも哺乳類の中には、そのような生殖方法をとっているものがいるが、メソドマのメスの場合、卵は体内に留めておく。子どもは母親の体内で成長するが、まだ小さいうちに生まれてこなければいけない。多丘歯類であるメソドマの体は小さく、腰回りもそれに比例して狭いので、妊娠期間が長くなると子どもを産み落とせなくなってしまうのだ。よって、赤ちゃんは未熟なまま生まれ、くねくねと動きながら暖かくて安心できる母親の毛皮の中に入っていく。母親のお腹に子どもをすっぽりと収める袋はないが、代わりにそこにはひだがあって、赤ちゃんを包み込むことができる。この時期、母親はほとんど食べ物を口にしない。すると、骨の中のカルシウムが血中に溶け出し、ミルクを通して子どもに分け与えられる。これは、脊椎動物が海でしか生きていられなかった時代の名残りで、骨がどのように進化していったかを物語っている。[76] 太古の魚は、筋肉を収縮させることで長く泳ぐことができたのだが、その際に必要となるミネラルを骨のような甲冑から補っていた。これと同じ能力をのちの哺乳類も取り入れて、骨の大部分が軟骨である未熟な赤ちゃんは、母親から摂取したカルシウムで骨組織を成長させるようになった。

だが、この子どもはもう乳を必要とはしていない。彼はずいぶん前に離乳していたのだが、哺乳類はスキンシップをとって肌の温もりを感じるのが好きなのだ。[77] 哺乳類は恐竜たちと同じく温かい体をしており、そのほとんどが内温性である。それなのに哺乳類の体は、一億七〇〇〇万年以上もの間ずっと小さいままだった。つまり、ちょっとしたことで体温がすぐに上下してしまう。そんな彼らが進化のうえで優位に立てたのは、体を寄せ合うことを覚えたからだ。飢えた肉食恐竜たちから隠れて、木の幹の穴や地面の穴の中で暮らしていたため、自然と互いに寄り添うようになったのだろう。体温調節がとくに難しい子どもでも、スキンシップで体を温められるのは大きなメリットだ。安全な場所にいれば体も冷えない。これが自然選択というプロセスを経て行動特性として固まった結果、哺乳類は世界をうろつく恐竜類に比べて、より愛情深く子どもを育てる動物になった。愛することと生き残ることが密接につながったのである。ここで、メスのメソドマは体勢を変えるとふたたび体を丸くした。反対を向いているオスの子どもが、自分の腰をメスの腰にくっつけて寄りかかる。いまごろ地上では太陽が照っているはずだ。何時間かすれば、メソドマは寝ぼけ眼(まなこ)で巣穴から鼻先をのぞかせて辺りの匂いを嗅ぎ、恐竜たちの気配がないかどうかを確かめるのだろう。だが、そのころにはもう、非鳥類型恐竜たちは絶滅したも同然になっているのだが。

一方、恐竜以外の爬虫類たちはメソドマと同じように隠れていた。ただ、それが地中ではなく海中だっただけだ。コンプセミスは向きを変えて、池の底に溜まった砂や腐った植物の中へ深く潜り込んだ。ここなら安全だ。水の上では何やらおかしなことが起きている。暑すぎるのだが、気温が高くなり始めたのは、木々が燃え盛る炎に飲み込まれて、小枝のように燃え上がる前からだ。このカメも、池にいるほかの爬虫類と同じように、気温が摂氏三七度を超えたあたりから、水中に潜っている。水面に鼻先を出すのは、息継ぎをしなければいけないときだけだ。

コンプセミスは近縁種のカメと比べても小さく、全長は三〇センチメートルほどしかない。[78] ヘルクリークにある河川や池には、さまざまな甲羅をもった爬虫類がたくさんいる。たとえば、鎧のような硬い甲羅――三畳紀に生息していた初期のカメのように骨でできている――に身を包んでいるものもいれば、柔らかい甲羅をもつスッポンのなかまのカメもいた。このタイプのカメたちは日向ぼっこが大好きで、鼻先が細く、ほかのカメとは鎧のしくみが違っているため、一見して柔和な雰囲気をまとっている。そんなカメたちはみな水がないと生きていけない。ヘルクリークの河川や湖沼にはエサが豊富にあり、ワニやチャンプソサウルス類に襲われるリスクもあるにはあるが、全体の数からすればそれほどの危険はなかった。

幸いにも、巨大ワニ類の時代が復活する兆しはなさそうだった。全長一二メートルのデイノスクスが、大きくて先の丸い奥歯でひと噛みすれば、カメの甲羅などすぐに割れてしまうだろうが、そのデイノスクスもコンプセミスが生きている時代より五〇〇万年も前に絶滅していた。もちろん、ブラキチャンプサなど、強力な顎をもつワニはここにもいるが、それらはかなり小さく、三メートルほどしかない。それにトラコサウルスのようなワニは、カメよりも魚を狙うことが多く、チャンプソサウルス類の主食も同じく魚だった。このチャンプソサウルス類という爬虫類は、一見ワニに似ているもののじつはワニ類ではなく、細長い鼻に歯を生やしたニセモノである。ワニ類とよく似た行動をとっていたようだが、ワニとはまったく別の進化の道をたどってきた。これは、収斂進化の一例である。爬虫類の別の科に属する二種が、魚などを捕らえるために同じような進化をしたのだ。

コンプセミスもまた肉食である。大きくて三角形の頭の先にあるクチバシは分厚く、鉤状に尖っている。狩りのスピードはワニ類ほど速くはない。コンプセミスはしっかりと狙いを定めてから激しく噛みつくため、泳いでいる魚がまっぷたつに割れてしまうこともある。ちなみに、魚の頭（ヘッド）と尻尾（テイル）、どちらから先に食べるかは成り行き任せ（ヘッズ・オア・テイルズ）なのだろう。じつは、このコンプセミスとワニ類の立場が逆転するときがある。大きなワニ類も、生まれたときは小さな赤ちゃんであることはいうまでもない。春、コンプセミスの棲む池では、子どものワニが水面から消えていく。

だが、いまのコンプセミスにとって、食事はそれほど問題ではない。むしろ大事なのは呼吸だ。水中でほとんどの時間を過ごせるように進化してはいても、コンプセミスはまだ肺で呼吸している。爬虫類である限り、水面から離れて暮らすことはできないのだ。かつての穏やかな日々ならば、水面まで泳いでいくことも、さらには丸太の上で日向ぼっこをすることもできた。温かい太陽の光を浴びれば、古い皮膚がペリペリと剥がれ落ち、甲板も剥がれやすくなって楽に脱皮ができる。しかしいまは、空気を吸い込もうとしても煙や煤ばかりで臭いもひどい。水のおかげで熱からは守られているが、水面から息を吸うのは気持ちのいいものではない。息継ぎは必要だが、なるべく回数が少なくて済むようにしよう。

まだしばらくは水面に上がらなくてもいい。コンプセミスは一度の深呼吸で四〇分は潜っていられる。じっとしていれば五〇分以上もつだろう。たしかに、それはそれですごいことなのだが、この地獄並みの熱気に覆われているいまは、もっと長く潜っていたい。じつは、これまで何百万年、何千万年もの間、代々水の中で生きてきたコンプセミスは、ある秘技を身につけていた。いざとなれば、彼らはお尻の穴で呼吸することができるのだ。

コンプセミスの尻尾の付け根には小さな穴が開いている。[79] これは総排泄腔（cloaca）と呼ばれ、爬虫類には標準装備されている器官である。ワニ、ヘビ、トカゲ、チャンプソサウルス、恐竜（そして鳥類）にもこれがある。Cloacaとは「排水管」を意味する言葉で、尿管、排泄管、生殖管が一か所で交わり、ひとつの穴につながったものを指している。だが、コンプセミスの場合、それだけでは終わらない。総排泄腔の末端に総排泄嚢と呼ばれる小さな袋状の器官があるのだ。この器官には血管が張りめぐらされており、それが重要なはたらきをする。水がこの小さな穴から入ってくると、水の中の酸素が水分と肉の間に入り込み、毛細血管から酸素が取り込まれる。こうして、取り込んだ酸素のぶんだけ、コンプセミスは池の底に長く留まっていられるというわけだ。

とはいえ、エラ呼吸と同じようにはいかない。この妙技だけでずっと底に滞在するには無理がある。だが、今日のような日には、どれだけちっぽけなことでも利用しない手はない。それが生死を分けることになるかもしれないのだから。生物は、必ずしも変化に強い必要はない。運さえよければ、その生き物がもっている特性がうまく発揮され、時間的な猶予が与えられる。コンプセミスが新ルートで確保できる酸素量は、必要量の二〇パーセントにすぎないが、さしあたってはそれで十分だ。一時間以上、ストレスなく水中で過ごすことができるならば、熱パルスが続いている間は、数回だけ水面に鼻を出せば済むだろう。火はまだ燃え盛っており、鎮まる気配はないが、いつかは燃えるものがなくなって火は消えるはずだ。そのときまで水底で待っていればいい。時折魚を捕まえながら、体が許す限り、息継ぎまでの時間を長らえるのだ。

暁新世の初日に起こった生死を分かつ闘いでは、ほんの些細（ささい）な生物学的特徴で勝敗が決まった。地下や水の中など、安全な逃げ場所を見つけたものだけが生き延びるチャンスを手にした。それ以外のものたちは、巨大なエドモントサウルスから小さな昆虫に至るまで、みな死んでしまった。彼らはどう行動していても、助からなかったに違いない。彼らが進化のうえで身につけてきた行動パターンは、明日あるいは明後日の世界を生き延びるためのもので、今日のような状況は想定外だったのだから。

しかし、生き残れたからといって喜んでばかりもいられない。絶滅の大きな引き金となったのは衝突時の塵や熱パルスだが、火は条件次第で燃え上がる。そして、これほど大規模な山火事がヘルクリークで起きたことはなかった。雨もそうだが、火事にも決まったパターンがあるわけではない。火は周囲の環境によって燃え方や広がり方が異なる。熱した炭火の上を這うように燃える、ほとんど無色の炎もあれば、木々のてっぺんまで飲み込むほど燃え盛るオレンジ色の炎もある。かつての平原では、のし歩くアンキロサウルスや獲物を狙うティラノサウルス、ちょこまかと動き回る哺乳類や、背の低い植物をついばむエドモントサウルスの姿が見られたものだが、いまは荒れ狂う炎が瓦礫に覆われた地面を埋め尽くしているだけだった。

ヘルクリークで起こった最初の火災が、大規模な山火事の呼び水となった。[80] 火の手が強まり気温が上がっていくにつれ、以前は森だったあちこちの場所で、酸素がどんどん消費されていく。そのうち、火に向かって空気の流れができる。それが風となり、さらに空気や酸素をどんどん取り込んでいくと、熱で発生した上昇気流が渦を巻いて、空高くそびえ立つ煙の柱になる。煙柱は炎の勢いがもっとも強いところに発生するが、それがあちらこちらに見えている。そして触れるものを片っ端から燃やし、溶かしていくだけでなく、周囲にあるものから水分を奪って火がつきやすい状態に変えていく。恐竜たちの死体は長時間にわたる暑さですでに乾燥しているため、すぐに火が着き、焼け焦げて縮み上がる。背中の腱は乾くと収縮するため、頭部も尻尾も反り返る。[81] そして、かつては堂々たる生き物だった肉体を、カラカラで黒焦げの残骸にするのである。何百万年もの間、恐竜たちの死体といえば、だいたいがこのポーズだったが、これは彼らに特有の身体構造によるものだ。このような黒焦げ死体のポーズを恐竜たちがとれるのは、白亜紀が最後である。世界が火に包まれた日のことを後世に伝えるために、彼らはその姿を残していったのかもしれない。

そのころ……

インド大陸では

ジャイノサウルスの骨が焼け跡の中で見事な円を描いている。[82] この竜脚類を大きく育ててくれた森は、いまや見る影もなく焼け野原となっていた。

このメスのジャイノサウルスはまだ若く、体はウシと同じくらいの大きさだった。最初の危なっかしい一年を何とか生き抜いた彼女は、二歳を迎えるころには、木々やシダの若葉などを食べて、首や尻尾を太くし、体重を増やしていた。成長すると食べるものも変わってくるが、それは、体が大きくなると代謝が効率的になり、栄養価が少ないものでも大量に摂取すればやっていけるようになるからだ。しかし、成長期には栄養価の高い植物や果実がどうしても必要になる。何しろ、野生の競争社会を生き抜かねばならないのだ。そうなると、どうしても毎回の食事が大切になってくる。同じ森には大型の肉食恐竜もうろついているため、最初の一年を無事に生き延びることができるのはほんの一握りしかいない。自分の身を守るのに一番いいのは、仕留めるのが厄介になるくらい巨大化することだ。だから彼女は、食べて、食べて、食べまくった。肉食の獣脚類が森の暗闇から襲ってこないことを願いながら。

だが、いまや未来は潰えてしまった。彼女が受け継いできたものを託せる近縁のなかまはいない。進化の枝を伸ばすことも、直接の子孫を残すことさえ叶わないのだ。竜脚類たちはもうどこにもいない。彼らのなかまは、ほぼ一瞬にして一頭残らず絶滅してしまった。

幼体期を過ぎた竜脚類は、みな大きな体をしている。その傾向は島に棲む竜脚類にも見られる。島では食料の量も限られているため矮小化する種もいるのだが〔島嶼化と呼ばれる現象の一形態。もともと大きな種は小さくなり（矮小化）、小さな種は大きくなる（巨大化）傾向がある〕、それでもほかの一般的な恐竜と比べるとかなり大きい。もちろん哺乳類など比べ物にならない。

三畳紀後期以降、竜脚類たちは巨大化の道を歩んできた。この種の恐竜たちが翼を生やしたり、土の中に巣をつくったり、泳ぎがうまくなったりすることはなかった。巨大化できたのにはいくつか理由があるが、そのひとつが気嚢という複雑なシステムのおかげである。気嚢のおかげで効率のよい呼吸が可能になり、体温が上がりすぎないように保てていた。また気嚢は、水中では浮袋のような役割を果たす。そのせいで竜脚類は泳ぎが苦手だったため、時には肉食性の海棲爬虫類に狙われることもあった。そんな竜脚類は、今回のような危機を乗り越えられる特性を何ももっていなかった。いいときも悪いときもずっと進化を続けてきた彼らだが、そんな彼らの多様性はやがて事もなげに切り捨てられてしまう。

　だが、それは竜脚類に限ったことではない。ほかの恐竜たち、いや、ほとんどの生物がいなくなってしまったのだ。影響を受けなかった種などおらず、みなそれぞれに打撃を受けていた。当時、独立した大陸だったインドでもそれは同じである。六六〇〇万年前、インドはマダガスカルから分離してはいたが、ユーラシア大陸との衝突はまだ起こっていなかった[83]。ヒマラヤ山脈もまだ存在していない。大陸移動というベルトコンベアーに乗っていた当時のインド大陸にも、ほかの地域と同じように多くの恐竜が棲んでいた。

　ところが、小惑星衝突の影響はあまりにも大きく、絶対に安全な場所というものは地球上のどこにもなかった。地球上のほとんどの生物は数十億年も以前から酸素に頼って生きていた。それなのに肝心の空気が有害になってしまうと、彼らにはほとんど打つ手がなくなってしまう。暁新世のアルゼンチンでも日本でも、さらには北極から南極に至るまで、平野部に生息していた動物たちは次々と死んでいき、地上は大部分が火に包まれた。この小惑星衝突の影響は、火のついた土砂が数キロメートル四方に飛び散ったとか、近くの大陸へ飛び火したといった程度で済むものではなかった。火の粉は世界中に飛び散って、地球規模の大火災を引き起こした。アメリカ大陸の被害はとくにひどかったが、それは衝突地点に近かったからというのもあるだろう。だが、地球の反対側にいても絶滅のスピードはほぼ変わらなかったほど、衝突の影響力は大きかった。こうして暁新世の初日は幕を閉じたが、この日に起こった悲惨な出来事の数々は、今後いつまで続くかもわからない苦難の始まりにすぎなかった。

第5章
衝突から一か月後

ヘルクリークは焼き払われて、残骸（スケルトン）と化し、その言葉どおり、多くの骸骨（スケルトン）が散らばっていた。変わり果てた風景のあちこちに、力尽きて倒れた恐竜たちの、焦げてひび割れた骨が散らばっている。そんな骨にはポツポツと穴が開いており、メソドマのような小型哺乳類の歯型がついていた。生き延びた小さき穴掘りの名手たちが、わずかに残っている肉やむき出しになった骨を齧っていたのだ。ま

た彼らは、白亜紀の巨人たちの広い肋骨部分を活用して隠れ家にすることもあった。エドモントサウルスの骨の下を歩き回るのは、オポッサムに似たアルファドンだ。その背中にはフワフワの赤ちゃんが数匹くっついている。このアルファドンの母親は、来る日も来る日も昆虫やトカゲといった食べ物を探し歩いていた。栄養を摂って、新時代を生きる子どもたちに母乳をあげなければいけないからだ。

かつての森はただわずかにその痕跡を残すのみである。一部の木々はまだ立っているが、葉のない枯れ木となっている。死んでもなお同じポーズを取り続けているものの、そのもろくなった体は、風が吹けば軋み、強い風が吹けばそのまま倒れてしまいそうだ。地面には倒れた木々が折り重なっており、腐敗してゆく恐竜がその下敷きになっていることもある。いま、辺りはほとんどが炭のように真っ黒だ。森が生きていたころの、豊かなアースカラーとは対照的である。しかし、ヘルクリークの生態系には黒以外の色もあった。倒れた幹の下に目を向ければ、湿った土からシダの一群が一斉に芽吹いていた。(84)

広いヘルクリークに現れた新緑は、まだ地面から一〇センチメートルに届くかどうかというくらいだったが、光合成をする原糸体ひとつひとつの存在が、生命が続いていることを示すメッセージとなっていた。焼け焦げた大地に、小さなシダの葉や緑の渦巻きがうっすらと青く浮かび上がり、まるでヘルクリークに春を告げるかのように、白亜紀の残骸から新芽が顔を出している。小さなアケロラプトルが、シダの葉を揺らしながら茂みの中を注意深く歩いてきた。鼻の利く哺乳類や機敏なトカゲに気づかれないようにこっそりと。

白亜紀に生きていた種の半数以上が滅んでしまったとはいえ、すべての恐竜が熱パルスや山火事で死んでしまったわけではない。なかでも、生き残りが一番多かったのは鳥類だ。地中に穴を掘るなどして地獄から逃れ、その後ふたたび地上に戻ってくると、そこは巨人たちのいない世界になっていた。非鳥類型の恐竜にも、わずかながらも生き残ったものはいたが、地上に長い影を落とすような大型恐竜はいなかった。トリケラトプスやティラノサウルスといった大型の恐竜たちはすでに姿を消していた。そして後にも先にも、彼らのような生き物は出てこない。体が大きすぎるものには、逃げ場所すらなかったのだ。しかし、マニラプトル類の中でも、アケロラプトルのような小さな恐竜は、あちこちにあった地中の穴に潜りこんで命拾いをした。そんな小さくて羽毛を生やした恐竜たちにとって、カメやワニなどが掘っていた巣穴が束の間の避難所となったのである。一頭の勇ましいアケロラプトルは、さらなる幸運をつかんでいた。避難した巣穴には、当の持ち主である哺乳類がまだ棲んでいたため、すぐに食事にありつけたのだ。とはいえ、そんな幸運がいつまでも続くわけはない。生き延びた恐竜はいたものの、彼らが生き続けるための食べ物はほとんどなかった。そんななか、空はますます暗くなりつつあった。

焼けたのはヘルクリークだけではない。衝突後の気温上昇で、世界中の森が発火源と化していた。陸地で炎を免れた場所はほとんどなく、激しい火災が発生したところでは、必ず煙と煤と灰が渦を巻いて空へ昇っていた。そんな煤や塵は、上空二四キロメートルまで舞い上がったのち、気流に乗ってはるか遠くまで運ばれていった。そして、世界中で火災が起こっているいま、煙はすべてを飲み込む存在となった。火の勢いが弱まってもなお、空は曇ったままである。いや、むしろ、どんどん暗くなっているようだ。それは炎から吐き出された煙のせいというよりも、大気圏中の煤塵(ばいじん)が巨大なドームとなって空を覆っているせいである。いまや、太陽の光はめったに味わえない貴重な資源となっていた。

だが、火災の影響はこれだけでは済まなかった。森林火災で生じた微粒子は、その小ささゆえに、簡単に吸い込まれてしまう。それが肺の組織に入り込んで、徐々に呼吸を苦しくさせるのだ。暁新世の最初のころには、新鮮な空気を吸えることなどありえなかった。その点、生き残った恐竜たちは若干だが有利だったといえよう。彼らの呼吸方法は一方通行式で、空気中から十分な酸素を取り込めたため、それほど問題にはならなかった。一方で、呼吸で毎回吸ったり吐いたりしているほかの動物たちにとっては、空気自体が息苦しいものになっていた。地上あるいは上空に棲んでいる動物にとって、生きることは決してたやすいことではなかった。だが、火災が起こした別の現象が、意外にも暁新世に生きる多くの生物を一時的に救うことになった。

火災では大量の二酸化炭素が大気中に放出されるが、それが地球規模の火災になると、その量は膨大になる。太古より、大気中にある大量の二酸化炭素は地球温暖化を促進しており、時にはそれが悲惨な結果をもたらすこともあった。ところが、今回はそれがプラスにはたらいた。火災で生じた大量のガスや、古代インドの火山から噴き出したガスのおかげで、最悪の事態を免れたのである。

生物たちは知る由もなかったが、このとき地球は、長く恐ろしい「衝突の冬」の初期段階にあった。炎と熱のピークは過ぎ、本格的な熱パルスがふたたび起こったとしても、もはや燃えるものはほとんど残っていなかった。次は、世界中が凍える番だった。衝突から数週間が経つころになって、この災害がもたらした複合的な影響がようやく現れ始めたのだ。

次々に訪れる絶滅の危機。そこで決定的な役割を担っているのが岩石である。だが、そういうと不思議に思われるかもしれない。生き残った生物に残されたものといえば、いまや岩石ぐらいのものだからだ。だが、地球上の生物が存在できているのも、まさにその地質のおかげだといっても過言ではない。岩石の運命は世界の運命なのである。

もし岩石というものに何らかの生命力が宿っている、あるいは始まりと終わりがあるとしても、岩石の生きるスピードはあまりにゆっくりであるため、どれだけ長生きできる生き物がいたとしても、岩石の一生を知ることは不可能だろう。例として、砂岩層——ところどころ地衣類に覆われた、風化した褐色の岩の層——について考えてみよう。この岩は砂が積って固まり、石化したものだ。下に沈んでいたものが地殻変動でゆっくりと押し上げられてふたたび地上に表れ、そしてまたすり減っていき、別時代の堆積物や土砂となる。こうして、過去の土壌成分や地球化学的な情報が今日(こんにち)の基盤を築くのだ。海底だったところから森林が生まれ、湖だったところは砂漠となる。そんなふうに、岩石の層の一枚一枚、砕けた岩のひとつひとつには、指紋のように唯一無二の物語が刻まれているのである。

地球は、オレンジの皮のような、一種類の堆積物の層に覆われているわけではない。火成岩、変成岩、堆積岩、あるいは玄武岩、泥岩、片麻岩といったものが砂漠で野ざらしになっていたり、森の中にひっそりと存在していたりする。このように、世界中に存在する石は、形から元素成分に至るまで、ひじょうに多様である。地質にはそれまでの歴史が現れているのだ。

地球の胴部分を直撃した巨大な衝突体は、地質的な物語の一部にすぎない。かつては宇宙の物語の一部だった岩が、偶然にも太陽系に放り出され、私たちの地球で見知らぬ岩石と出合う物語である。

もちろん、小惑星が衝突しなかったら——過去および未来の多くの小惑星と同じように、地球にぶつかることなく進んでいたら——どうだったかと考えることもできるが、それはあまりに単純で二元論的である。あの運命の日に起こったことが、衝突と回避というどちらかの可能性しかなかったというようなものだ。むしろ、その岩石にまつわる真実はもっと複雑である。小惑星が衝突したからといって、それが破滅をもたらすとは限らない。もし小惑星が、海中、あるいは違うタイプの岩盤に衝突していたら、きっと地球の運命は変わっていたはずだ。局所的な災害や、地球規模の熱パルスは起こっていたかもしれないが、生き残った種はこれから経験する苦しみを味わわずにすんだかもしれない。もしそんな別の歴史があったなら、小型の肉食恐竜たちは鎌のような鉤爪で巣を掘り起こし、小さな哺乳類を捕らえる生活を続けていたことだろう。それはつまり、恐竜が主人公であり続ける世界が、どういった形であれ、あと数百万年は続いていた可能性があるということだ。

そうなれば、生き残った小型肉食恐竜たちから、新・恐竜時代が花開いたとしても不思議ではない。実際、三畳紀にいた初期の恐竜の中には、二足歩行の肉食恐竜がいて、イタチに似た原始的哺乳類を捕らえたり、ワニのなかまの食べ残しをあさったりしていたのだ。肉食から雑食へ、そして雑食から植物食へと進化していくことはよくあることだ。中生代ではこうした進化が幾度となく起こっており、たとえば、白亜紀に生息していた中型サイズの肉食恐竜の一部の種は、より多様な食性へと進化している。それは、当時のライバルに競争力という点で劣っていたからかもしれないし、あるいは、単に彼らが時代を先取りするようなグルメだったからかもしれないが、いずれにせよ、彼らは度重なる変化を遂げながら、恐竜の系統樹上に多くの枝葉を伸ばしていったのである。自然選択によって、小さな歯をぎっしりと生やした恐竜たちが増えていった。また、硬い甲虫を消化でき、植物から多くの栄養分を取り出せる恐竜は、ほかの恐竜よりも優位に立つことができた。だが、植物を食べるには、栄養摂取の効率を最大限に高めるために、食物を腸に長い間留めておくことが必要になる。そこで植物を腸の中で発酵できる恐竜たちが有利になった。そのような腸には、広いスペースが必要だったため、植物食恐竜たちの胸まわりと腰回りが広くなっていった。さらに、葉をむしり取るための歯はさらに小さくなっていき、口の奥へと引っ込んでクチバシになった。そんなふうにして生まれたのがテリジノサウルス類だ。肉食恐竜を祖先にもつ、大きくてずんぐりとした植物食恐竜である。もちろん、一晩にして植物食になったわけではないが、十分な時間ときっかけさえあれば、偶然の進化によって肉食が植物食に、あるいはその逆もまた可能であることを彼らの存在は証明している。もし、アケロラプトルのような小型肉食恐竜が衝突の冬を生き延びていたとしたら、彼らは第二の「恐竜時代」の土台を築いていたかもしれない。一億三五〇〇万年前と同じように、多様性にあふれ、活発で、羽毛やウロコに覆われた恐竜たちが生きていた可能性があったのだ。

だが、第二の恐竜帝国は夢に終わる。あの火球が命中した岩盤は、K／Pg 境界よりもさらに数百万年前の海で生まれたものだ。衝突地点の岩は、海成の炭酸塩岩と呼ばれるもので、生命にあふれた大きなサンゴ礁を擁する、浅くて温かい海だったところにあった。その太陽の光が降り注ぐ水の中で、サンゴのコロニーそれぞれが小さな王国をつくっていた。有孔虫という殻をもった小さなアメーバ（原生生物）や、円石藻も多く生息していた。そんな海から水がなくなり、岩石だけが残ったが、それらは砂が堆積してできたものではなく、さきほどのプランクトンなどの殻でできたものがほとんどだった。彼らが自分の身を守る鎧として、そして安心できる我が家として、せっせと育てていた殻である。海面レベルの変化により、やがてこの海の小さな一帯は干上がってしまう。水が引き、海水は蒸発し、その跡には大量の塩の結晶――硬石膏――が残った。[85] この塩の結晶の主成分は、硫酸カルシウム（$CaSO_4$）である。そしてこの成分こそ、暁新世を生きる生物がもっとも憂うべきものになる。

衝突によって、岩石のほとんどが、あっという間に空気中を漂う微粒子になった。大量の温室効果ガスが放出されただけではとどまらず、硫酸カルシウムをエアロゾルの形に変えてしまったのだ。硫酸塩は、衝突で上がった粉塵とともに大気中に広がっていく。その大気中に漂う極小の粒子を拡大して見てみれば、半透明に見えることだろう。一見、害はなさそうにも思えるし、実際に微量であれば問題はないかもしれない。だが、衝突で生じた硫酸塩のエアロゾルは大きな雲のように空を覆い、大気圏の気流に乗って一気に世界中に広がっていった。この大量の硫酸塩のエアロゾルで、太陽光のほとんどが遮られていた。[86]

太陽の温かい光は、自然に得られるものではない。これまで日光が地上に届いていたのは、大気中の成分が光の通過を邪魔しなかったおかげだ。だが、空気中に放たれ、世界中に薄汚く広がった塵のせいで、ひじょうに厳しい状況になっていた。空気中には、衝突で飛び散った粉塵とともに、山火事で舞い上がった煤や炭素を大量に含む黒っぽい粒子が大量に漂っている。そうした粒子の黒っぽい色は、太陽光をよく吸収する。もし状況が違っていれば――たとえば、激しい火山活動によるものであれば――炭素を多く含む雲が数年間にわたって温暖化を促進していたことだろう。実際に、その現象はこの暁新世から一〇〇〇万年後に起こることである。だがいまは、これらの大量の黒い粒子が大きな影をつくり出している。いや、それどころか、届くはずの太陽光を硫酸塩が跳ね返してしまっているのだ。そして宇宙へ反射されない光は地球を覆う雲によって吸収されてしまっている。

火事のピークが過ぎ去っても、太陽の光は戻らず、空はまだ暗いままだ[87]。星のない夜ほど真っ暗というわけではないが、いつもの日光の八割程度しか届いていないため、薄暗い。これだけでも、地上の生態系の基盤が――少なくとも、木々や海藻類などが光合成でつくり出すものに依存している生態系の基盤は――揺るぎ始めてしまう。夕方、陽が沈み、光が地平線に近づいていくにつれ、太陽の光は、おどろおどろしい赤みを帯びてくる。空気中の粒子が、光スペクトルの青と紫の波長の光を散乱させるため、残った赤色が強く出るのだ。この現象は今後しばらくの間続くだろう。衝突時に放出された二酸化炭素や硫酸塩は、火山噴火とは比べ物にならないほど高く舞い上がった。そうした粒子は成層圏にまで到達し、さらに広い範囲へと散らばっていったのだが、それは裏を返せば、落ちてくるまでに長い時間がかかるということでもある。暗闇が数か月続いただとか、夏のない一年だったというレベルではないのだ。本格的な寒さはこれからが本番だ。うららかだった白亜紀の日々は終わってしまった。この数週間のうちに気温は急激に下がっていたが、これからも下がり続けるだろう。地球の平均気温は白亜紀から最大で摂氏一五度以上も低下し、季節に関係なく寒さが続くことになる。そして、この寒さから逃れる術はないのである。

暗雲が立ち込めるなか、白亜紀からの生き残りたちは思いもよらない救世主を得ることになる。悪夢のような出来事が、ヘルクリークだけでなく世界中で起こっているというのに、そんなことをいうのは変だと思われるかもしれない。すでに数え切れないほどの生物が死に絶えており、熱パルスを何とか生き延びたものでも、これから何年も続く衝突の冬を乗り越えなければならないのだ。生態系はすでにボロボロの状態だったが、さらに追い打ちをかけるように、生態系の根幹が揺らぐ事態になっていた。光合成がほとんど機能しなくなり、植物の成長が阻まれていたのだ。そんなとき、おそらく地球史上初めてと思われることが起こった。火山が救いの手を差し伸べてくれたのだ。

ヘルクリークから遠く離れて、海を越えてからまだ少し行くと、インドのデカン・トラップがある。(88)そこから何かがにじみ出てきていた。ここには巨大な火山群があったが、それらはこれ見よがしに溶岩を噴き出すような火山ではなかった。じつは、デカン・トラップは洪水玄武岩でできている。噴き出した玄武岩質溶岩は流れ出し、何十万平方キロメートルの大地をドロドロで埋め尽くす。その火山群が最近になってふたたび活動を始めたのである。

衝突から遡ること一〇〇万年以上前、デカン・トラップからは大量の溶岩が流れ出ていた。噴火に伴って、地中に眠っていた二酸化炭素や硫酸塩が大気中に放出されたが、エアロゾル化した硫酸塩が地球を覆ったせいで地球の気温は少し下がっていた。じつのところ、ヘルクリークの恐竜たちが先祖よりも体を大きくしたのは、この変化に適応しようとしたからかもしれない。体が大きくなるほど、体温を一定に保ちやすくなるのだ。その後、デカン・トラップがいったん活動を休止すると、玄武岩は冷えて、地表の一部になった。だがそれも小惑星が衝突する少し前までのことだ。小惑星が地球に衝突する直前、偶然にも火山群からはふたたび溶岩が噴き出して、地表に広がりつつあった。それと同時に、大量の二酸化炭素やほかの温室効果ガスも吐き出されていた。この偶然の噴火こそ、生き残ったものたちを厳しい衝突の冬から守るものになったのである。

決定的な違いをもたらした要因はひとつではない[89]。地球の地質的な乱れと気候的な乱れが互いに影響を与え合うことは、小惑星が落ちてくる前からあったことで、煤、塵、それから海氷による日光の反射の具合、硫酸塩、二酸化炭素、メタンガスといった諸々の存在は互いの影響を和らげていた。また、それらのほとんどは、空中に放出されたり、地上に落ちてきたり、日光に影響を与えたりしていた。ただし、それぞれが同じだけの影響力をもっているわけではなく、影響力の大小はある。なかでも二酸化炭素はとりわけ強い温室効果ガスだ。その二酸化炭素がデカン・トラップからゴボゴボと湧き出し、気温を摂氏五度ほど押し上げていた。全体から見れば、たった五度の上昇に過ぎないが、それでもまったく上がらないよりはましである。いまはそんなわずかな違いが大事なのだ。生き残ったわずかばかりのものたちは、「それでも十分ありがたい」「ないよりはマシ」という気持ちでやっていくほかない。小惑星が衝突する前の気温に戻るには、あと二〇年もかかるのだから。

火山が救世主になるというのは、どうも似つかわしくない。火山は、過去に多くの生き物たちの命を奪っており、その被害は今回の小惑星衝突に引けをとらない。白亜紀の小惑星衝突よりも一億八六〇〇万年前に起きた史上最悪の大量絶滅。そのきっかけとなったのも火山の噴火だ。当時の火山活動はあまりにも激しかったため、大気中の二酸化炭素と酸素の相対量が変化するほどだった。一方、デカン・トラップでの噴火はそこまで激しくはなく、偶然にも、生き残った動物たちの最後の砦となった。それに、たとえ小惑星の衝突が起こらなかったとしても、非鳥類型恐竜は何事もなかったかのように生き続けていたはずである。そもそも、恐竜たちが生まれたのはそんな火山の噴火のおかげなのだ。今回の衝突より一億三五〇〇万年前に起きた、三畳紀末からジュラ紀にかけての大量絶滅は、パンゲア大陸中心部での激しい火山活動がきっかけだった。断続的な気温の上昇があったかと思えば、その後に急激な寒さが到来する――そのような劇的な気候の変動を恐竜たちが生き延びることができたのは、内温動物であったことに加え、羽毛のような組織に覆われていたためだ。もちろん、デカン・トラップの噴火で絶滅した種もあったかもしれないが、非鳥類型恐竜が全滅することはなかったはずだ。恐竜が、鳥類とわずかな小型肉食恐竜だけをかろうじて残して死滅してしまったのは、衝突後の世界があのような極限状態に陥ってしまったからにほかならない。

とはいえ、ヘルクリークにまだ雪は降っていない。このあたりに降っている、薄い色のフワフワとしたものは、灰だ。灰色の空の下に、灰色の地が広がっている。その地面の一部に、行ったり来たりしたような小さな足跡が残っていた。その中には、五本指の足跡もあるが、これは哺乳類がつけたものである。すっかり変わってしまったこの地でも、彼らはちょこまかと走り回っている。指を大きく広げた三本足の足跡は、エサを探していた鳥たちのものだろう。だが、それ以外にも、V字型の二本指の足跡もわずかだが残っている。これは白と黒のアケロラプトルが残したしるしである。おそらく、小さな獲物を求めて穴を掘っていたのだろう。ゆっくりと朽ちていく瓦礫の中に、カリカリした、あるいはしっとりしたいいものがないかと探っていたのだ。

このところ、狩りは不調だった。獲物が少ないというのもあるが、それだけではない。以前よりもメニューの選択肢が少なくなっており、茂み自体も少なくなっている。小さな毛玉のような獲物を狙って、隠れたり、飛び掛かったり、両足で襲い掛かったりして、その不運な動物を地面に押さえつけ、鋭い鉤爪を獲物の筋肉に食い込ませて内臓に穴を開けることに、いったいどれほどの意味があるというのだろう。最近の食事はどれも、必死さと運任せで何とかしのいでいるにすぎない。
だが、本当の飢えが始まるのはこれからだ。今朝、アケロラプトルは、ある巣穴からツンとする腐敗臭が漂ってきているのに気づいた。何らかの原因で死んだ多丘歯類が、古い巣の中で臭いを発し始めていたのだ。いまはこれで我慢するしかない。新鮮でも腐りかけでも、肉は肉だ。好き嫌いをいえるときじゃない。アケロラプトルはこの哺乳類の筋肉部分を食いちぎろうとした。内側にカーブした歯を肉に食い込ませ、手前に引き裂く。そうして口いっぱいに肉をほおばった。

　腐りかけた死骸はなかなか厄介な食べ物だ。悪臭が体に染みついて、なかなかとれないのだ。哺乳類のように自分の体を舐めてきれいにすることはできないが、アケロラプトルも多少の身づくろいはできる。彼は、枯れた木々が立ち並ぶ中、大きなシダの下に腰を下ろすと、片腕を伸ばした。腕は茶色に白の斑点の入った羽根に覆われている。そうしてアケロラプトルはいつものように身づくろいを始めた。一枚の羽根が折れてボロボロになっていたので、噛んで取り除く。そうすれば、また新しい羽根が生えてくる。ほかの羽根はほとんどきれいになった。だが、恐竜の体のお手入れについては、ハジラミなどの寄生虫の存在を抜きにしては語れない。恐竜の体を住処にしている居候(ハンガーズ・オン)たちもまた、恐竜にしがみついている(ハング・オン)わけだが、そんな彼らもまた大量絶滅の憂き目にあっていた。恐竜たちが激減したことで、彼らを頼りにしていた生き物たちは生活の場を失くしてしまった。生態系エンジニアだった恐竜たちがいなくなったいま、生態系にはぽっかりと大きな穴が開いていた。

　かつてヘルクリークの地は完全に恐竜たちに支配されており、ありとあらゆる形や大きさの恐竜であふれていた。そこはまさに、唯一無二の世界だった。ヘルクリークの恐竜は、大きいものだと全長一二メートル、体重は九トンにもなり、小さいものはアメリカコガラ〔シジュウカラ科の鳥で大きさは一二～一三センチメートル程度〕ほどの大きさだったが、平均的な大きさは、二・七トン以上はあった。エドモントサウルスの亜成体、全長九メートル程度のものが、ヘルクリークの恐竜の典型的な姿だったのだ。それほど大きな恐竜たちが、周囲の生態系をすべて形づくっていたのである。

トリケラトプスの群れは、同じ道を通って季節ごとの水場へ通うことが多い。彼らが列をなして歩くたび、地面は少しずつ踏みならされる。これが何年も続くと、そこが新しい湿地帯になってしまうため、また、別の新しい道がつくられることになる。こうして、さらに踏み固められる地面がある一方で、一部の池には土砂が積って土が顔を出すようになる。また、ティラノサウルスは、巣づくりをするときに、周囲から植物をかき集めて積み上げる。それが、除草作業になるのに加え、腐りかけた植物の山でできた抱卵場所が、ヘビやトカゲ、昆虫、クモといったものの棲処となる。そして、巣がその役目を終えて空っぽになると、今度はそこに小さな哺乳類が棲みつくようになるのだ。また、常にお腹を空かせているエドモントサウルスやアンキロサウルスが植物を口で刈り取っていくとき、彼らはのちに森となるための土台をつくっている。若芽などの瑞々しい植物は一番のごちそうだったため、まだ根がしっかりと張る前に食べてしまうことが多かった。そんな大型の植物食恐竜たちは、低湿地や平原を開けた状態に保っていた。ちょうどトリケラトプスが、木の幹に角をこすりつけて木を倒すことで、平地を保っていたのと同じである。地面は踏み固められ、種子は蒔かれる。放置された死体の肉や骨は、その化学成分で土の栄養となる。一匹狼の肉食恐竜から、ガーガーと賑やかに群れをなす恐竜までが、大量の糞をそこかしこに残していく。恐竜たちは、誰かの手が入ったジオラマのような世界にただ生息していたわけではない。むしろ、彼らは自ら進んで、自分たちが棲む世界をつくり上げていた。

当然ながら、こうした恐竜たちの影響力を利用して生命は進化した。昆虫は恐竜を食料および棲処として、問題なく受け入れていた。その一例がノミである。大きなものだと二センチメートル以上にもなるノミは、森に棲む動物にとって厄介な存在だろう。彼らは進化させたギザギザの口器でウロコや羽根を噛んで皮膚を突き破り、宿主の血をいただく。もちろん、シラミも負けてはいない。彼らは、恐竜たちの複雑に入り組んだウロコやフワフワの羽毛の中に棲みついて、悠々自適の生活を送るのだ。また、恐竜の糞も甲虫たちにとっては欠かせない存在だ。恐竜たちの落とし物は、栄養の宝庫であるのはもちろんのこと、卵を産み付けるのにも最適な場所である。さらに、恐竜は死んでからも役に立つ。遅くともジュラ紀以降には、恐竜の骨に齧りつく甲虫たちがいたらしい。彼らはちょっと硬い葉っぱでも齧るかのように骨に穴を開け、奥のスポンジ状の組織まで突き進むと、そこに幼虫のための小部屋をつくっていた。恐竜はどこをとっても無駄のない生き物だったのだ。

しかし、恐竜の立派な糞も、今後はなくなっていくはずで、寄生生物が頼ることのできる宿主もぐんと減っていくだろう。温かい血を豊富にたたえた広大なウロコ肌は、いまやもう見つからなくなっていた。わずかに残ったシラミは、鳥などの生き残った動物にしがみついていた。[90] そんなシラミたちもまた、大量絶滅の生き残りである。彼らは、衝突による直接的な被害に遭ったわけではないが、家や飯のたねを失った。生き延びたシラミは、とりあえず羽毛をもった動物に飛び移り、新しい生活を築いていかねばならない。そうして彼らは、あの灼熱地獄を乗り切った鳥たちの間に広まっていくのである。

一方、ミミズたちはそれほど憂いなく過ごしていた[91]。地表の近くにいて、熱パルスで茹で上がってしまったものもいたにはいたが、たいていのなかまは土の中にいたため、命拾いをしていた。彼らの世界は地中にあるので、気温や気候の変化による影響をあまり受けない。それに繁殖のスピードも早く、数も多いので、衝突の冬がやってきても、ほかの生き物ほど困ることはなかった。彼らは巨大でもなく、見た目も地味かもしれない。ただ、食べ物を探して横に穴を掘り続け、地中を突き進んでいく。寄生生物や生き残った昆虫もそうだが、ミミズたちは何かがおかしいとか、前とは様子が違っているとか、そんなことはまったくわかっていない。ただひたすら、いまを生きている。

そのころ……

暁新世のアジアでは

森は静かになっていた[92]。鳥以外の恐竜がいないからだけではない。小さな生き物たちまで姿を消してしまったからだ。以前ならば、夜明けには鳥たちの歌声が騒々しく響いていたのに、灰色の薄暗い朝が来るようになってからは、その賑やかさも薄らいでいた。縄張りをめぐってうるさく争っていた多丘歯類も見かけない。多丘歯類の喧嘩といえば、一匹が木の枝から怒って尻尾を打ち振ると、もう一匹が近くの松の木から同じように激しく応戦する、といった光景がよく見られたものだったが、それもいまではめったにない。多丘歯類も、ほんのわずかばかりを残して、ほとんどが姿を消していた。

　しかし、哺乳類がすべていなくなったわけではない。焼け焦げた森の下のほうをぽてぽてと歩いているのは、ずんぐりと丸っこい動物だ。時間などいくらでもあるとでもいうように、のんびりと歩いている。この小さな動物の生活に憂いごとはなかった。地中の巣穴で居眠りをして、たまにヘビが入ってきたら追い払う。そして時折、食べ物を探しに出かけては、暁新世のサラダバーから、種子や若芽や木の実をあれこれつまみ食いするのだ。

　この動物、じつは胎盤をもつ比較的新しいタイプの哺乳類である。哺乳類自体が誕生したのは恐竜と同じころだが、このタイプの哺乳類の歴史はまだ三五〇〇万年ほどにしかならない。ほかの哺乳類のなかまと同じく、このコロコロとした丸い毛皮の動物も、出産の日まで自分の体内で子どもを育てる。生まれてきた赤ちゃんはまだ何もひとりではできない。目も閉じているし、何週間かはお母さんからお乳をもらわなければいけない。だが、有袋類や単孔類の赤ちゃんに比べると、動き回れるようになるのはかなり早い。このことも、災害を生き抜くうえでは有利にはたらいた。だが彼らには、胎盤以外にも別の強みがあった。

　一見目立たない存在だが、じつはそんな彼らこそ、哺乳類の中でもっとも繁栄を極めた一族の祖先

だといっていいだろう。齧歯類のことだ。この小さな齧歯類の祖先には、口の先にふたつののみのような小さな切歯がある。この歯こそが、哺乳類の繁栄に欠かせないツールとなっていく。

とはいえ、このような歯をもっていたのは初期の哺乳類だけではない。多丘歯類もまた、これと似た前歯で何百万年間も食べ物を齧っていた。そんな哺乳類たちの歯のつくりは精密で、恐竜の骨を噛んでカルシウムを摂取したり、硬い食べ物でも時間をかけずに食べたりすることができた。だが、ここ暁新世のアジアでは、多丘歯類の姿はほとんど見かけなくなっていた。

白亜紀と一口にいっても、場所によって、その環境や種はさまざまだった。たしかに別の大陸にも似たような生物群がいたかもしれないが、そうしたコミュニティは、行動パターンも適応の仕方も異なる別の種で構成されていた。北アメリカ大陸にいた多丘歯類には、メソドマのように穴掘りを得意とする動物がいたが、アジアに生息していた多丘歯類は地上や木の上で暮らしていた。よって、小惑星が衝突して世界が炎に包まれたとき、アジアの多丘歯類には逃げ場所がなかった。こうしてアジアの多丘歯類はほとんど姿を消したが、その一方で、この初期の齧歯類のような哺乳類は、あまり影響を受けずに生き延びることができた。

おそらくほかの地域では、胎盤をもった原始哺乳類よりも多丘歯類のほうが優勢だったのかもしれない。多丘歯類はすでに齧歯類と同じようなことができるように進化しており、現に彼らのなかまは、その後も数千万年の間、地球のあちこちで生き続けた。しかし、この暁新世のアジアに多丘歯類はいない。生態系で彼らが占めていた場所は、いまや広々とした空きスペースになっていた。

この齧歯類の祖先は、のろのろと歩いていき、倒れた丸太の先をフンフンと嗅いでからおしっこをひっかけた。ちょっと前に別のなかまがここにきていたらしい。彼女は本能的になかまと同じやり方で応えたのだ。その相手と出くわしていたら、ケンカになっていたかもしれないが、反対に、つがいとなって子どもをつくっていたかもしれない。いずれにせよ、匂いでマーキングをするのは哺乳類らしい行動である。

彼女が歩みを進めていくと、むき出しになった木の種子が落ちていた。これは運がいい。彼女は小さな手で硬い殻に覆われた胚の部分をつかむと、カリカリと歯を立て始めた。頑張って齧り続ければ、栄養たっぷりの中身にたどりつける。木の実を割るには、ただ力任せに噛みつけばいいというものではない。

ここもほかと同じように寒くなっていくだろう。衝突の冬は空の雲と同じように移り変わるが、地球全体を覆っているのは、変化する分厚い毛布のようなものである。寒くならない地域などない。しかし、そんな衝突の冬の間も、あの初期の齧歯類たちは、食物を食べ、子どもを産み、地面を掘って暖かな巣穴をつくることだろう。そして、必要なときだけ巣から出てきて、生き残った恐竜たちの鋭い爪の餌食にならないように気をつけながら動き回る。彼らにとっては、毎日がサバイバル・ゲームなのだ。

第6章

衝突から一年後

寒い日が続いている。

この執拗な冷気と周囲の焼け跡の景色が、なんとも不釣り合いに見える。かつてのヘルクリークは、蒸し暑い熱帯雨林とまではいかずとも、緑豊かな楽園だった。それがいまでは、緑色の植物が生えているのは地表付近だけ。ぜんまい状のシダの若芽と、すっくと伸びた若い枝が、高さ数十センチメー

トルほどの森をつくり上げているにすぎない。森の焼け跡には、山火事にさらされた木々の残骸が突っ立っている。どの幹も、衝突後に何時間も続いた激しい火災で真っ黒に焼け焦げていた。地面には、恐竜やほかの生き物たちの崩れかけた骨が転がっている。肉などの柔らかい部分はほとんど朽ち果て、一部の硬い皮が頭骨や肋骨にこびりついているだけだ。この無機物となった恐竜たちが完全に分解されるには、まだ数年はかかるだろう。白亜紀からの生き残りたちは、当時の死の面影がまだ残っている、このだだっぴろい墓場に暮らしている。

徐々に崩れてバラバラになりつつある骨を、薄明るい太陽の光が照らしている。この骨の主であるテスケロサウルスという種は、「恐竜」というわりには人畜無害なタイプだったといえる。生前の体格は全長が三メートル、体重は二三〇キログラム程度で、非鳥類型恐竜としては取り立てて大きいほうではなかった。とくに、トリケラトプスやエドモントサウルスらといった大型恐竜が日常的に見られた環境では小さいほうだろう。だが、テスケロサウルスにとっては小さいほうが都合はよかった。テスケロサウルスは鳥盤類の一種で、あのハドロサウルス類の遠縁にあたる。小さなクチバシと筋肉質な肢をもっていたため、たとえ森の木々を踏み倒しながら襲ってくるような肉食恐竜がいても、たいていはうまく逃げ切ったものだ。テスケロサウルスは、身を守るための鎧、角、トゲトゲ、鋭い鉤爪といった、恐竜らしい華麗な装飾を何一つもってはいない。ある意味で、初期の恐竜たちの姿を受け継いでいた彼らは、当時の植物食恐竜と同じ生態的地位を占めていた。したがって、恐竜を主役にした物語でも、テスケロサウルスの立場は、どちらかといえば脇役に近かったかもしれない。彼らはシダなどの下草を食べながら暮らす、いまの時代でいうシカのような存在だった。

だが、そんな彼らももういない。仮に衝突直後の火災や熱パルスを何とか生き延びたとしても、きっと十分な食料を得られずに苦しんだことだろう。そして結局は、いびつな白っぽい骨の山と化していたはずだ。そして、その骨が背骨から尻尾までが反って湾曲し、日が経つごとに風化して全体にひびが入るころ、本格的な衝突の冬がやってきた(93)。

衝突および猛火のあとの数週間から数か月間は、煤の雲が空を覆っていたが、あのしつこかった暗さもいまは和らいでいた。ヘルクリークにふたたび太陽の光が戻ってきたのだ。しかし、まるきり一年前と同じというわけではない。大気中には硫酸塩が残っており、それが地表から何キロメートルも高いところで気流によって混ぜ返され、降ってくる太陽光を大量に反射し続けていた。そのため、地球に届く日光量はなおも二割程度減少していた。

考えようによっては、ヘルクリークの生き残りたちはまだ運がよかったのかもしれない。地球上の生物には光が必要だが、ここには太陽光の大部分が届いているからだ。日の長さは地球の公転軌道や角度によって変わってくるが、ヘルクリークの植物相(フローラ)は、そんな一年の季節の変化には適応できていた。だが、太陽光がいきなり五分の一も減ってしまうという急激な変化に、植物は対処できるはずもない。

植物もあの災禍の影響から逃れることはできなかった。動物たちと同じように、大量絶滅の波は植物のあらゆる種を極限まで追い詰めた。猛威を振るった火災はもちろんのこと、衝突の冬による厳しい寒さでも、生き残った種子や木の実などの成長が、完全とはいわないまでも、極端に阻害されていた。成長する場所がないからではない。むしろ場所はたっぷりあった。問題だったのは日光量である。

植物がこれまで長い間繁栄し続けてこられたのは、何十億年も前から光合成というプロセスを利用できたからだ。光合成という生物学的に特異な現象によって、大気中に酸素が放出されるようになったため、生物たちはほかのガスではなく、二酸化炭素と酸素を用いて生きるようになった。植物の細胞は、太古の時代に光合成を行なっていた細胞と同じように、周囲の自然の成分から食物やエネルギーをつくり出す。そのときに出た副産物をほかの生物たちが頼るようになったのだ。ヘルクリークの植物は、ソテツもヤシの木もみな、空気中からは二酸化炭素を、地中からは水分を取り込んでいる。日光が植物の緑色の部分に当たることで、植物の成長に欠かせないブドウ糖というエネルギーが水と二酸化炭素からつくり出され、その際に酸素が生じる。植物であれば、シダであろうが花を咲かせる顕花植物であろうが、光合成を行なって成長し、生きているのである。

だがいまは、その光合成に必要な日光が十分届いていない。植物は成長しようとはしているものの、中には、鮮やかな緑色ではなく、茶色っぽく変色した生気のないものもある。光合成が完全にできなくなったわけではないが、以前に比べるとエネルギーが不足しているのだ。成長していた植物は火災で焼けて灰になり、成長途中のものは必要なエネルギーを得ることができないため、植物だけでなく動物にとっても厳しい世界になってしまった。以前は一三〇種以上の植物が茂っていたヘルクリークも、いまやその四分の一程度の種しか残っていない(94)。恐竜や哺乳類にも生き残りがいるように、すべての植物が根絶やしにされたわけではないが、ある種の植物は永遠に姿を消してしまった。とくに目を引くのは、ドリオフィルム・サブファルカタムと呼ばれる種の消失だろう。この大きくて葉がこんもりと茂った木は、クルミやヒッコリーと同じペカン属の一種だった。ヒッコリーの木に似ているが、それをもっと低いところから枝分かれさせて、葉っぱをもっと細長くギザギザにさせた感じである。春になると、尾状花序という、もこもことした花の集まりがあちこちから垂れ下がり、風で花粉が飛ばされるのを待っている。ところが、この日光不足によって、種子は土から顔を出すエネルギーを得られなくなった。こうして、ヘルクリークの森の象徴的存在だった木は、永遠に失われてしまったのである。

生き残りやすかったのは、日当たりの悪い環境に適応した植物、たとえば背の高い木々の陰に生えていた植物や、たまたま少ない日光でも耐えられるように進化していた植物だ[95]。ここに、小さくてひょろ長い植物が地面から生えていた。不揃いに伸びたその植物はそれほど大きくなく、真ん中の幹からは、トゲトゲの生えた枝がいくつか出ている。その姿は、使い古された恐竜用の歯ブラシのようだといえなくもない。このメソシパリスと呼ばれる木も、白亜紀からの生き残りの一種である。あの小惑星が衝突する数百万年前から存在しており、衝突後も六〇〇万年は存続していたといわれている。

メソシパリスはジュニパーやセコイアと同じ科の針葉樹だ。寒さに強く、成長すると二個で一組の丸っこい球果をつけ、それをイヤリングのようにぶら下げる。この小さな球果が、メソシパリスを救うことになる。言い換えれば、この球果がほかの種をおびき寄せて、自分たちの未来を切り開かせるのである。この小さな植物が球果をつくれるほどになるまで大きくなれれば、この木の未来は開かれる。それに一役買うのが鳥たちだ。

一羽の鳥が気取った様子で歩いていた。小さな木が揺れて、羽の生えた背中に水滴がいくつか落ちる。それは堂々たる恐竜ではない。鳥、あるいは鳥類型の恐竜というべきか。彼らもまた、恐竜の生き残りである。白亜紀後期に生きていたほかの鳥に比べると小柄なほうだ。巨人の時代は終わり、この、羽をパタパタと動かしている小さな生き物こそが、偉大なる恐竜の血を受け継ぐ数少ない生き残りなのである。この鳥にはまだ呼び名がない。それに名前をつける人類が現れるのは、六六〇〇万年後のことだ。だが、陸鳥であることはわかっている。そしてクチバシをもっている。この鳥は生き残ったが、なぜ自分が助かったのか、また、どうやって自分の子孫がのちの時代に繁栄していくのかといったことは、まったくわかっていない。

ほんの一二か月前まで、この鳥は大きな世界の小さな存在にすぎなかった。ありとあらゆる生き物であふれた、豊かで複雑な生態系の一端でしかなかったのだ。そんな存在が生きていくためには、注意深さとずる賢さが必要だった。雑食性で、羽についた虫を捕まえたり、飲み込んだ種子を自分の砂肝（砂嚢）の中ですり潰したりできるこの鳥は、ヘルクリークのヒエラルキーでは特殊な地位にあった。この鳥型の恐竜は、狩りをしてほかの生き物を食べることもあったが、自分が食べられそうになることも少なくなかった。肉食恐竜の爪が、その縞模様の羽の下にある柔らかな肉を静かに引き裂くこともあった。そのころは、鳥類ではなく、羽毛を生やした非鳥類型恐竜たちが世界を支配しており、鳥は彼らの獲物のひとつにすぎなかった。白亜紀の鳥類は、空気力学という観点から見ればたしかに優れてはいたが、これといった防衛手段をもっていたわけではない。飛びかかってくる肢や、噛みついてくる口から逃げ遅れれば、むしり取られた羽根が血にまみれて下草の上に散ることになるのだった。

恐竜間での食うか食われるかの闘争は、すでに数千万年前から続いていた。小惑星が衝突したとき、鳥たちはただおとなしく自分の出番を待っていたわけではない。ジュラ紀にルーツをもつ彼らは、大きく花開いた、恐竜の多様なる進化の一翼をすでに担う存在になっていた。

　恐竜という生き物を考えるとき、私たちはその大きさやカリスマ性といったものに注目しがちだ。だが、巨大な植物食恐竜や肉食恐竜の裏には、小さく目立たない存在から始まった、恐竜たちのサクセスストーリーがあった。運命を決定づけたのは、この暁新世から八〇〇〇万年前のジュラ紀後期のことである。爬虫類が栄えた時代はいくつかあるが、この時期もそのひとつに当たる。ヘルクリークから南へ何百キロメートルか下ったあたり、現在のユタ州にあたる地域に生息していた、アロサウルスやケラトサウルスなどの大型で角をもった肉食恐竜が食べていたのは、全長二〇メートルの体で辺りの植物を食べつくしていたアパトサウルスやブラキオサウルスの肉だった。もちろん、こうした巨大な恐竜たちからわかるのは物語のほんの一部にすぎない。つまり、巨大な恐竜は、それなりに大量の食料（それが植物であれ肉であれ）を必要としていたということ、そして、そうした食料は、小さな生き物たちから成る全生態系からもたらされていたということだ。いわば、ちっぽけで、見過ごされがちな動物たちが、生態系の土台となっていたのである。そしてこのジュラ紀に、現在のユタ州やモンタナ州から遠く離れた場所、のちにドイツのバイエルン地方の一部となる島で、最初期の鳥が空へと羽ばたいていた。だが、飛ぶのはあまり上手ではなかったようだ。その鳥は、ヴェロキラプトルを小さくしたような見た目をしており、頭の先からつま先まで羽毛で覆われていた。口元には祖先と同じように歯があり、指先には爪、そして長い尻尾があった。これが「始祖鳥」と呼ばれるアーケオプテリクス（古代の翼）である。その化石は、のちに私たちが鳥類を理解するうえできわめて重要になるものだ。たしかにこの始祖鳥には、まだ祖先の面影が残っており、飛ぶといっても不器用に羽をばたつかせるくらいしかできなかったのだが、それでもすべての鳥類に通じる重要な特徴をもっている。そして、これらの特徴は、その後一億五〇〇〇万年が経ったいまもなお、受け継がれているのである。

初期の鳥類の多くはこのアーケオプテリクスに類似している。[96] 彼らはどれも、小柄で優美な羽根に覆われ、そして肉食だった。彼らは、昆虫の外骨格でもトカゲのウロコでもうまく食べることができた。当時は、大型の鳥類というものは存在していなかった。非鳥類型恐竜、とくに小型で肉食性の種がその生態的地位を独占しており、鳥類が巨大化する隙を与えなかったのだ。同様に、空では翼竜たちが幅をきかせていた。恐竜の遠縁にあたる翼竜は、動力飛行を成功させた初めての脊椎動物である。彼らは鳥よりも数百万年も先んじて空を飛んでいた。鳥たちは、運と偶然が重なった末、空に自分の居場所を見いだすことができた。すでに不思議な爬虫類で満ちていた空の世界で、鳥は自分の居場所を死守したのである。

鳥の中には、歯をもち続けたものもいる。飛ぶことを覚えてもなお、鳥類の中には小さく先の尖った歯をもつもの――エナンティオルニス類という――も多くおり、その歯で動いている獲物をやすやすと捕らえていたようだ。彼らの多くは生態的にはまだ肉食であり、森や海辺を狩場としていた。ほかにも、歯のある原始的な鳥の中には、水鳥のアビに似たヘスペロルニスと、空を飛ぶイクチオルニスという種がいる。ヘスペロルニスは水に潜って魚を捕る鳥であり、イクチオルニスのほうは、不穏な笑みを浮かべたカモメのような鳥だった。だが、当時の鳥類すべてが歯を生やして不敵な笑みを浮かべていたわけではなく、歯を完全になくしてしまったものもいた。

このような進化の傾向は以前からあり、非鳥類型恐竜にも同様の進化が見られた。獣脚類恐竜の一部が肉食中心の食性から植物食へと移行していった際、それに応じて歯も小さく、そして多くなっていった。たとえば、肉食のヴェロキラプトルが、大きくて縁がギザギザになっている歯をもっていたのに対して、近縁種であるサウロルニトレステスは、体格的にはヴェロキラプトルと似ているものの、歯は小さいものがたくさん並んでいたため、どちらかといえば雑食性だったのではないかと考えられている〔ただし、相対的な歯のサイズはそれほど明確な差がないように思われる〕。こうした進化が続いた結果、歯の大部分あるいは全部がなくなるものが現れ、最終的に歯のないクチバシへと進化していった。鳥類も同じような進化をたどったのだが、ただそれが起こったのが空だっただけのことである。このトレードオフは、空を飛ぶために体重を軽くすることが理由ではなかった。歯のあるなしは、体重の増減にそれほど影響を与えない。むしろその理由は、二つの生物学的変化にあったが、この変化のおかげでのちに羽ばたく恐竜たちは救われることとなった。

恐竜が三畳紀に誕生してからの何百万年間、彼らの孵化の時期は歯の成長によって決まっていた[97]。卵から誕生したときにはすでに歯が生え揃っていて、何でも食べられるようになっていなければいけないため、歯は、毎日少しずつ、何か月もかけて形成されなければならなかった。どれだけ親が愛情深かったとしても、恐竜が爬虫類であることに変わりはない。生まれてきた子どもに母乳やほかの栄養分を与えたくてもできないのだ。それに実際は、自分たちの子どものことをまったく気にかけず、ほったらかしにする恐竜も少なくなかった。そうなると、子どもたちは自力で食べ物を見つけて何とか生きていかねばならない。それに、本能として「食べなければ！」という焦りもあった。どれだけ大型の恐竜であろうと、この世に生まれたときは小さくか弱い存在である。どんな恐竜であれ、生まれてからの一年間は、恐怖の連続だ。干ばつもあれば、お腹を空かせた肉食恐竜が未熟な自分を狙ってくることもある。ほとんどの種にとって、こうした恐怖から逃れる唯一の道が、大きくなることだ。それもできるだけ早く。この「早く大きくならねば」という本能に従えば、高エネルギーで栄養価の高い食べ物が大量に必要となる。恐竜は、卵の殻から転がり出た直後から、生きるための闘いに備えなければいけない。そのため、外の世界で生きていくための準備期間として、恐竜の赤ちゃんには三か月から六か月という長い成長期間が必要だったのだ。

しかし、歯の必要がなければ、孵化前の成長期間をもっと早めることができる。赤ちゃんは、歯の成長を待たずして、生まれ落ちた世界に食らいついていくことができるのだ。白亜紀には、鳥類にも非鳥類型恐竜にもこの進化の道をたどるものがいた。これは解剖学的に見れば驚くべき進化である。ティラノサウルスの骨まで砕くような顎や、エドモントサウルスがもつ、植物をすり潰すのにぴったりのデンタルバッテリーとはまったく違った進化の道を彼らはたどった。そして、恐竜たちにまったく新しい可能性を示したのが、砂嚢の存在である。

ハドロサウルスは植物を嚙めるように独自の発達を遂げたが、ほとんどの恐竜は嚙むということができなかった。一般的な恐竜の歯は刈り込みバサミのようなもので、食べ物を切ったり、砕いたり、むしり取ったりしたものをそのまま飲み込んでいた。これはたしかに手っ取り早い食事方法ではあるのだが、食べ物が消化器官を通るときになると問題が発生する。たとえば、ティラノサウルスのような肉食恐竜の場合を考えてみよう。ティラノサウルスがエドモントサウルスの肉を大きな塊のまま丸飲みしたら、細切れの恐竜肉ステーキを食べたときよりも、消化にかかる時間は確実に長くなる。結局は、肉の表面積の問題なのだ。五〇キログラムの肉を飲み込んだ場合、それが塊肉であれば、体積の割に表面積は小さい、つまり消化器官に接する部分が少ないため、表面積の大きい細切れ肉よりも消化に時間がかかってしまう。しかし、変異と自然選択を経た一部の恐竜は、体の内側で食べ物をうまく咀嚼できるように、ある特殊な器官を進化させた。飲み込んだ食べ物をすり潰し、消化する、筋肉でできた砂嚢という器官である。

クチバシをもった鳥たちの祖先は——そしてオウムに似たオヴィラプトロサウルス類など、一部の非鳥類型恐竜も——砂嚢という器官を手に入れた。[98] これによってクチバシという可能性が開かれた。砂嚢をもった恐竜たちは、獲物を捕らえたり、殺したり、消化したりするための歯を必要としなくなったのだ。彼らは昆虫やトカゲ、哺乳類、植物などを狙い、そんな一口サイズの食べ物を思う存分つまんでは、そのまま丸飲みするようになる。飲み込んだ食べ物は砂嚢ですり潰されるため、ほかの恐竜たちよりもより多くの栄養をより早く吸収できた。（一方で、植物食恐竜などは、後腸発酵という現生のゾウと同じような消化システムを採っており、食べ物を消化器官に長い間留めていた。また、ティラノサウルスのような肉食恐竜は、単にお腹をいっぱいにしては、その食べ物をすぐに排出していた。栄養となりえた食べ物をどんどんムダにしていたため、この効率の悪さを補うには、大量の食べ物を摂取する必要があった。）さらに、一部の鳥類は、ある身体的な特典——素嚢（そのう）——を新たに発達させた。これは、喉の奥にある、食べ物を貯蔵する袋のようなものだ。この小さなポケットをもった白亜紀の鳥は、摘み取った食べ物の一部をここに蓄えておくことができた。つまり、食べ物を体内に貯めておき、食料が足りないときに、それを胃に送り出せるようにしていたのである。

こうした重要な変化が起こったのは、まさに恐竜が全盛期にあったころのことだ。小さく目立たない鳥たちもまた、長い首をした竜脚類や、角をいくつも生やしたケラトプス類と同じように生態系の一部だった。そんな彼らがなぜ特別な存在として脚光を浴びるようになったのかといえば、その理由はただひとつ。あのK／Pg境界の大量絶滅の危機を生き抜いたものが、彼らの中にいたからだ。とはいえ、暁新世まで生き残れたのは、単に歯がなかったから、あるいはクチバシがあったからというわけではない。たとえば、小型のアケロラプトルのような歯をもつ恐竜も、地下にあった空っぽの巣穴に逃げ込んで、恐ろしい熱パルスを生き延びることができたではないか。ヘルクリークの地下の世界は、それまでもずっと地上の世界と同じくらい重要だった。巣をつくっていたのは、哺乳類やトカゲ類、そして一部の鳥類だったが、こうした巣穴はのちにも再利用され、さらに多くの種が眠ったり、日中の暑さから逃れたりする場所となっていた。だが、あのとき、ヘルクリークに棲む小さな動物たちは、かつてないほど必死になって逃げ場所を探し回っていた。まさに生きるか死ぬかの瀬戸際だったのだ。そしてアケロラプトルにも、クチバシをもった鳥と同じように、地中の巣穴に逃げ込んだものがいた。歯のあるなしが問題になったのは、厳しい衝突の冬が到来したときである。容赦なく襲ってくる地獄のような暑さの中では、クチバシをもった鳥がほかの恐竜よりもとくに有利になることはなかった。クチバシが重要になるのはさらにあとのこと、つまり生き残ったものたちが、白亜紀時代の残骸から、目につくものは何でも拾い、より分ける必要が出てきたときである。森の小さな住人たちは、お腹を空かせながらシダや灰の中を静かに歩き回り、何か食べ物がないかと探していた。

種子が落ちている。それを歯のない鳥がクチバシで何度かつついて口に入れる。[99] 植物にとって、種子は未来への希望である。投資といってもいいかもしれない。エネルギーに満ちあふれていて、状況さえ整えばすぐに変身できる投資である。もちろん、すべての種子が丈夫なわけではなく、弱ければ簡単に死んでしまう。だが偶然にも、山火事などの災害に耐えられるように進化していた種子もあった。そんな種子は、天然の種子貯蔵庫(シードバンク)になり、日光がふたたび戻ってきさえすればすぐに芽を出せる状態にあった。しかし、さきほどの鳥が、そんな種子のひと粒を見つけた。ここで、鳥と種子は手と手をとって、進化という即興ダンスを踊る。どちらも生き残るためにはダンスの相手が必要なのだ。

いまや森の中で羽毛を生やしているのは、クチバシをもつ鳥だけである。全体的に見れば、たしかに鳥類は衝突後の厳しい一年を乗り越えたといえる。だが、残っているわずかな食べ物をあさるうち、いくつかの種(しゅ)は失われていった。歯を生やした鳥たちも、アーケオプテリクスの時代から繁栄していたにもかかわらず、いまではすっかり姿を消してしまった。今後は羽根飾りのついた口元にキラリと光る歯を見かけることもなくなるのだろう。そんなことは、もう、ありえないのだ。

鋭い歯をもっているということは、動物を食べて生きることを意味する。歯のある鳥たちが食べていたのは、トンボ、甲虫、魚、哺乳類、それから別の種類の鳥といったもの、つまり動物だ。歯によって食性が決まっていたのである。だが、衝突の影響で、地球の生態系は崩壊し、その影響は末端にまで及んだ。たとえば、トンボはほかの昆虫を食べるが、トンボ自身もほかの生き物の食べ物になる。また、魚にも栄養が必要だ。その栄養源はほかの魚かもしれないし、昆虫や植物かもしれないが、どんな形であっても何らかの栄養を摂ることには変わりない。だがいまや、捕食生物を獲物として捕食する生物にとって、食べられるものが極端に少なくなっていた。しかし、クチバシをもった鳥たちは、歯による制約を受けない。手に入れば節足動物を食べることもあるが、それ以外にも、植物から得られる果実や木の実、種子といったさまざまなものを食べることができる。白亜紀前期——暁新世の約六〇〇〇万年前——に顕花植物が登場すると、植物はほかの生き物たちと相互関係を築くようになり、それに伴って新しく有力な繁殖方法を手に入れた。[100] 無脊椎動物が花の受粉を手伝って果実が実ると、何らかの動物がその果実を種子ごと食べて、その種子を糞と一緒に別の地に落とす。この二段階からなる、ゆっくりとした進化の流れを経て、鳥たちは種子を分解する能力を身につけた。小石を飲み込んで、体内にひき臼をつくったのである。鳥は、飲み込んだ種子をそのまま排出するのではなく、種子そのものを食べ物にし、そのエネルギーを自分たちが生きるため、成長するために使うようになった。

この関係は、鳥だけではなく、植物にとっても有益だった。たとえば、生き残ったメソシパリスの木々は、成長すると、球果という小さなプレゼントを森に贈る。そこへお腹をすかせた鳥たちがやってきて、何か食べるものがないかと探しているうちに、その球果をつついて飲み込む——ここまでは衝突前と同じである。だがいまや、鳥たちはより大きな球果を好むようになっていた。大きいぶんだけ栄養が多く、食料探しの手間も省けるからだ。また、そうした球果はさらに進化して、鳥に飲み込まれても消化されないようになっていた。食べられる代わりに、どこか新しい地で芽を出すチャンスを手に入れたのだ。しかも、天然の肥料までついてくる。こうしたやり取りを繰り返すうちに、鳥はメソシパリスが大きな球果を——じつに、白亜紀末の倍にもなるほど大きな球果を——実らせるように仕向けていった。そしてメソシパリスもまた、鳥に自分の汚れ仕事を請け負ってもらっていたのである。

こうして進化の過程で互いに影響を与え合ううち、やがて鳥は、木々がふんだんに落とした種子や木の実をすぐに見つけ、殻を割る能力を高めていった。ただ、食べ物という点から見れば、どのクチバシにも向き不向きはある。なんでもござれのオールマイティなクチバシというものは存在しない。たとえば、木の実を割りやすいクチバシと花の蜜を吸いやすいクチバシは別物である。[101] 同じく、空中で虫をキャッチしやすいクチバシは、地面の上で何かをついばむのには向いていない。鳥のクチバシは、それぞれの種の行動特性や食性による自然選択を経て、他種とは異なる独自の形へと進化していった。たとえば、短くて力の入れやすいクチバシと比べると、長いクチバシのほうが素早く獲物を捕らえやすいと考えられる。昆虫を食べるタイプの鳥の中でも、バイオメカニクス的に優れた形のクチバシのほうがより多くの虫を捕らえることができ、ひいては交尾や子育てに多くのエネルギーを割くことができるため、その特性を子孫に引き継ぐことができる。こうしたことが何度も繰り返されると、ひとつの種でもまったく違った外見になるというような、予想もつかない変化を遂げることがある。前述したような機能を考えた場合、クチバシが適応のピークを迎えること、つまり最適化された形になることもあるだろう。クチバシの形が適していなければ、その鳥の子孫は少なくなっていき、その種は終わりを迎える可能性がある。ただし、もし何らかの要因で鳥の行動が変わるようになれば――たとえば、新しい食料源を得たり、気に入っていた獲物がいなくなったりなどすれば――このグループの鳥は別の方向へ進化するように促されるのだろう。

このような進化の方向性の変化は、種が生まれてから比較的早い段階で起こることが多い。種の系統はいろんな形へと派生し、時間の経過とともに、さらにあちこちにひねりが加えられていく。これは恐竜の進化の流れを見てもよくわかるだろう。恐竜は初期の段階で大きく三つのグループ（鳥盤類、竜脚形類、獣脚類）に分かれたが、その後ワニ系統の爬虫類との競争によって、ジュラ紀の初めごろには大型の肉食恐竜に代表される獣脚類、鎧を身につけた装盾類、首の長い竜脚形類などが目立った存在となった。鳥類の進化もこれと似ているが、ジュラ紀後期や白亜紀前期にかけては、まだ種による違いはあまりなかった。違いが目立ってきたのは、白亜紀後期から暁新世に入ったころのことだ。それ以前では、クチバシをもった鳥は、歯のある鳥や非鳥類型恐竜や翼竜たちとニッチをめぐって争っていた。当時の世界にはライバルがひしめいており、鳥たちが自由に羽ばたいていけるほどのニッチはあまりなかったのだ。中生代では大部分の鳥が比較的同じような行動をとっていたため、そのバラエティの少なさが大量絶滅のリスクを高めたのかもしれない。しかし、競争相手がいなくなったいま、鳥たちの目の前には大きな可能性が開かれた。もちろん無理なこともあって、骨を嚙み砕いたり、鉤爪で獲物を捕らえたり、鎧で身を守ったりすることはできない。しかし、それまでの進化の過程で、鳥たちは繁殖と成長のスピードを高めていた。

暁新世が始まってしばらくは、木の実や種子を探すことが衝突の冬を生き抜くうえで一番の方法だった。そんな食料不足の時期にもっともうまく順応したのは、木の実や種子を食べるのに適したクチバシをもった鳥たちだった。とはいえ、徐々に太陽の光が戻り、空が明るくなってくると、昆虫やトカゲ、小型の哺乳類や果実といった、より多くの食べ物が手に入るようになっていく。鳥たちもいろんな食べ物を選ぶようになり、それまでにはなかったような方向へも進化していった。

だが、植物たちの復活を待ち望んでいたのは鳥だけではなかった。昆虫にとっても、森のない世界はあまりにわびしすぎた。非鳥類型恐竜たちがいなくなると、彼らに寄生していた虫たちは食と住を同時に失った。しかも、多くの昆虫たちにとって不可欠な植物の葉もまだ生えてきてはいない。葉に穴を開けて卵を産んだり、葉っぱの表面に小さな道筋を描いたりしていた虫たちは、生きるよすがを失くしたも同然だった。ヘルクリークの全生態系の土台を成す植物が一気に消えてしまったため、生き残ったものたちは、植物のない世界に適応するか、死んでいくかの二者択一を迫られたのである。

とはいえ、昆虫の多くはこの数々の変化に落ち着いて対処しているように思われた[102]。もちろん一部の昆虫——トビムシやアブラムシ、フンコロガシなど——は打撃を受けたが、それ以外の昆虫や節足動物に極端な大量絶滅は起こらなかった。もちろん、あの大災害や何か月も続いた衝突の冬で、節足動物が一匹も死ななかったわけではない。むしろ数え切れないほど死んでいった。だが、さまざまな種や科に属する昆虫たちは、それぞれこの厳しい状況下で何とか生きながらえていた。そもそも、昆虫とは、短い一生でたくさんの子孫を残し、森や野原の片隅が全世界であるかのように生きて、一生を終えていく生物なのである。

そうはいっても、多くの植物が育たないこの状況は、どう考えても楽観視できるものではない。これまでは広々とした緑豊かな土地から食べ物と棲処を得ながら、植物と二人三脚で進化してきていた昆虫たちだが、いまでは生活の糧をほとんどなくしていた。ある焼け焦げた木の枝に、一匹の甲虫がぎこちなく動いていた。いくつかの節が連なった脚はどれも外向きに曲がっているため、動くたびに体がぐらついている。背中にあるドーム型の外骨格のせいで、どこかカメのように見えなくもない。この虫は運がよかった。ほんの数か月前は幼虫で、たまたま羽化したところが、あの壊滅的な災害を免れたショウガの葉の上だったのだ。この小さな幼虫は葉の組織を掘り進んでいき、緑のクチクラの中に曲がりくねった通り道をつくった。

葉っぱなら何でもいいわけではない。成長段階の幼虫からすれば、葉というミクロの世界は、その植物の生化学的な成分や防御反応によって、まったく違った環境になりうる。一般にエカキムシと呼ばれるハモグリバエやハモグリガといった虫の幼虫は、孵化してからしばらくは、葉っぱの中を食べ進んでいくのだが、さきほどの幼虫も同じように、葉の上ではなくその内側の、セルロース（植物の細胞壁を硬く保つための強い物質）を含む層の中に棲みついていた。エカキムシの中には、タンニンなどの化学物質で身を守る植物と独自の関係を築いたものもいる。タンニンは天然の渋み成分で、エカキムシの幼虫が葉の内側で安全に過ごしている間、天敵となる虫を追い払ってくれる。だが、暁新世の初頭では、特定の植物種に依存していた昆虫ほど、生き残るのは大変だった。一般的なエカキムシは、たいていどんな植物にでも卵を産み付けることができるのだが、特定の植物に依存している虫――小さなカメのように見えるこの虫もそうだ――は、あまり順応性が高くない。宿主となる植物がなくなってしまうと、それに頼っていた虫も死んでしまうのだ。どのような食べ方であれ、葉を食べていた虫の種の約七〇パーセントが、森の消滅に伴って、絶滅、あるいは絶滅同様に著しく数を減らしていた。[103] また、植物食の動物に依存していた寄生虫や肉食動物も、一年前と比べると大幅に減っていた。絶滅の危機とは、単に生きるか死ぬかの問題ではない。いまや世界は劇的に変化してしまっており、それまで生き延びてきた種にとっても、食料、同じ種のなかま、棲処といったものを見つけることがひじょうに困難になっていた。

新しい世界に抵抗していた数少ない虫の中に、一匹のアオムシがいた。自分の命を託すかのように、元気のない葉っぱの縁にしがみついている。一口、また一口と、そのアオムシは葉っぱの縁を齧ってはすり潰し、変態するまでの長い眠りに備えて栄養を蓄えようとしている。ガやチョウに代表される鱗翅（りんし）目〔チョウ目ともいう〕に属する虫たちは、二億年以上も前からこうして生きていた。そんなはらぺこのアオムシたちは、中生代のグリーンサラダをモリモリ食べては、その葉っぱのエネルギーをすべて変態するために注ぎ込む。彼らの一族はこれからも生き延びる。今後二年間は日光が少なくなるが、彼らが個体数をキープできるだけの植物はあるだろう。二年という月日は、昆虫たちにしてみれば永遠に近い長さだろうが、その分類群全体を絶滅させるほどではない。とはいえ、食べ物があっても生き残れるとは限らない。以前であれば、アオムシの緑色はヘルクリークの緑の風景によくなじんでいただろうが、いまの厳しい環境ではやや目立ちすぎる。バサッという羽ばたきが聞こえた瞬間、クチバシでひと突きされたアオムシは——葉っぱのいっぱい詰まった体で——鳥の胃袋の中に滑り落ちていった。そして、この温血の恐竜が生きるためのエネルギー源となるのである。

温度が急上昇し、火災が発生、そして日光が遮られる——そんな状況が続いたあと、手に入る食べ物ものといえば種子くらいのものだ。クチバシをもつ鳥、あるいは少なくとも硬い食料を体内で消化できるようになっていた鳥は、焼け野原になった森に残る種子貯蔵庫（シードバンク）を探し出して生き延びた。種子のひと粒ひと粒が未来につながっており、飲み込まれたあとには、翼をもつものたちの希望となった。

そのころ……

のちにニュージャージー州となる海岸線では

一頭のワニが泳いでいる[104]。下のほうには、沈んだ骨の墓場ができていた。食べ残された骨ではない。いくら全長六メートルもあるトラコサウルスといえども、水底の砂に埋もれて散乱している大量の骨の主を食べつくせるはずもない。骨は波の動きに合わせてやさしく揺れている。死んでから一年が経ってもなお、まだ彼らは静止していない。

このトラコサウルスも白亜紀からの生き残りである。ほんの何百日か前まで、彼は近海で熾烈（しれつ）な競争を繰り広げていた。恐竜の死体が沿岸の川に流れ着き、巨大な数頭のサメが鋭い歯で食らいついていた。そのハドロサウルス類とティタノサウルス類の死体は、沖合に出るころには、すでに腐敗によるガスで膨れ上がっていたが、サメはみな大喜びでその腐敗臭を放つ風船を破裂させ、その肉片を味わっていた。だが、そんな肉食動物たちがこのトラコサウルスのことを気にかけることはほとんど

なかった。サメのおやつになるには大きく成長しすぎていたからだ。とはいえ、小さいころには、サメに左脚を齧られたこともあったのだが。いや、それでもサメならまだマシなほうだ。あの恐ろしいモササウルス・マキシマスに比べれば何でもない。

水の中では、モササウルスほど大きくなる生き物はいない。モササウルスは、全長が一二メートルにもなる大食いの海棲トカゲである。トラコサウルスと同様に、大きなモササウルスも待ち伏せスタイルの狩りをする。彼らは肺一杯に空気を吸い込むと、背中に見える灰色のまだら模様が深海の暗闇に溶け込むほど深く潜る。獲物にしてみれば、妙な影がいきなり近づいてきたかと思ったら、ピンク色をした三角形の舌と歯でいきなり視界が覆われる、というのがいつものパターンだ。いったんモササウルスの上顎に並んだ二列の歯にがっちりと捕まってしまったら、いくらあがいても、もう逃れることはできない。

しかし、モササウルスのような巨体は大量の食べ物を必要とする。気温が上昇したあと、空が暗くなったころには、海は恐ろしいほど静かになっていった。アンモナイトやベレムナイトがいなくなる。浮きつ沈みつ、ゆったりと泳いでいた大型のウミガメも姿を消した。身を守る鎧があったので食べられることはなかったが、衝突後の海では十分なエサを得られなかったのだ。魚もまた、生き残るために必要なだけのプランクトンが得られず、ずいぶんと数を減らした。こうして、嚙み合わせの悪い親指サイズの歯をしたトラコサウルスが、この場所で最後に残った守護者（ガーディアン）となった。そして、うっかりここへやってきたものたちを胃袋へと迎え入れるのである。しかし、このトラコサウルスの立派な皮骨板（オステオダーム）も、やがては海底の砂の上に散る一片のウロコと化すことだろう。

第7章

衝突から一〇〇年後

暗闇は三年間続いた。この三年というもの、地球はずっと軌道に沿って自転を続けていたが、日光は地上をほんのりと明るくする程度だった。来る日も来る日も、地球は粉塵の毛布に包まれて過ごしていた。

地球が誕生してからの、何十億年という気が遠くなるほどの長い時間軸で考えれば、三年などあっという間のことかもしれない。いまや敗者となった、偉大なるティラノサウルス・レックスが存在していた期間は二〇〇万年だ。これほど稀有で大型の肉食動物が、数十億という個体数に至るほど繁栄するには十分な年月である。この恐竜が繁栄した比較的短い期間と比べても、三年という年月はほんの一瞬にすぎない。だが、ここで強調したいのは、その三年が地球史上どうだったかとか時系列的にどうだったかということではない。衝突の冬はそれだけで十分な威力があった。その影響は、光合成の機能をほとんどストップさせるほど、そして陸海どちらの生態系をも急速に崩壊させるほどだった。そして実際は、海に棲む生き物たちのほうが陸上の生物たちよりも大きな打撃を受けていた。海中の生態系は光合成を行なうプランクトンがいなければ成り立たない。そのプランクトンが日射量の減少でいなくなり、海の生態系の基盤そのものが崩壊した。何千万年もかけて進化してきた複雑な食物網の、一番下の部分がそっくり剥ぎ取られてしまったのである。そして海の基盤は、捕食活動を行なって増殖するタイプのプランクトンへと一時的に移行する。彼らが急速に繁栄していったおかげで、完全な絶滅は免れることができたが、そうした捕食性のプランクトンがいなければ、海は五億年以上ぶりに単細胞生物だけの世界に戻っていても不思議ではなかっただろう〔多細胞生物の誕生時期については諸説あり、もっと古い一〇億年前という見解もある〕。

気候、地表に届く日射量、嵐のパターンといった、地球にとっての必要最小条件は急激に変化した。その変化は、多細胞生物が適応できるほどゆっくりではなかった。多くの生物が一生を終えるまでの短い間に、まるでスイッチを切り替えたかのように世界はすっかり変わってしまったのだ。なかには、めったに起こらず、ほんの一時だけ生物に影響を与えた変化もあった。酸性雨である。

何百万年もの間、日光は地球の生物にとって当たり前の存在だったが、成層圏に放出された硫酸塩は、その恵み深い太陽光を反射しただけではない。小惑星が命中した岩盤からはエアロゾル化した硫黄が飛び散ったのだが、それは酸素と結びついて、三酸化硫黄になることも少なくなかった。そして、雨雲ができるときも、この化合物は気流に乗って空気中を漂っていた。一般的な雨のpH値は約五・六程度であり、地球上の生物は長い進化をかけてそれに適応していた。だが、今回の雨には硫酸が含まれていたため、pH値は約四・三にまで低下していた。

もちろん、雨に打たれたからといって生き物が溶けたり、地面がジューッと焼けただれたりするわけではない[105]。じつのところ、酸性雨の酸度はレモンジュースよりも低いのだ。だがpH値の低下がその程度であっても、雨の降り注ぐ湖や池、海では、酸性度がより高くなり、殻で身を守っている生き物たちは、以前のようには殻がつくれない。また陸地では、植物が変色し、錆のような赤茶けた色に変わっていく。土壌が化学変化を起こしたことで、木々などの植物に必要な栄養素が失われるためだ。この変化はゆっくりで、目に見えるほどはっきりとしたものではないが、地球がこれまで慣れ親しんできた生態系を少しずつ変えていった。この酸性雨で大気中の硫酸塩は減少し、日光の復活が早まる希望は出てきたものの、その代償は大きかった。

しかし、ヘルクリークでは、酸性雨の影響を受けるだけの木々はほとんど残っていなかった。衝突の冬の間、酸性雨が厳しい現実となって降り注いだときも、生き残っていた植物のほとんどは地中で時機を待っていた。種子や木の実は未来への希望だった。成長の早いシダ類などの植物は、あちこちから顔を出しており、衝突で死んでいったものからは、キノコなどの菌類のコロニーが育っていた。地面はどこも不穏だった。地球が経験した最悪の一日の焼け跡には、新しい命が何とか根を張ろうと必死にせめぎ合っていた。そんな奮闘はヘルクリークの河川や湖沼でも見られた。

衝突後の数時間から数日間、ヘルクリークの池、湖、小川、河川、沼地は生き物たちの避難場所になっていた。そこに生息する生き物たちは、あの猛烈な暑さによる被害をほとんど受けずに済んだ。だが、かつて魚や爬虫類、両生類たちを救ってくれた環境が、いまは逃げ場のない落とし穴になっていた。降り注ぐ酸性雨のシャワーで水がどんどん酸性化していたのだ。

ある深い池のほとりに、恐竜が柔らかい地面を何度も踏んでできたくぼみがあった[106]。そこにエオペロバテスという名の小さなカエルが休んでいた。見た目はどの時代にいてもおかしくなさそうなカエルである。丸みを帯びた鼻、盾のような形の頭、細長い脚など、どこから見ても典型的な半水棲生物だ。エオペロバテスは、獲物を捕るにも、つがいの相手を見つけるにも、そして息をするにも、水を必要とする。そんな彼らにとって、酸性雨はいかんともしがたい問題になりつつあった。

酸性雨が降り注いだあとは、以前よりも活気がなくなったように見える湖や池もあった。両生類が産み落とした柔らかい卵や、孵化したばかりのオタマジャクシは、pH値の急激な変化の影響をまともに受ける。彼らのように外界の影響を受けやすい種にとっては致命的だ。ほとんどの両生類の繁殖戦略は、非鳥類型恐竜と同じように「数で勝負する」である。自分の子どもたちが大きく独り立ちできるまで、気の遠くなるようなエネルギーを子育てに注ぐようなことはしない。代わりに、何十個、何百個、果ては何千個もの卵を産む。そして、運がよければ、その柔らかくてぷよぷよの卵は、魚やカメや別の両生類に食べられることなく生き残る。一度の産卵で数千個を産めば、そのうちオタマジャクシになるのは数百匹、そしてそのうちカエルにまで成長できるのは数十匹から多くても一〇〇匹程度だ。最初の数からすれば、生き残るのは一握りだが、それでも十分である。だが、そんな彼らがもっとも敏感なときに、酸性雨は影響を与える。多くの卵が孵化しないまま死んでいき、たとえオタマジャクシになれたとしても、その多くは成長できなかった。もちろん、影響を受けない種もいたことにはいたが、それ以外のものにとっては逃げ場のない状況である。両生類にとって、水はなくてはならないものだ。災害当初には助けになっていた水が、いまでは一転して、恐ろしい足かせとなってしまっていた。

しかし、土地の地質によっては救われることもある。池や湖の水がもつ化学的な特徴は、その水を溜めている堆積盆や土壌の影響を受けるため、二つとして同じものはない。そしてヘルクリークで生き物たちの逃げ場となった河川や湖沼は、石灰岩やその成分を含んだ土壌でできていた。

びっくりされるかもしれないが、じつはヘルクリークの地下には、すでに化石が眠っていたのだ。[107]小惑星が衝突する数百万年前、つまりティラノサウルス・レックスやトリケラトプス・ホリドゥスが生きていた時代からさらに数百万年前には、この地域は広大な浅海だった。浅瀬には、二枚貝のような貝類や甲殻類などが生息しており、モササウルスのなかまであるグロビデンス――丸みを帯びた球状の歯をもち、食べ物を一気に噛み砕くことができた――のような海棲爬虫類たちの食べ物になっていた。だが、やがて水が北アメリカから流れ出ていくと、浅海だったところは干上がっていき、残された大量の貝や貝殻は積み重なって石灰岩となった。

古代の海底に生息していた二枚貝などの軟体動物の殻は、おもに炭酸カルシウム（$CaCO_3$）でできている。この炭酸カルシウムは硫酸と化学反応を起こし、硫酸の影響を弱め、中和させるのだが、それが生き物にとっては凶と出ることもある。化学反応で殻が溶かされてしまうため、家づくりがうまくいかなくなるのだ。しかし、はるか昔に死んだ生き物たちの殻を含む石灰岩は、いまを何とか生き残ろうとしている暁新世の生き物にとっては助け舟となる。死んだものが化石となり、いまヘルクリークに棲む両生類たちの救世主となったのだ。炭酸カルシウム（$CaCO_3$）を豊富に含む土壌や岩石がむきだしになっている池や湖では、それだけで酸が中和されるのである。

エオペロバテスが棲んでいたのも、運よくそのような池だったので、衝突後も水のpHはそれほど変わらなかった。この湖に限っていえば、喫緊の問題は、むしろ寒さのほうである。カエルは外温動物だ。つまり、周囲の外気温や水温で体温を調節している。暖かい季節だと活発に動けるが、生理的なしくみによって、気温が下がると動きが鈍くなってしまう。したがって、衝突の冬の間、カエルたちの活動量は低下していた。いまは寒すぎて、獲物をうまく捕らえることもできない。小さく敏捷な虫を、素早く仕留めようとするのだが、その動きは緩慢になりつつあり、それに伴って狩りも難しくなってきていた。摂取エネルギーよりも消費エネルギーのほうが大きくなっているため、このままでは飢え死にしてしまう。

カエルは後ろ脚で何度かキックして水中を進み、腐敗した植物の溜まる水底へ向かった。ここは当面の避難場所だ。カエルの代謝は体温によって変動するため、寒い中で狩りを行なう場合にはそれが足かせになるのだが、その代わり、彼らには内温動物にはない能力がある。それは「待つこと」だ。池の底の茶色い堆積物の中に静かな場所があれば、彼はそこに穴を掘って、しばらく、いや、かなり長い時間でも待つことができる。

とはいえ、カメのように、どこかよさそうな場所を適当に見つけて穴を掘るわけにもいかない。甲羅をもった爬虫類がすでに陣取っているかもしれないからだ。彼らは泥の中に埋もれ、必要なだけの酸素を口と総排泄腔から取り入れながら、いつ終わるともしれない冬を眠ってやり過ごそうとしている。たとえ全身をすっかり泥に包まれていても、彼らには新しい酸素の取り入れ方があるので大丈夫なのだ。しかし、エオペロバテスにそんな芸当はできない。カエルは体を常に湿らせておく必要がある。活動を休止して寒さをしのぎながら眠っている冬眠時でさえ、皮膚から酸素を取り入れている。つまり、体の一部は水に接した状態にしておいて、水中にいながらも呼吸ができるようにしておかなければならない。これは生理学的に見ても奇妙な弱点である。魚はエラで呼吸する。カメは肺で呼吸するが、別の方法で酸素を取り込むこともできる。では、カエルはどうかといえば、どっちつかずだ。彼らは、数百万年の進化でたまたま身につけた方法で間に合わせてきたのである。

何度か水をかいて水底の上までくると、エオペロバテスは動きを止めて、そっと泥の上に降り立った。まだ眠っていないカメがいるかもしれない。お腹を空かせたやつにガブリとやられないように気をつけなければ。茶色く腐敗しかけた植物の切れ端が浮かび上がり、スローモーションのようにゆっくりと回転しているが、その間も彼はじっとしていた。そしてしばらくしてから、最初は片足、それからもう片方の足と、後ろ向きにすり足で進んでいき、少しずつ泥の中に潜り込むと、背中と目と鼻先だけを出した。この状態でエオペロバテスは待つことができる。数週間、もしかすれば数か月もこのままの状態でいることができるのだ。ときどきは動いて、池の底をゆっくりと一周することもあるが、また元の場所に戻ってくる。そして、少なくとも、気温が上がって水棲昆虫などの獲物がふたたび活発に動き出すまでは、おとなしく待つのだ。エオペロバテスは、あくまでも活動が鈍くなっているだけであって、完全に停止しているわけではない。体にはまだエネルギー、栄養が必要だ。この時期は、手に入る食べ物を大切に食いつないで、どうにかしのいでいかなければならない。そう、せめて、太陽の暖かさが戻ってくるまでは。太古の海の石灰岩に抱かれて、彼はじっと待っている。

だが、このように安心できる場所ばかりではない。地中を棲処にしていれば、酸性雨からは逃れ難い。イモムシならば移動することもできるが、バクテリアや菌類、植物、藻類、地衣類ができることといえば、変化していく状況に合わせて成長し、枯れ、そしてまた成長することくらいである。そして、そんな土壌の中にこそ、あのひどい災害の記録が残されているのだ。

当時の環境の激変を示す地質学的な特徴は、すでにヘルクリークのあちこちに散らばりつつあった。それらが堆積物の中に閉じ込められ、のちに砂岩や泥岩といった堆積岩になるのだ。そのプロセスは絶え間なく続いているものの、粒子が小さすぎるため、目には見えない。だが、それが重要な記録となるのである。もしヘルクリークが山地だったならば、当時の記録は何も残っていなかっただろう。山は、地形的に見れば印象的ではあるが、浸食が起こりやすい。水、風、日光といった自然の力がそびえ立つ岩を削り取り、山のふもとへと運んでいく。よって、当時の山にも動物たちが生息していたはずなのだが、その痕跡は残っていない。彼らの存在は消し去られ、残った骨さえも粉々になって、川の流れや土砂崩れによって低地へと運ばれるのだ。だが、当時のヘルクリークは低湿地、つまり湿気の多い、比較的平らな土地だったため、河川や湖沼といったところでは当時の記録が部分的に保存されていた。もちろん、あの衝突で生じた物質もそこには含まれている。

小惑星は、衝突した赤道付近にずっと鎮座していたわけではない。衝突時の衝撃で、地球の岩盤を広く崩壊させただけでなく、小惑星自体も粉々に砕け散っていた。小惑星にはイリジウムという金属が豊富に含まれていたのだが、それが数時間から数日にかけて、塵となって地上に降り注ぎ、泥などの堆積物と一緒に閉じ込められた。また、ガラスの小球体や衝撃石英など、衝突によって巻き上がったほかの物質も、同様に地層に残されていることからも、その衝突の激しさがうかがえる。さらに、森林火災で発生した煤や炭素といった成分も検出されており、狩りをするティラノサウルスが姿を隠せたほど豊かに茂っていた森を焼き尽くした火災の凄まじさを物語っている。

一方で、命の宿っていない骨はあまり長持ちしない。骨の組織は、一風変わっているのだ。骨の成分は、柔軟性のあるコラーゲンと硬くて砕けやすいヒドロキシアパタイトだが、それらで構成された骨そのもの――骨格を形づくる生体化合物――には、高い耐久性と柔軟性がある。太古の海で魚がいかめしく身につけていた甲冑は、何度もの修正を経た結果、体を内側から支える骨格となり、体にミネラルを補給したり、骨折を修復したりできるようになった。さらには、グレープフルーツほどの大きさの卵に収まるトリケラトプスの赤ちゃんを、全長九メートルにまで成長させることも可能にした。硬いエナメル質に覆われた歯と同様に、骨は体のほかの部分よりもはるかに耐久性が高い。

衝突後の数年間で、ヘルクリークで死んだ動物たちの肉は腐敗して消えていった。皮膚、筋膜、筋肉、内臓がなくなると、その下にあった骨組みが剝き出しになる。露わになった骨も、ほかの生き物に食べられたり穴を開けられたりする。乾ききって、骨髄も血管も、それから生前は骨格内で発達していた神経も、すべてがなくなる。万一、骨がそのまま残っていたとしても、長い時間を経て風化していく。

露出したばかりの骨は滑らかだ。骨格は体の中の構造をそのまま表している。組織も完全なままで、露出による歪みもない。だが、時間の経過とともに骨は変化していく。タンパク質のコラーゲンが傷みはじめると骨はもろくなり、やがて骨の中の硬い、無機物でできた部分だけが残る。次に、組織が歪み出し、表面には小さなひびがいくつも入り始める。時間が経てば経つほど、表面のひび割れは増えていき、露出した範囲が広がるにつれてどんどん崩れていく。[108] そうして最終的には塵になるのだ。

衝突が原因で死んでいった恐竜や翼竜、哺乳類などの骨は、よりもろくなっていると考えられるため、そこまで長くはもたないだろう。そのような骨は粉々になるというよりも、ただ、溶けて消えてしまう。あたかも衝突の余波が、恐怖をかき消そうとしているかのように。そんなふうに骨を溶かすのは酸性雨だ。白亜紀の骨は、酸性雨に直接打たれるだけでなく、骨の眠る土壌の中に雨が染み込んでいくだけでも溶けてしまう。徐々に大気中の硫黄が雨に取り込まれて地上に降り注ぐにつれ、死体は浸食されて無に帰する。

そうでなければ、当時の骨が大量に残っている骨塚があってもいいはずだ。ヘルクリークの川や沼や湖には、何百万年間の死体が埋まっていても不思議ではない。大量虐殺が起こった地域が岩石に広く記され、白亜紀に生きたものたちが、ひとつの巨大墓地に眠っていてもおかしくないのではないか。しかし、実際はそうならなかった。記録を見ていくと、衝突の時期に近づくにつれて骨は減少しているように思われるだろう。衝突直後の数年間に残されているはずの直接的な記録は大部分が失われており、残っているのは、頑丈で耐久性があり、運よく岩石記録に留まった手がかりだけになる。直近の死体、つまり衝突前の数年間に埋もれたはずの骨さえも失われてしまう。地面に染み込んできた雨水が、運よくすでに化石化していた骨までも腐食してしまうのだ。これらの骨は少しずつ崩れていき、白亜紀末期に生きていた動物の形跡は消え去っていく。化石記録が数年から数千年をかけて形づくられるころ、堆積物は岩石になり、残されたものは深い歴史の中に閉じ込められるが、K／Pg境界層から数メートル下にあった大型恐竜たちの骨の多くは酸で浸食されることだろう。ただ、珍しく残されたトリケラトプスの頭骨が、恐竜たちが白亜紀末まで生きていたことを示すのみである。

そのころ……

ニュージーランド西部では

じめじめとした日が続くなか、雨雲の隙間から一筋の光が射す[109]。シダは、葉の上の水滴を宝石のようにきらめかせながら、この思いがけない陽の暖かさに浴している。同じく、地面のあちこちに顔を出しているキノコもそれを享受する。これが、暁新世初頭の平原の光景である。草花の広がる、ところどころに

木立が見えるような草原ではない。シダと菌類が一面を覆う、寒々とした平地である。

辺りには焼け焦げた切り株や、立ち枯れた木が点在していた。森のほとんどは土に返り、その炭素が土壌を豊かにして、森の復活を後押ししてはいたが、だからといってすぐに森が復活するわけではない。衝突地点からは遠く離れているにもかかわらず、この地の傷跡は深かった。

白亜紀最後の日、この森はすでに古い遺跡のようだった。北半球では花を咲かせる木々が増え、花粉を運ぶミツバチなどが忙しくはたらいていたが、ここには針葉樹の大きな森が広がり、首の長い竜脚類たちが食べつくせないほどの針葉がたっぷりあった。獲物を切り裂く鋭い爪をもった、ずる賢い大型の肉食恐竜が身を隠すのにもぴったりの場所である。大きな鎧竜たちが鼻を鳴らしながら、繊維質の樹皮に覆われた木々の間を通り抜けていく。それを迷惑そうに眺めながら、クチバシをもった二足歩行の植物食恐竜たちが、下草の中をちょこまかと走り回っていた。だが、そんな世界は、熱と炎によって失われ、いまは薄暗さと寒さに包まれていた。動くことのできない植物も、恐竜と同じように、あの恐怖から逃れることはできなかった。

しかし、生命の大いなる多様性を消し去るのは簡単なことではない。個体間あるいは種の間に違いがあったおかげで、かろうじて新しいスタートが切れたのである。菌類の根系は土の奥深くまで伸びていたため、あの酷暑を生き延びることができた。シダの種子はすでに土に蒔かれており、いつでも芽を出せる状態だった。シダと菌類、この二者が、焼け焦げて灰色となった世界に、温かみのある豊かなアースカラーを増やしていった。

一世紀前の火災でぼろぼろになった土地に、これほど多くのシダが生えているのは、不思議に思われるかもしれない。だが、地球を覆っていた塵のカーテンがなくなり、気象パターンが新たに始まると、ここにはシダ植物が育つのにほどよい雨量と湿気、酸性度の土があった。こうして、シダは一気に広がっていった。もしいまでも、鼻を鳴らしながらノッシノッシと歩く恐竜たちが生きていれば、この一面に広がる菌類のカーペットを堪能していたことだろう。彼らの骨はこうした植物でつくられ、そして最後は土に返っていった。いまここで見かける動物は、鳥や哺乳類など、シダの茂みに隠れられるほど小さなものだけだが、今後はもっと増えていくだろう。小さな水滴、そのひと粒ひと粒に、太陽の光が小さくきらめいている。

第8章 衝突から一〇〇〇年後

気温は上がり、小さなヘビには堪(こた)える暑さになっている。正午前の陽は高く、この小さなヘビ――ほんの七センチメートルほどしかない――は体をくねらせながらシダの森を抜け、日陰へと向かった。日中の暑い時間はそこでやり過ごして、日が暮れて涼しくなってからまた狩りを始めよう。

外温動物の暮らしは決して楽ではない。一〇〇〇年前に、このあたりをうろついていた偉大なる恐竜や、小さなヘビをウロコつきの極太麺のようにズルズルとすすって食べていた哺乳類と比べると、小さなコニオフィスの暮らしぶりは、さながら定年退職を迎えたかのごとく、静かでのんびりとしている。[110] これは彼らが気温のリズムに合わせて生きているためである。

外温動物であったため、コニオフィスは、小惑星が衝突したあとの過酷な冬の時期をあまり苦にせずに過ごすことができた。体は小さく、よく地中にも潜っていたので、ほかの生き物がつくった地下の巣に避難して、衝突後の酷熱をしのぐことができたのだ。だが、その後すぐにやってきた長い冬の時代では、別の問題が浮上した。気温が下がりすぎて活動しにくくなったのである。空気は冷え冷えとして、太陽の光は大気圏で舞っている塵の雲に遮られる。地中はそこまで寒くなかったため、ヘビたちは無脊椎動物を食べ、つがいを見つけ、何とか生き残ることができたが、彼らの生活ペースはかなりゆっくりしたものになっていた。だが、かえってそれがよかったのかもしれない。

もしコニオフィスが、体内の代謝プロセスで熱を生み出す内温動物だったなら、きっと衝突の冬で大きな問題に直面していたことだろう。内温動物は食べることで体温を維持しているが、体を温かく保つには、生理的なコストが高くつく。火を燃やすためには燃料が要るように、内温動物も食べて栄養を補給しなければならないのだ。よって、そんなことになれば、コニオフィスも飢え死にしていたはずだ。地上では、エサとなる無脊椎動物などの生き物が、あの猛暑としつこい寒さで激減していたため、内温動物たちは生き残るために食べ物を必死で探していた。一方で、外温動物には別のルールがあった。カエルが代謝を落として冬眠するように、また、ある種のカメが池の泥に体をうずめたまま長い間まどろんでいるように、ヘビにもまた独自の冬眠スタイルがある。彼らの冬眠はブルメーションと呼ばれるもので、気温が低くなると活動が鈍化する。コニオフィスをはじめ、ほかの生き残ったヘビたちも、完全に活動を停止するわけではない。何も食べずに三年間ずっと生きていけるヘビなどいない。ただ、生物学的な変化が活動の速度として現れる。言い換えると、少量の食べ物を大切に食いつなぎながら環境に順応しようとするのだ。内温動物のように、けたたましいペースで生きていない彼らにとって、これはある種の贈り物だといえるだろう。結局のところ、彼らと違って完全に異質な存在であった恐竜は、きわめて活動的で常に腹を空かせていた。そんな恐竜のうち、あの災禍のストレスを受けながらも生き残ったのは、数少ない種子や昆虫を見つけるために地面をつついて回る、小さくて羽毛を生やしたものだけだった。

暑さと鳥類型恐竜のクチバシから逃れるため、コニオフィスはひんやりとして暗い巣穴に潜り込んだ。そこは哺乳類が地中につくった巣の端っこの部分で、誰にも使われていないようだった。暁新世の世に陥落できない要塞はなく、どこにいても襲われる心配はあるのだが、それでもここは比較的静かで安心できる場所である。とりあえずはここで何とかしのげそうだ。ヘビというものが生まれてこの方、彼らはずっとこうやって生きてきたのだ。

あの大きな小惑星が地球に落ちてくる以前から、ヘビは苦境を生き抜いていた。初期のヘビがシダに覆われた氾濫原をスルスルと這っていたのは、さらに一億年以上も前のジュラ紀のことだ。[11] 当時のヘビは、一見すると、細長いトカゲとそれほど変わらない。ヘビはトカゲから進化したためである。その後彼らはより細長くなり、四肢の代わりに胴の部分をくねらせて移動するようになった。ただ、四肢のないヘビが地上をうねうねと這うようになったのは、その後何百万年も経ってからで、ジュラ紀にいる初期のヘビには、まだ体の両側に小さな四肢がある。そして、その四肢で穴を掘っていた。[112]

土の中を掘り進むのは、なかなか大変である。ヘビは小さいため、地中に張りめぐらされている通路を見つけるのは簡単なのだが、穴を進むときは肢の存在が邪魔になった。地上では、肢で地面を押して進むことができるし、水中ではオールのように使えるのだが、土の粒子がぎっしりと詰まった地下の世界では、肢は両脇にぴったりと寄せて、邪魔にならないようにしていなければならない。もし肢を体の前方へもってくることができたら、土をかき分けるのに使えるのだろうが、いかんせんそうもいかない。そこで初期のヘビは、体をくねらせて前に進むようになった。この進化の方向転換によって、ヘビの体はすっかり変化し、自分の内耳まで変えてしまう。地中では音がすぐに消えてしまうが、ヘビには周囲の環境の音を聞き取る必要があったため、彼らの耳は自然選択によって、低周波の振動をより敏感に感じ取るように発達していった。地中では低周波の振動のほうが遠くまで伝わるからだ。小さなコニオフィスは、地中と同じくらい楽に地上を這っていくことができるが、巣穴での午後の昼寝は、ウロコをもつ遠い祖先からの誘（いざな）いである。

白亜紀から生き延びてきたこの小さきヘビの目の前には、可能性に満ちた世界が広がっていた。見上げるような巨大恐竜たちはもういない。針葉樹が隆盛を誇ったこの地にも顕花植物が根づきはじめている。淡水に棲む生物たちは、水たまりで日光浴を楽しみながら、この世界が復活し、ふたたび植物が成長していくのを眺めている。しかし今後の展開が記された脚本はなく、出番を約束された出演者もいない。たしかに生命は復活の兆しを見せているが、それはただ傷ついたものを癒やしているだけではない。本来、癒やしという表現には、過去の状態に戻るというニュアンスが含まれており、もしかすると昔の生態的地位を新しい種が占めることや、以前のように複雑な生態系のパターンが戻ってくることも含んでいるかもしれない。だが、生命のしくみはそれほど単純なものではない。

かつてのヘルクリークの生態系がどれほど大きかったかを考えてみるといい。ここはもう骨と灰ばかりの土地ではないが、かつてのような賑やかで躍動する生息地ではない。生命は戻ってきたものの、まだその範囲は狭く、生き残った種がその数を増やしただけだ。ハナミズキやモクレンといった顕花植物が増え、針葉樹ではメタセコイアが多い。生き残った哺乳類たちはおもに穴を掘って暮らすものばかりで、中生代に生きていた数々の風変わりな哺乳類たちは、ほとんどいなくなってしまった。昆虫は相変わらず、鳴いたり齧ったり群れたりしているが、やはり種類は限られている。一方で、淡水の環境の変化は比較的少なく、魚やカエル、カメ、チャンプソサウルスは白亜紀末と同じようにまだ生きていたが、それでも新しい世界での生物多様性は、かつての繁栄を思えば、かなり乏しいといえる。生命がもっと生命を生み出すにはまだ時間がかかりそうだ。

見方によっては、この生態系にはたくさんの空きがあるといってもいいだろう。大きな植物食性の動物はおらず、みな小さいものばかりだ。彼らは種子をあちこちに運び、自分たちの食料となる植物の存続と発展に影響を与えていることは間違いない。だが、生き残った哺乳類に、木々をなぎ倒したり、低地を踏み均（なら）して池にしてしまったりするような、一〇トン級の怪物はおろか、大型の肉食動物もいない。獲物となりえる動物がすべて小さく、おやつにしかならないような環境では、肉食動物も大きくなりようがないのだ。それに巨大な翼竜も、林冠で昆虫やトカゲを捕食していた、歯のある鳥とともに姿を消していた。これほど多くの種が消失したことは、単に死亡数の問題だけにとどまらない。いなくなった種は、いわば生態系の網の破れ目であり、その切れた糸がいくつも垂れ下がっているようなものだ。まるで自然界が穴だらけになってしまったかのようである。

だが、そんな空きがなくても生き物たちは栄えていく。というよりも、ある種が存在すれば、そこには相互作用や役割が生じるため、それがほかの種の誕生や繁栄の助けになることも多い。多様性から多様性が生まれるのであって、生態系の空きは必ずしも必要ではないのだ。大量絶滅によって現状が大きく変わり、チャンスが生まれることもたしかにあるが、じつは、進化の勢いを後押しするのは生物同士の相互作用なのである。空いているニッチに生き物たちが否応なくはめ込まれて、過去と同じ関係性が何度も築かれるというような不自然な環境はありえない。また、時間をかけさえすれば、生き物たちの世界が最適な状態に戻るというわけでもない。いまここで織り成されているのは、まったく新しい世界なのである。

地球が誕生してからの濃密な歴史を振り返ってみれば、生物多様性がきわめて豊かだった時代というのは、生き物がさまざまな障壁を乗り越えて、新しい生息地で互いに刺激し合って暮らし始めたときだった[113]。暁新世のいまからさらに二億九〇〇〇万年前になる石炭紀には、脊椎動物が水中から陸上に進出。魚は海で繁栄していたが、その一部は森中にブンブンと飛び回っている昆虫を食べようとして、陸地で暮らすようになっていた。こうした初期の水陸両棲動物の中には、水辺にとどまるものもいた。一方、別の系統の動物は、羊膜のある卵を産むようになり、陸地に巣をつくり始めた。また、一度は岩とバクテリアばかりだったところに、両生類や節足動物がたくさん棲む大きな森が生まれた。こうした変化はあまりにも劇的だったため、バクテリアですらそのスピードに追いつけないほどだった。原始的な植物は、強固な新物質——リグニン——をつくり出し、背の高い木々へと成長できるようになったが、当時はまだ、このリグニンを分解できるバクテリアがいなかったため、巨大な木々が倒れたあとは、分解にかなりの時間を要していた。そして倒れた木々は大きな沼に埋もれて、その炭素がやがて石炭になっていった。このような活発な進化が見られたのは、大量絶滅のあとでもなく、生態系の空きを種が埋めようとしたときでもなかった。植物が陸地に根を張ったとき、そこが無脊椎動物の新しい生息地となり、それがまた脊椎動物を呼び込むことになった。進化におけるひとつひとつの偶然の賜物が新しい可能性をもたらし、多様な生物による相互作用でさらなる多様性が生まれたのである。

もしそこに初めから決まった道があったなら、あるいは収斂というルールがあったなら、ヘルクリークで生き残ったものたちは、空きの出たポストに就くべく導かれたことだろう。そうであれば、やがてティラノサウルスほど大きくなった哺乳類や、翼竜サイズの空飛ぶトカゲたちが出てきていてもおかしくなかったはずだ。となると、生き残ったものたち、とくに恐竜たちがいたせいで長い間小さいままだった哺乳類にとっては、進化における大きなチャンスになりえたことだろう。しかし、生き物たちは、かつて存在していたものを取り返そうとして、競争することも、焦ることも、求めることもしなかった。あらゆる行動も、あらゆる生物学的な相互作用もプロセスも、これから来たるべきものをゆっくりと少しずつ方向づけていく。そして生き残ったものたちは、生態系の空きに収まるというよりも、生態系の中に自分の居場所をつくり出していくのだ。種には、収まらなければならない特定の箱などない。自然選択とは、常に変化を起こす原動力であるが、それが機能するためには多様性が必要だ。病気に対する抵抗力から、食べ物、体格に至るまでの多様性である。種の間にあるこうした小さな違いは、驚くべきものであり、計り知れないものであり、互いに絡み合ったもので、複雑な生態系をさらに進化させていく。絶滅後に空っぽになった生息地は、たしかに多くの可能性を与えたが、そんなスカスカの生態系そのものが、豊かな多様性を促したわけではない。この新しい出発点からいつの間にか世界を形づくっていくのは、やはり生き残ったものたちなのである。

とはいうものの、生き残ったものたちがみな活気を取り戻したわけではない。衝突直後の大火災や極寒の衝突の冬を耐え忍ぶことができても、復活ではなく絶滅への道を進む種もいた。

小さなコニオフィスの遠縁にあたる動物が、イチョウの若木の下で休んでいた。貝殻のような形の葉からは木漏れ日が差し、ウロコの上にまだら模様を描いている。全長二・五メートルほどの体は、大部分が灰色をしているが、ところどころに淡い褐色の斑点がある。この静かな午後の休憩場所にぴったりの風貌だ。このオオトカゲの名前はパレオサニワという。[114] ヘルクリークで一番大きなトカゲだが、彼女はその数少ない一頭だった。

ほんの一〇〇〇年前まで、パレオサニワはトカゲにおけるティラノサウルスのような存在だった。成長すれば三メートル近くにもなり、反曲した鋭い歯が並ぶ口で、哺乳類や子どもの恐竜をやすやすと仕留めたものだった。ところが、あの衝突後、彼らのような大型爬虫類の多くは地下シェルターを見つけることができなかった。地中の巣穴は小さすぎたし、だからといって自分で巣穴を掘ることもできなかったため、大部分の大型爬虫類はいなくなった。避難することができたのは、小さく、未熟なトカゲだけだった。そうして新しい世界で生きることになった子どもたちに、そう彼らだけに、種の未来は託されたのである。

その後、肉食動物には厳しい世界が待ち受けていた。衝突直後最初の数年は食料が乏しく、パレオサニワは、飢えをしのぐために地上の巣や地中の巣穴を襲っては、生き残った哺乳類、鳥類、爬虫類など、食べられるものなら何でも食べた。パレオサニワはコニオフィスと同じ外温動物だったため、最低限の個体数は維持できていたが、以前の数ほどには回復しなかった。衝突から一〇〇〇年が過ぎ、生物の進化が開花するころには、十分な獲物を見つけられるようにはなったものの、つがいの相手は減っていくばかりで、かろうじて子孫を残すことはできても、個体数を維持できるほどではなかった。というのも、パレオサニワは性的に成熟するまでに何年もかかるからである。パレオサニワの機能的絶滅が現実のものとなるのも、そう遠くはないだろう。

絶滅とは、最後の個体が息を引き取るときに起こるわけではない[115]。それはひとつの生命の終焉であって、その種が機能的に絶滅したのはそれよりもずっと前のことだ。つまり、至近因と究極因の違いである。最後の一匹となったパレオサニワは、肉食動物に食べられたのかもしれないし、病死あるいは老衰で死んだのかもしれない。だが、その死因が何であれ、パレオサニワはすでに種として回復できるレベルを下回っていたのだ。衝突後の数年間の過酷な環境と持続的な寒さで、パレオサニワの個体数は激減した。破壊され、灰塵と化した環境では食べ物もろくに見つからず、年を経るごとに数はどんどん減っていく。散り散りになった個体は、その後何年もかけて成熟してから、ようやくつがいの相手を探し、巣をつくり、卵を守るのだが、だからといって次の世代が無事に生まれてくる保証はない。これが自然減による絶滅だ。パレオサニワは首の皮一枚で生存している。そして、自分たちが絶滅することに気づいてもいない。

　遅かれ早かれ、絶滅はすべての種に起こることだ。子孫を残す種もいれば、残さない種もいる。生命の樹のイメージは美しいが、そんなものは存在しない。生物多様性を形で表せば、どちらかといえばボロボロの毛布のようなものだろう。どの糸も枝分かれして、先っぽがちょん切られていたり、またそこから枝分かれしたりして、もつれあっている。そして、どの種も別個でありながらどこかでつながっているのだ。古第三紀の幕開けとなるこの時期に生きている種は、どれもいつかは滅びゆく運命にある。だが、いくつかの種は、初めとは少し形を変えて数を増やしていく。言い換えると、親となる種が消えても、その変異種が生き残るのだ。そして、その生き残った種で同じ生態系のダンスがふたたび始まる。今日存在している種が明日の姿を形づくり、生命そのものが多種多様な形態を生み出す原動力となるのである。

　ヘルクリークには新しい園が広がりつつあった。まさに白亜紀に蒔かれた種（たね）が時を経て目覚め、その後の六六〇〇万年の基盤を築いたのである。パレオサニワは舌をチロチロと見せると、暁新世の午後の空気を吸い込んだ。

そのころ……

北大西洋では

小さい球状のものが水面の近くを浮き沈みしている[116]。広大な海に浮かぶ小さな藻屑のようにも見えるが、近くに寄ってみると、藻屑などではないことがわかる。海に漂うこの球は、小さな円盤がいくつも重なり合ってできており、そこからハプトネマと呼ばれる紐状の鞭毛が一本突き出ている。それぞれの円盤は円石（コッコリス）と呼ばれ、それらがくっつき合ってできているのが円石藻だ。

水面のかなり近いところで太陽の光を浴びているこの球体。それをつくっている各部分は鮮やかで濃い緑色をしている。この円石藻は光合成を行なって、日光で食物をつくり出す。そして、昼夜問わず水面を浮き沈みしながら、昼間の日光を利用して生きている。だが、彼らがもっている鞭毛という存在は、この球体の円石藻が当時の海の主たる捕食者だったことを示しており、かつての厳しい時代の象徴となっている。

衝突の冬の間、海はほとんど死んだも同然だった。海の生態系には日光の存在が不可欠だ。日光があってこそ藻類のような光合成を行なう生き物は繁栄できるからである。しかし、暗黒の数年間、こうした光合成を行なう生き物たちは自分の役割を果たせなかった。つまり、自分たちを食料にしている生き物たちを食べさせることができなかったのだ。こうして生態系の基盤が徐々に欠けていき、生態系全体が崩壊した。だが、多くの種類の円石藻が死に絶えたものの、全滅したわけではなかった。

そして、生き残ったものは別の栄養源を摂取するようになった。

進化は何らかの計画に沿って進むわけではない。生命が何十億年も生き続けられたのは、度重なる変異と偶然の賜物である。生命の多様性が豊かであればあるほど、生きていくうえでのさまざまなストレスに対処できる種・集団・個体といったものが出てきやすい。円石藻の場合でいえば、白亜紀のころには混合栄養生物（ミクソトロフ）だった種がいた。混合栄養生物は、自分で栄養をつくり出せるだけでなく、少量の有機物を吸収することができる。移動もでき、日光があまり届かないときには、ムチのような器官を使って前後に動き、小さな有機体や有機堆積物を摂取していた。

そんな小さな藻類のおかげで海は生き続けられた。プランクトンが大激減したときも、この混合栄養生物は数を増やし、あの災禍から復活の日までの橋渡し役となってくれた。動物プランクトンの中には円石藻を食べて生きるものもいたので、その点でも彼らは海の存続に役立ったといえる。大気中の粉塵がついになくなると、生き残った円石藻はふたたび新しい役割を担うようになった。彼らから新しいタイプの光合成生物が進化し、海の生態系を健やかに保つ藻類網を修復し始めたのだ。

もし白亜紀時代の円石藻が完全な光合成生物への道を突き進んでいれば、衝突の冬でバクテリア以外の海の生物はすべて死滅していたかもしれない。だが、円石藻のように、さまざまな役割を果たした生き物がいたことで、生命は部分的に生き残ることができた。これは、偶然というよりも結果的にそうなったということであり、生物が生き残る確率は常に変化している。生き残ったものは、生き残る運命にあったというわけではなく、たまたま生き残ることができただけなのだ。

有機物の円盤で覆われたこの小さなボールは、彼らの生きるミクロの世界で漂い続ける。一見透明に見える水の中でも、生物は密にひしめき合っている。円石藻は数本の鞭毛をピクピクと動かすと、ボール状の体を横に移動させて、自分よりも小さな食物を飲み込んでいった。

第9章
衝突から一〇万年後

かかった！　かわいらしいクモはすぐに行動に出た。小さな甲虫はジタバタと四肢を動かしながら羽をブンブンいわせ、何とかネバネバの巣から脱出しようとしている。下手をすれば逃げられてしまうかもしれない。クモの糸は強い素材だが、その糸を何本も織り込んで巣はできている。かかった虫が一生懸命にもがけば、エサは逃げ去り、あとに残るのはボロボロのタペストリーだけ、ということ

にもなりうる。そうなると、また一晩かけてつくり直さなければならない。

クモの仕事は早かった。彼女はさっそくもがいている甲虫を抱きしめると、肢で糸を紡ぐ。その糸で虫をぐるぐる巻きにして動けなくするのだ。だが次の瞬間、クモも甲虫も消えてしまった。その潰れた肢と外骨格は、いつの間にか九キログラムほどの哺乳類の口の中に収まっていた。バイオコノドンである。[117]大量絶滅の記憶が忘れ去られても、当時の爪痕がまだはっきりと残っている世界で、バイオコノドンは食べられそうなものなら何でも手当たり次第にあさっていた。

バイオコノドンは一風変わった小型の四肢動物だ。つま先には丸みを帯びた小さな蹄があって、顔には恐ろしげな笑みを浮かべている。口の中には、先がギザギザになっている臼歯と、それよりもやや長い犬歯がある。やろうと思えば、森の中を駆け回っている小型の哺乳類をガブリとやることもできるだろうが、そういう気にはならないようだ。バイオコノドンは、葉っぱやトカゲ、果実、昆虫を食べる雑食性で、この鋭い犬歯はディスプレイ用らしい。いまは繁殖期ではないため、近くに寄ってくるものがいれば、彼女は口を大きく開けて歯を剥いて追い払おうとする。ここは、暁新世の恵みを心ゆくまで食べることができる、彼女の小さな縄張りなのだ。

バイオコノドンはシダの葉を揺らしながら森の中を進んでいく。衝突後の大火災からはずいぶん時間が経ち、真っ黒に焦げた幹や丸太が転がっていた当時の面影は影も形もない。木々は育っては枯れ、そしてそこにはまた新しい木が育っていた。林床にはコケに覆われた幹があちこちに見え、その上には林冠ができている。久しぶりに老齢林と呼んでもいい森林が出来上がっていた。

だが、ここでの真の成功者はシダ類だ。バイオコノドンが森の下草を通り抜けると、毛がシダの葉に触れて濡れ、茶色の毛皮を朝露の雫でまだら模様にした。辺りにはシダの新芽が一面に生えていて、まるでギリシャ神話のヒドラ〔ギリシャ神話に登場する怪物。九つの頭をもつ水蛇。ヒュドラともいう〕が一休みしているかのようだ。日光や水分が不足して枯れるシダが多少あったとしても、別のシダがどんどん生えてくる。

いまがちょうどシダの最盛期なのだ。[118]

シダは裸子植物や被子植物よりも原始的な植物の一群である。羽根のような葉をしたこの植物が進化したのは約三億六〇〇〇万年前。恐竜の祖先がちょうど、四本足の両棲動物として陸に上がってきたころだ。シダは湿気の多い低地でよく成長するようになり、その後ずっと水分の多い場所に生息してきた。

シダはその生活環（ライフサイクル）のせいで、じめじめと湿っぽい環境周辺でしか生きていけない。というのも、シダ類は種子ではなく胞子で増えるからだ。シダは種子のように安全な殻にくるまれて待っているわけではなく、世代交代を行ないながら行ったり来たりする生活環をもっている。そのサイクルにおけるシダの葉のはたらきは一時的なものにすぎない。

この森を緑のカーペットで埋め尽くしているシダだが、その葉をひっくり返してよく見てみると、小さな点々が何十個もびっしりとくっついているのがわかるだろう。一瞬、何らかの病気か、あるいは小さな虫が集（たか）っているようにも見えるが、これらは胞子嚢であり、この天然のポケットには数え切れないほどの胞子が詰まっている。その塵みたいな胞子ひとつひとつが、次の世代の命を担っているのである。

繁殖という点でいえば、シダは明らかに数で勝負をしている。胞子はあちこちに飛び散って、ちょうどよい地面に着地したものは発芽して前葉体というものになる。この前葉体は緑のハート形をしており、下のほうからはもじゃもじゃのヒゲが生えている。ここが土台となってシダの葉が成長していくわけだが、このままでは育たない。前葉体には生殖器官があって、成長するためには受精が必要なのだ。運がよければ、受精後に長くカールした茎が生え、そこからやがて扇状の小さな葉が広がっていく。

そんな複雑な繁殖の仕組みをもつシダが、復活しつつある世界の象徴になるのは意外に思われるかもしれない。彼らの繁殖方法は古臭くてややこしい。顕花植物や一部の球果植物のようにほかの生物に助けてもらうわけでもない。周囲には背の高い木々の森が育ち、広がっているというのに、シダは地表に近いところにとどまっている。シダは森林に生える下草として、どちらかといえば大木の陰の涼しくて薄暗い場所を好む。別の植物にとって成長しにくい場所でも、シダは広がり、周りの景色を埋め尽くすことができるのは、まさにそれが理由である。おかしな話ではあるが、衝突後の環境はシダにとって追い風となった。シダ以外の植物が苦しむ一方で、シダ植物は幸運をつかんでいたのだ。日光が遮られた数週間、そして届いてもまだ薄暗かった数か月の間、少ない日射量でも育つように進化していたシダは、あまり痛手を受けなかった。そして、お腹を空かせた植物食恐竜の群れがいなくなったいま、シダ植物がせっせと行なっている繁殖は、もはや種の保存というよりも、増殖する手段となった。そして、涼しく湿ったところでは、シダが一気に繁殖していった。

シダは、災害後に栄えた種として、今後何百万年、何千万年と同じ役割を担い続け、かつての多様性が奪われて荒れ果てた生息地で急速に繁栄していく。勢いよく広がっていくシダの存在は、大きな災害に見舞われた生態系が回復しつつあることを示している。激しい火山噴火など、別の災害で環境が急激に破壊されたときも、再生の象徴としていち早く現れるのがシダである。シダは繁殖するうえでほかの生物の助けを必要とせず、しかも大飯食らいの植物食動物もほとんどいないところであれば順調に成長することができた。シダは、ほかの種が苦労する状況でも繁栄できるように進化していたのである。たとえ避けられない危機が地球に訪れても、生物が多様化していれば、その影響を和らげて、過去と未来をつないでいくことができるのだ。

ただし、シダに覆われたこの地に森林が戻りつつあるといっても、それは一〇〇万年前の森とは別物だ。暁新世の森林は、動物たちが演じる進化のドラマの単なる背景ではない。森は、現在生きているものたちの特質で形づくられるだけでなく、過去にそこに生息していた生物がいなくなったことでも影響を受ける。

白亜期末のヘルクリークの森には、多種多様な植物が生い茂っていた。四方八方に枝分かれしているチリマツをはじめ、ヤシ、ハナミズキ、イトスギなど、多くの木々が立ち並んでいた。顕花植物と球果植物が競い合って陽の光を求め、シダやソテツは地表近くで成長し続ける。それでも、こうした森は鬱蒼と茂ってはいない。ヘルクリークの森の林冠は、森に蓋をしてしまうようなものではないため、森の下層でも薄暗くはないのだ。木と木の間隔は狭くなく、広がりのある木立になっており、林冠も密ではない。森の下のほうに生える植物にも十分な光が届いている。

それは、恐竜たちがこのような森の形を保っていたからだ。[119] エドモントサウルスやトリケラトプスのような大型の植物食恐竜は、食べたり歩いたりしているうちに、知らぬ間に森を形づくっていた。

若木は大きくなる前に踏みつけられたり食べられたりすることが多かった。さすがに大きくなると葉や小枝を食べられることは少なくなるが、トリケラトプスなどに倒されることはあった。こうして、森の中でも開けた部分ができていた。恐竜たちが森の中につくるけもの道は、植物食恐竜が切り開き、肉食恐竜が通ることで出来上がっていくわけだが、それもまた動物と植物とのバランスによって成り立っていた。踏み固められた地面は硬くなって植物が根を張りにくくなる。森の中には恐竜が通る道が張りめぐらされ、上空からも木々の間から見ることができた。大型恐竜は、気づかないうちに生態系のエンジニアとなって、ヘルクリークの世界をつくり変えていたのである。

そんな彼らもいまはもういない。ワタリガラスよりも大きな恐竜たちは、熱パルスと衝突の冬の厳しさに耐えられず死んでいった。一〇〇万年前、この地の動物の平均体重は三トンだったが、いまや一キロを超える生き物はほとんどいない。かつてのように緑の園を耕す巨人たちはもういないのだ。

もちろん植物にも大量絶滅はあった。針葉樹は、にわかに勢いを増した被子植物ほどはうまくやっていけなかった。先史時代の森を長く支配していた針葉樹の世は終わったのだ。顕花植物は針葉樹よりもずっと早く成長し、その広くて平べったい葉で辺り一面をほとんど埋め尽くさんばかりだった。森を開拓して光が当たるようにしてくれる大型の恐竜がいないため、数としてはそれほど多くもない顕花植物が、すぐに天井を覆う複層林を形成してしまい、林床の大部分を日光から遮ってしまう。このようなことはいままでの森林には見られなかった。

生き残った植物の生活史と、暁新世初頭の厳しかった日々の影響によって、植物は急激に繁茂していった。恐竜時代から針葉樹と競い合っていた顕花植物は、ただでさえ成長が早かったが、暁新世に入ると堰を切ったように勢力を広げていった。だが、衝突による影響は、被子植物にもチャンスを与えていた。地球各地で発生した大火災によって生じた灰と焼け焦げた植物が、地中にリンを過剰に発生させ、一部の被子植物にとっての追い風となった。そして、生き残った被子植物は成長・変化して、新しい形態が現れるようになったのだ。まず、マメ科の植物が増え始め、それに伴い、地中で窒素固定が行なわれるようになった――つまり、空気中から取り込まれた窒素が、地中で窒素化合物へと変換されて、森林の土台を豊かにしたのである。こうした変化の数々は、針葉樹やシダよりも被子植物に対して有利にはたらいた。顕花植物は新天地を求めてどんどん若枝を広げていくとともに、森の土壌条件を自分たちが成長しやすいように変えていった。その一方で、ほかの種類の植物は、新しい森の片隅に追いやられていった。だが、これはほんの始まりにすぎない。植物が密生し、根っこから林冠まで複数の層から成る薄暗い森は、かつてのヘルクリークの森よりも多くの棲処を動物たちに与えた。そんな変化をうまく利用したのが哺乳類だった。

暁新世の森の中を歩き回っている小さなメスのバイオコノドンには、大量絶滅後の世界を再興するにあたって特別な責任があった。バイオコノドンの祖先は衝突後の厳しい時代を生き抜いた。そして遠い将来には、彼女の系統から食物連鎖の頂点に君臨する生き物たちが出てくる。ライオンのような体格をした、哺乳類の時代で最初の大型肉食動物だ。そして彼女の子孫の成功を約束する秘密が、そのモコモコの両耳の間でパチパチと音を立てて発達しているところであった。

目覚ましい進化を遂げていた哺乳類にあって、バイオコノドンの脳はそれほど大きくはない。事実、バイオコノドンの頭骨は食べることを重視したつくりになっていた。頬骨弓と呼ばれる大きな骨が出っ張っているため、顎周りの筋肉は動かしやすくなっている。同じような暮らしをしている現代のネコやイヌといった動物と比べると、体の割に脳の比重が小さい。これが、知能が低いといわれるゆえんだろう。たとえば、大型恐竜の中には、脳が手のひらに収まるくらい小さいものもいたのだが、そんな脳の処理能力は、認知能力というよりも嗅覚と視覚でほとんど占められていたようだ。初期の哺乳類もそれに近く、脳は複雑な行動をとることよりも、おもに、次の食事や生殖に必要な条件を得るために機能していた。

ところが、あの衝突で哺乳類の運命は変わってしまった。[120] 体の大きさだけではなく、脳の大きさまでも変わったのだ。バイオコノドンやそのなかまたちの体は、白亜紀末の哺乳類とほとんど同じくらい大きくなっていた。衝突後の過酷な世界を生き抜いた哺乳類がごく小さなものばかりだったことを考えれば、回復はかなり早かったといえよう。また、哺乳類の脳は単に大きくなっただけではなく、新しい行動パターンをとるようになっていた。巨大な爬虫類に狙われる危険がなくなった哺乳類は、暁新世の世界で新しい居場所をつくり上げた。それに伴い、それぞれの哺乳類の行動のバリエーション――食べ物やなかまとのかかわり方など――が、さまざまな方向に向かって自然選択されていき、新しい行動パターンが多く生まれた。あのスカスカだった生態系を占めていったのは、同じような行動をとる同類のグループではなかったのだ。暁新世の哺乳類は各世代を通して進化していき、新しいものから別の新しいものを生み出しては、さらなる生態的地位の細分化や種の分化を進めていった。雑食性動物から肉食性あるいは植物食性の動物が誕生し、そこでまた新たな植物食・肉食動物が登場するようになれば、とどまることのない進化によって、さらに豊かな多様性がもたらされることになる。

このような変化が生じ得たのは、あの大きくて恐ろしい恐竜たちがいなくなったからだけではない。白亜紀末に、中生代の哺乳類が大量に絶滅したこともその一因だ。

陸地の生態系を牛耳っていた恐竜の存在が世界各地の森林を一変させたように、それは哺乳類の進化にも間違いなく影響を与えていた[121]。だが、恐竜たちの影響力を過大評価すべきではない。当時生きていたのは恐竜たちだけではなく、したがって生態系に影響を与えたのも彼らだけではないのだ。たしかに、哺乳類が大きくならなかった要因には恐竜の存在もあるのだが、中生代の哺乳類の形態に多様性が乏しかったことや、新しい生態的地位を得られなかったことの背景には、哺乳類間の競争もあった。

中生代に一番多かった哺乳類は、哺乳形類と呼ばれるもので、現生の有袋類や有胎盤類とは別のグループになる〔哺乳類も当時すでに相当多様化していた〕。哺乳形類は古いタイプの哺乳類で、なかには祖先の特徴を受け継いで、赤ちゃんではなく卵を産むものもいた。一方、有袋類と有胎盤類が属しているのは獣亜綱というグループで、このタイプの哺乳類は白亜紀以降に進化して地上に増えていった。だがそこには問題がひとつあった。この新しいタイプの哺乳類が入り込めそうなニッチは、より古いタイプの哺乳形類にすでに占められていて、生態系に空きがなかったのである。これは三畳紀に恐竜が直面したのと同じ問題だった。初期の恐竜は、古参の爬虫類と共存しており、その爬虫類が絶滅してからようやく恐竜の繁栄が始まったのだ。

中生代の哺乳類で現代のビーバーやムササビ、ツチブタ、カワウソなどに相当しているのは、おもに哺乳形類だ。一方、初期の獣亜綱の食性は昆虫食で、なかには体重が一〇〇グラムにも満たないほど小さなものもいた。言い換えれば、獣亜綱が進化した世界では、生態系において哺乳類が担える役割の多くが、古参の哺乳類にすでに占められていたのである。初期の哺乳類は多様化したが、その差異はあまりなかった。つまり、数は増えてはいたものの、進化の違いはそれほど見られなかった。獣亜綱の哺乳類から魚を食べるものや、木から木へと飛び回るもの、アリの巣を掘るものが現れるのは、まだ何百万年か先になる。顕花植物がしっかりと根づきはじめたのは、競争相手だった球果植物が大量絶滅で一掃されたときだったが、それと同じように、イヌやネコ、コウモリ、霊長類、ゾウ、クジラといった多様な哺乳類の祖先は、旧時代の哺乳類が追い払われるまで、自分たちの地歩を固めることはできなかった。バイオコノドンはその新参者の部類に属している。食べ物を砕いてすり潰せる大臼歯をもち、体内で育てた子どもを産むことができる部類だ。このようなタイプの身体的構造から哺乳類の進化は花開いていった。そして、原始的な哺乳形類が権勢をふるっていたときとは、まったく異なる数々の生き物を生み出していくのである。

このバイオコノドンの頭上、広葉樹のアワブキの枝葉の奥で、小さな鳥がチッチッと鳴いている。[122] この小型の鳥類には短くて尖ったクチバシがあり、そのひたいからは短い羽根が数本伸びている。体の色はカラフルとはいえず、薄茶色の羽根の下から少し白っぽい羽根が見える程度だ。だが、この小さき歌い手は、恐竜でさえも復活しつつあることを示している。この小鳥は初期のネズミドリの一種で、今後何千万年も存続し続ける、羽をもった恐竜のなかまなのである。

あの大量絶滅の危機を乗り越えた鳥たちは原始的なタイプの鳥類ではない。むしろ、その多くは今後数千万年も続いていく一族の初期メンバーだった。非鳥類型恐竜が陸地を占領し、空ではライバルの翼竜がいた時代から、鳥類も哺乳類と同じように多様化し、新しい系統をつくっていた。初期のオウムや水鳥など、さまざまな鳥が、小惑星が衝突する以前からそれぞれの枝葉へと分化していたのだ。種子や木の実を食べることのできたクチバシのある鳥の多くは、暁新世での大復活まで生き延びることができた。鳥類は恐竜の忘れ形見である。彼らの堂々たるなかまがそうだったように、生き残った彼らも成長が早く、毎年多くの子孫を残す。体高二メートル近くある飛べない鳥が森の中を闊歩する日もそう遠くはない。それはきっと、散歩の途中でまだ体の小さな哺乳類たちに出くわしたら、喜んで食べてしまうような鳥なのだろう。

だが、この暁新世の夜明けに鳴いているネズミドリは、そのように恐ろしいものではない。小さいながらも、森林中にふたたび歌声を響かせる鳥の一種である。鳥以外の恐竜で、このような鳴き声を出せるものはいなかった。その理由と考えられるのが、鳴管と呼ばれる特殊な器官である。現存するほとんどの鳥類の鳴管は、蛇腹状のらせん管のような形をしており、その根元で二つに分かれている。鳴管の構造は、何百万年も前の白亜紀のクチバシをもつ鳥から進化して出来上がった。そのおかげで中生代の鳥たちは、地鳴きやさえずりなど、非鳥類型恐竜の太いガラガラ声とは明らかに異なる方法で発声できるようになった。そして哺乳類と同じように、暁新世の鳥類も新しい行動パターンやコミュニケーションを発達させていったのである[123]。

暁新世を生きる鳥の脳が徐々に大きくなるにつれ、脳の神経も発達し、認知機能と行動パターンが高まっていった。鳥は、自動操縦状態でただ生きているわけではない。彼らは、非鳥類型恐竜にはできなかった方法で自分たちの世界を捉え、かかわっている。いまは亡きなかまが歩んだ道とは異なり、彼らは小型化していくことでこの恩恵を受けているのだ。

飛ぶことは、動き回る方法としては負担が大きい。飛び立つときも、飛び続けるときも、かなりのエネルギーを消費する。そして体が大きくなればなるほど、より大変になる。大きな鳥であれば、白亜紀の翼竜がしていたように、熱上昇気流に乗って滑空する能力を身につけなければ生きてはいけない。しかも、暁新世の生態系で空いているニッチは、ほとんどが熱帯の密林にあった。木々が連立しているところはもちろん、一本の木にもさまざまな生息環境がある。たとえば、地面をつついて食べ物を探し回っている鳥もいれば、木の幹に巣をつくる鳥、木の上のほうで枝から枝へと飛び回っている鳥もいた。この複雑な世界では、小さな種のほうが有利である。そして鳥たちはすでに進化を重ねて小さくなりつつあった。じつのところ、初期の鳥類は小型化という進化の所産なのである。恐竜から派生した彼らの祖先はもっと大きく、七面鳥ほどのサイズだったが、体が小さいほうが飛ぶのに有利という進化の圧力がはたらいた結果、鳥類はさらなる小型化を遂げた。だが、体は小さくなっても脳の大きさはそれほど変わらなかった。こうして、脳内の貴重な処理スペースに余裕ができ、歌（さえずり）や求愛ダンスなど、非鳥類型恐竜にはできなかったような忙しいソーシャルライフを送れるようになったのである。だが、それだけではない。鳥類の祖先である肉食恐竜は嗅覚に大きく頼っていたが、クチバシをもつ鳥類の多くは、進化の過程において祖先のような鋭い嗅覚を失った。代わりに視覚が発達し、紫外線までも見えるようになった。よって、バイオコノドンとネズミドリが互いを見ても、その見え方はかなり違っている。ネズミドリの目には、バイオコノドンの胸のあたりに小さなシミが点々と散らばっているように見えるのだ。

　だが、こうした進化における変化や可能性がありながらも、より保守的な道を進んだものもいる。さえずっている小さなネズミドリからほど近いところに、静かな小川が流れている。その岸辺の砂の上の木陰に小さなワニが休んでいた。その団子鼻のせいで、どことなく喧嘩好きなカイマンのようにも見えるが、進化の系統樹で見ると、やはりそのカイマンとは近縁になるようだ。焦げ茶色の背中と淡いクリーム色の腹をしているこの外温動物は、口をぱっくりと開けたまま岸の上に寝そべっている。こうして何か気になるものが出てくるのを——あるいは、歯がずらりと並ぶ敏感な口の中に何かがうっかり入り込むのを——待っているのだ。

　ここに横たわっている爬虫類は、これまでの種とも、今後現れてくる種ともかなり違っている。彼は暁新世でだけ見られる種だ。それでも、その外見はおなじみのワニとよく似ている。頭骨は平べったく、目元と鼻孔部分だけが少し突き出ているため、水に潜っているときでも目と鼻を水面から出したままでいられる。四肢には水かきがついており、突起のついた背中のウロコの下にある頑丈な皮骨板（オステオダーム）は、甲冑のように別のワニ類の歯から体を守ってくれている。もし彼がジュラ紀の沼にいたとしても違和感はなさそうだが、彼がいるのはこの暁新世である。

　しかし、そんな彼らを生ける化石と呼ぶのは失礼だろう。ワニには長く多様な歴史があり、それは中生代からも続いていた。初期のワニ、厳密には初期の偽鰐類（ぎがくるい）といわれるグループは陸棲だった。彼らは地上を走り回り、初期の恐竜と生態系の覇権を争っていた。三畳紀末の大量絶滅で、彼らのなかまのほとんどが姿を消してしまうと、生き残ったものたちの中には、体を小さくして哺乳類のようになったもの——特定の獲物を狙えるように、さまざまな形の歯を一式備えるようになったものまで——もいれば、一方では海で生きるように適応したもの、さらには半水棲の待ち伏せハンターになったものもいた。ジュラ紀における恐竜の支配は圧倒的で、偽鰐類が権力を拡大できるチャンスはほとんどなかったが、ワニとはどういうものかというアイデンティティは、二億三五〇〇万年前と六六〇〇万年前とでは大きく違っていた。小惑星が衝突した時点でも、世界の各地には一風変わったワニが生息していた。たとえば、白亜紀後期の南アメリカには、湾曲したナイフのような歯をもつセベクスという陸棲ワニがうろついていた。セベクスのような肉食のワニが占めていたのは、ほかの地域で中型の肉食恐竜が占めていたのと同じニッチだった。そして衝突後、彼らはほとんどの獣脚類とともに姿を消すことになった。

　こうして、生き残ったワニは水辺にいるものだけになった[124]。陸棲の種はすべて消滅したが、半水棲という狡猾な生き方をする種がうまく生き残った。ちょうど恐竜と同じように、多様性に満ちていたワニ類の形態は狭く絞られていき、その狭い範囲で落ち着くことになった。この先何百万年かの間には陸棲ワニも時折現れて、なかには亜熱帯林で哺乳類の獲物を追いかけられるように、足に蹄をもったものも出てくる。だが、今後ワニ一族の中で頭角を現すのは、やはり水に浸かっている種なのである。

　幾度となく、生き残ったワニの種族は同じような見た目になる。クロコダイル科のワニらしく先の尖った鼻先をもつものや、アリゲーター科のワニの丸い鼻先をもつものもいるが、多くは小魚を捕まえやすい、長細い口をしている。こうしたワニたちの頭骨の形は食性に関係しており、さまざまなワニの種が長い時間をかけて上記のような骨の形の間を行ったり来たりしている。つまり、彼らは急速な進化を遂げた結果、同じような形に落ち着いたというわけである。カイマンに似た暁新世のワニもそうだが、ワニ類がみな原始的な風貌をしているのはそのためだ。最初に両生類の無脊椎動物が土手に這い上がったときから、水辺ではさまざまな生き物が無防備な獲物を狙って待ち構えていた。最古の両生類の次に出てきたのは、アリゲーターに似た両生類の面々で、彼らには多くの類似した適応の形態が見られた。そんな巨大サラマンダーが消えると、爬虫類——ワニに似た、植竜類（しょくりゅうるい）と呼ばれる動物——が、その空いた生態空間を占めるようになった。その植竜類がいなくなると、今度はワニ系統の種が浅瀬に潜むようになり、それ以降彼らはずっとそうやってきたのだった。わざわざ大きな進化を遂げる必要はなかった。動物はどこに棲んでいたとしても水を必要とする。ワニ類は一〇センチメートル程度の深さの池や小川であっても簡単に身を隠すことができ、代謝が遅いため食事の回数も比較的少なくて済む。爬虫類（とくに恐竜類）は内温動物になるという熾烈な争い（ラットレース）を繰り広げていたが、ワニは進化の過程でたまたまその争いから身を引くことになった。少ない食料で生き抜くことができ、災害の被害が少ない環境にいるのであれば、せいぜい適応能力を微調整したり、遺伝的遺産をより多く残すために派手になったりする程度の変化くらいしか、とくに必要ではなかったのだろう。ワニ類は、爬虫類時代の再来を待っているのではない。彼らは、たまたまうまくいく方法を身につけていたため、沼地から出る必要性があまりなかったのである。

　トンボが一匹、獲物となる無脊椎生物を探して、ワニが休んでいるのと同じ川岸をブンブンと飛び回っている。トンボの動きには規則性がなく——少なくとも脊椎動物の目には不規則に見えるらしい

——寝そべっているワニはとくに気に留めていないようだ。だが、急な突風でその赤い虫が左のほうへと押しやられた瞬間、パクリとワニが噛みついた。そしてすぐに歯に突き刺さったカリカリのご褒美を飲み込むと、砂の上に顎を下ろした。これはワニに備わった反射神経なのだから仕方ない。そのいかつい見かけとは裏腹に、じつは繊細な生き物なのだ。ほとんど目には見えないが、顎には外皮感覚器と呼ばれる黒っぽい突起がびっしりとついている。水中で口を開いて待っているときに魚がその感覚器をくすぐると、頭骨の大きな筋肉が収縮し、瞬時に顎が閉じる。彼らの狩りは一瞬なのである。

その突起はワニの口元だけではなく、体の側面にもポツポツと散らばっている。今日のような日には、これで水の動きを感じ取る、つまり水圧の変化で動きを察知するのだ。だが、繁殖期には直接的な接触がことのほか重要になる。交尾の前に行なう求愛行動では、二頭のワニが互いに体の側面をこすり合い、体を押し付け合う。これは何百万年も前から、繁殖時期になると繰り返し行なわれてきた爬虫類の求愛の営みだ。意外な儀式だが、これも半水棲という生き方に適応したことで可能になったのである。

日が高くなるごとに森は静かになっていく。夜行性の種は眠りに就く時間だ。昼行性の種の多くは、暑さから逃れようと日陰を求める。白亜期末のヘルクリークも暖かかったが、いまはそれ以上である。衝突後に襲ってきた焼け焦げるほどの熱さではないものの、これは今後九〇〇万年かけてさらに暑くなっていく、新しい気候変動の始まりだった。大気中で太陽光を反射させ、衝突の冬を生じさせた物質も、いまはほとんどなくなっていた。残っている二酸化炭素やメタンといった温室効果ガスが——その一部は、デカン・トラップの頻繁な噴火で最近になって吐き出されたものだ——熱を吸収し始めていた。こうして暁新世の終わりになると、地球上から氷冠はなくなり、北極から目と鼻の先にある場所で、ワニ類がメタセコイアの立ち並ぶ沼を這いまわるようになる。

生命が完全に復活できたと思われる場所は、どこにもなかった。これから先も、非鳥類型恐竜ほど大きく、そして繁栄した生き物は決して出てこない。哺乳類は恐竜ほど巨大にはならなかったが、それは身体的な制約だけが理由ではなく、哺乳類の多くの種が卵生でなくなったからだ。体のサイズが小さいままだと、生態系での役割も少なくなり、ひいてはそれをあてにして生きる生物も少なくなる。このように、世界は決して元通りになることはなかった。それでも、生命は新しい隙間を開拓していく。地球上の種の多様性は——全体的に見れば——むしろ豊かになってきていた。結局、この多様性の広がりこそが生命の象徴であり、地球はふたたび生命力にあふれていた。

そのころ……

古代の大西洋の真ん中では

真っ青な海に浮かぶ無数の小さな藻屑に混ざって、ある生き物がいた。大量絶滅の傷からゆっくりと回復していた海で生きる、プランクトンのなかまである。だが、悲しいかな、この小さな生き物は、海面近くを漂うほかの小さな動植物とは違っていた。それは数少ないアンモナイトのひとつだったのだ。

海に浮かんでいるこの小さな粒を間近で見てみると、ごく小さな頭足類だとわかる。小さいながらも大きな可能性を秘めた、この小さく繊細な自然の形には、一流のアーティストでも目を見張るはずだ。この小さな生物の名前はパキディスカスという[125]。かつては世界中でもっとも多く見られたアンモナイトの一種である。

アンモナイトはイカのなかまだ。見た目は真珠層をもつオウムガイに似ているが、じつはまったく別の科に属している。アンモナイトは頭足類に属する一グループで、最古の恐竜が地上を駆け回っていたころに出現し、やがて進化的な大躍進を遂げた。渦巻き状の殻がぷかぷかと浮かぶ光景はどこの海でも見られたものだが、そんな彼らは皮肉にも海の生態系の基盤を支えた無脊椎動物だった。アンモナイトには小指の爪の上に乗るくらいに小さなものもいれば、コンパクトカーより大きなものもいた。シンプルで滑らかな殻をもつものもいれば、溝の入った殻をもつものもいた。また、数理生物学的なフラクタル構造を形成する縫合線パターンをもつものがいる一方で、渦を巻ききれず、奇妙なトランペットのようになっているものも少なくなかった。アンモナイトは数がひじょうに多く、適応力に優れていたため、現代の古生物学研究では、世界中の岩石層を比較するための示準化石として利用されている。具体的にいえば、ある特定の種は比較的短い期間しか存在していないが、その同じ種が

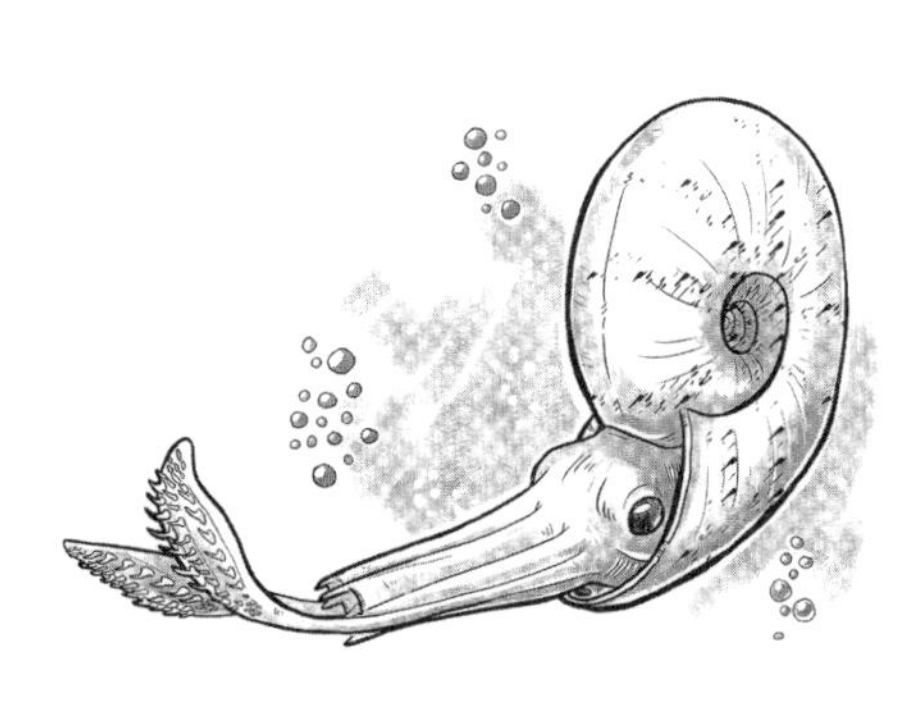

広い地域で見つかっていることから、特定の層の年代を見分けるには、必ずしも地質的に見るだけではなく、地球上の軟体動物と突き合せることが可能なのである。こうしてアンモナイトは、少なくとも一度の大量絶滅と何度かの小規模の攪乱を生き抜き、海での居場所を確立したかに思われていた。

ところが、そんな彼らもいまではめっきり少なくなっていた。小さなアンモナイトがぷかぷかと浮かんでいる海は、きっと私たち人間にとっての宇宙と同じくらい広大で神秘的なところだ。そのアンモナイトは、ただ小さいだけで、あとは成体と変わらないように見える。成体のアンモナイトは大量の卵を産み、孵化した子どもは海のプランクトンになる。シンプルに巻いた殻から小さな触手をぶら下げた子どもたちの姿は、さながらおとなのミニチュア版だ。順調に成長すれば、殻は年を経るごとにどんどん建て増しされる。イメージとしては、ワンルームだけの小さな家を買ってから、時間をかけて広い部屋をどんどんと付け足していくような感じだろうか。成長するにしたがって、古い部屋を取り囲むようにして新しい部屋がつくられていき、アンモナイトの軟体部は一番新しくて一番大きな部屋に棲む。空の部屋（気房）は、状況に応じて浮き沈みをするうえで重要な役割を果たしており、そこにガスを溜めたり排出したりすることで、拙いながらも移動することができた。また、不意の衝撃からも身を守れるように、殻は頑丈にできていた。

さて、このアンモナイトの子どもは、あまり幸運に恵まれてはいなかった。殻に不具合があるらしく、水が動くたびに急に動いたり止まったりして動きがぎこちない。近寄って見てみると、最初のほうにつくられた小さな部屋に穴が開いている。硬いもので削られたか、やすりにでもかけられたような穴だが、これは何かの噛み跡でも、病気によるものでもない。軟部組織には感染や損傷も見られない。じつは、この殻は食べられたのである。海そのものに殻を食べられてしまったのだ。

小惑星の衝突では、直接的な影響として壊滅的な被害がもたらされたが、それとは別に、いくつもの変化が徐々に積み重なって、同じくらい致命的な結果をもたらし始めていた。その激変は一度きりの苦難では済まなかった。大気中に放出された大量の炭素は、その後海に吸収されたが、その副作用で、海洋のpH値が低下した。とはいえ、海水が硫黄のシチューになったわけではない。海に棲む生き物たちが気づかない程度だったが、それでも酸性化の影響は明らかだった。殻をもつ生き物たち――アンモナイトをはじめ、巨大な厚歯二枚貝など――は、殻のような有機物をどんどん分解していく海の中で、殻をつくるのに苦労していた。アンモナイトの赤ちゃんは殻をうまくつくることができなかった。そして、何とか幼生時を生き抜いたアンモナイトでも、穴の開いた殻のせいで、捕食するよりも捕食されることが多かった。

ただ、アンモナイト自身はその変化に気づいてはいない。彼らはこれまでと同じように泳ぎ、食べ、卵を産むだけだ。衝突のときでさえ、彼らのなかまは世界中の海洋に広がっていたのだ。ふつうに考えれば、彼らは絶滅の脅威からは逃れられたはずである。広い範囲に生息していれば、なかには安住の地を見つけるグループがいてもおかしくはない。近縁種が危険にさらされても、そこで生き残る種がいたことだろう。だが、いまやアンモナイトを守ってくれるものはなく、個体数は減少の一途をたどるばかりだった。

第10章

衝突から一〇〇万年後

非鳥類型恐竜たちの世界が終わりを迎えてから、夜は変わってしまった。
暗闇に包まれた森からは、鳥類たちの声がまだ聞こえてくる。ウー・ウーと下降する音程が夜の雰囲気を醸し出す。夜行性の鳥たちが、鳴き声を交わしているのだ。呼びかけて、応える。呼びかけて、応える。短く甲高い鳴き声で、鳥たちは相手が見えなくてもその居場所と縄張りを知ることができる。

この断続的な音も、林床を嗅ぎまわっているエオコノドンにとっては雑音でしかない[126]。頭上の枝には鳥が数羽とまっているが、ひな鳥を狙いたくても、エオコノドンからは届かない。雑食のエオコノドンはジャーマンシェパードほどの大きさしかなく、樹皮をよじ登れるような爪も持ち合わせていない。彼は、どこかに夜食がないものかと地面に鼻を近づけて、匂いを嗅ぎながら歩いていた。

白亜紀後期の肉食恐竜と比べれば、エオコノドンはティラノサウルスに一口で食べられるほどの大きさしかない。エオコノドンは——うだるような暑さのせいで汗だくであることも珍しくない——一番大きなものでも四〇キログラムに満たないくらいだ。だが、ティラノサウルスがいたのは遥か昔のこと。ハドロサウルス類やケラトプス類、アンキロサウルス、小型獣脚類といった恐竜たちについてはいわずもがなである。恐竜たちの跡を引き継いでいるのは、おしゃべりな鳥たちだけだ。そしていまではエオコノドンが一番大きな肉食哺乳類となっている。これよりも大きな肉食動物は、川岸で日向ぼっこをしているか、茶色い水に漬かってじっとしている団子鼻のワニだけだ。彼らは油断している獲物を狙って、口を閉じるタイミングをいまかいまかと待っている。

エオコノドンのような哺乳類は、一〇〇万年前には存在していなかった。さらには、いま、月に照らされた下草をかきわけて進んでいるこの丸っこいハンター以降も、長らく出現することはない。エオコノドンが属するメソニクス目は哺乳類の一種で、現在では「蹄のあるオオカミ」として知られている。この鋭利な歯をもつ哺乳類には、のちのオオカミに見られるような、長い走行に適した先の丸いスパイクも、ネコのように獲物を仕留めるための湾曲した爪もなかった。その代わり、エオコノドンの足先には、ケラチンに覆われた先の丸い爪があり、ぬかるんだ森林の地面でもしっかりと踏みしめることができた。

しかし、その可愛らしいずんぐりむっくりとした外見とは裏腹に、エオコノドンの噛む力はかなりのものだ。エオコノドンの顎は長くてイヌの顎に似ており、サイズも大きい。さらに円錐状の犬歯が上下の顎から突き出ている。哺乳類は、その誕生以来一億五〇〇〇万年の間、さまざまな形の歯で食べてきたため、このような形態は別段目新しいわけではない。ただ、エオコノドンは、歯をいち早く武器として極めた新しいタイプの動物だった。世界を支配し、哺乳類が大きくなるのを妨げていた恐竜たちがいなくなると、小さかった雑食性の動物たちは大きくなっていき、自分たち哺乳類を含むさまざまな獲物を食べるようになった。捕食者のポストに空きが出ると、エオコノドンは一番乗りでそのポストに就いたのである。こうして、エオコノドンを輩出した、徐々に大型化していく哺乳類の系統は、脳を進化させるよりも顎の力を強くすることを優先させた。

エオコノドンは、イヌとアライグマを足して二で割ったような見た目をしている。エオコノドンの頭骨は、鼻先は細いが、顎の後ろに向かって広がっている。だが、この動物の頭の中をのぞくことができたなら、そこには脳よりも筋肉のほうが多いことがわかるはずだ。エオコノドンの脳は、ほかの暁新世の哺乳類と同じく、比較的小さい。中枢神経系は、目の奥にポツンとある小さな骨に包まれている。言い換えると、現代の飼いネコでもエオコノドンを簡単に出し抜くことができるということだ。この哺乳類がいた当時の世界では、顎の力のほうが重要だったのである。エオコノドンの頬骨は顎幅よりも横に出ており、その小さな頭蓋には顎を閉じるときに使う筋肉を通す大きな穴が二つ開いている。穴はその咬筋の開口部となっており、筋束を収縮させることで獲物を喉の奥へ送ったり骨を大臼歯で砕いたりすることができるようになっていた。エオコノドンの歯には、のちの肉食動物がもっているいくつかの特徴――たとえば、のちにイヌやネコが進化させた剪断咬合など――は欠けていたものの、それでも身の回りにいるほとんどの生物を確実に噛み砕くことができた。

　しかし、中生代の偉大なる肉食動物でさえも、進化には何百万年、何千万年という時間がかかったのだ。たった一〇〇万年前に、彼女の祖先が、小型獣脚類の鉤爪やティラノサウルスの巨大な歯に襲われないように注意しながら、白亜紀の森で虫やトカゲを追いかけ回していたことを考えれば、地面に顔を近づけてクンクンと匂いを嗅いでいるエオコノドンの姿にも納得がいくというものだ。エオコノドンは、完全で素晴らしい生き物であると同時に、知らず知らずのうちに進化の連続体の一部になっている。彼女のいくつかの特徴は祖先から受け継いだものだ。歯は、肉食専用に発達したわけではないが、それでも肉を噛めるようになっており、耳は丸くて小さい。現代のイヌやネコは大きくて回転する耳で獲物の位置を特定できるのだが、エオコノドンはそんな耳をもっていない。代わりに、エオコノドンには祖先と同じ優れた嗅覚があった。エオコノドンの脳の前方にある嗅球はほかの部分よりも大きく、蒸し暑いジャングル中に漂う、目には見えない匂いの痕跡をここで処理している。したがって、エオコノドンはただ自分の鼻を信じればいいのだ。

　だが、その夜はなかなかいい獲物が見つからなかった。エオコノドンは森の川岸まで行くと、そこで向きを変えて静かな小川に沿って歩くことにした。銀色の月明りがスッポンの濡れた甲羅を照らしている。あいつを仕留めるのは簡単だろうが、この暗闇では身を潜めているワニに襲われる危険がある。小さいワニでも襲われたら深手を負うかもしれず厄介だ。エオコノドンは歩き続けた。濡れた鼻先から吸い込んだ空気の中に、ほかの哺乳類のものと思われる、鼻を突くような匂いがした。腐敗の進んだ柔らかな死肉がこの先に転がっているかもしれない。

空腹のまま歩いていくも、獲物はなかなか見つからず、イライラが募ってきた。エオコノドンがわかるのは獲物がいた場所だが、匂いがした場所をいくつかたどってみたものの、何も残ってはいなかった。カルシオプティクス——エオコノドンと同じくらいの大きさだが、肉よりも植物を好む哺乳類だ——の匂いをたどってみたが、そこには噛み跡のある小枝と食べかけの葉っぱの山が残されていただけだった。河川にいるカメの腐敗臭がしたので行ってみたが、そこには別のエオコノドンの足跡が残っているだけだった。腹を空かせた放浪者は、その場にうずくまると尻尾を上げてお尻を地面にこすりつけた。ほかのエオコノドンが寄ってこなければ、もっと運が向いてくるはずだ。

ぬるい夜の風が木の葉を揺らし、枝をしならせる。彼女はふと、頭の上にあったものに目を留めた。低い枝からぶら下がっている細長い鞘(さや)は、丸カッコのような形をしている。シダに似た葉で茂っている細い枝に、それはくっついていた。この匂いはどこか違っている。エオコノドンは植物を食べて栄養を補うこともあるが、ふつうはカルシオプティクスの肉ほどおいしくはないものだ。だが、この鞘には食べたくなるような何かがあった。エオコノドンは一歩下がって前脚を蹴り上げると後ろ脚と尻尾でバランスをとり、その鞘のひとつにかじりついた。

鞘そのものは、とくにおいしくはない。硬くてなかなか噛み切れないし、筋ばっていて口当たりもよくない。だが中にはごちそうが入っていた。やや硬めで肉質の小さなつぶつぶは、肉の端くれのようでもある。エオコノドンは後ろ脚で立ちあがると、もうひとつ口にした。今度は鞘を押さえながら外側を裂き、よりおいしい中身を取り出した。彼女のようなメソニクス目が新しい生き物であるように、この食べ物も新しかった。初期の豆果、つまり古代のマメ科植物である。

植物もまた、ほかの生き物たちと同様に白亜紀末の大災害の影響を受けていた。生命力が強く、絶滅などしなさそうに思えた植物でも、火災やその後に長く続いた暗闇の世界を生き抜くのは並大抵のことではなかった。あの災禍によって哺乳類がリセットされたのと同じように、森もリセットされたのである。ここで頭角を現し始めたのが被子植物だ。何百万年もの時間をかけて、顕花植物はかつての支配者だった針葉樹を押しやっていった。中生代の森では、空いた土地をめぐって熾烈な競争が繰り広げられたが、どの植物種がそこに根づき、繁殖していくかは、日光量や土壌の栄養分といった諸々の要素によって決まる。こうして顕花植物は勢力を広げていき、マメ科植物が誕生する舞台が整ったのである。

植物も栄養価の高いものばかりではない。硬くて筋っぽいばかりでほとんど栄養のないものもあれば、甘みが強くてごちそうではあるけれど、エオコノドンのような動物が一日中動き続けられるほどのエネルギー源にはならないものもある。それに植物は、防御システムを身につけていることも多い。ヒリヒリする樹液、刺毛(しもう)、歯の摩耗を早めるシリカを豊富に含む葉っぱなどで、お腹を空かせた動物から身を守っているのだ。栄養になる植物もあれば、刺激が強いものもある。炎症を引き起こす葉っぱを食べてお腹が張らないように、哺乳類は食べる植物をよく吟味する必要があった。

エオコノドンの選択は正しかった。硬い外側の鞘に包まれた豆には、川岸に生えている草に比べて九倍も多いタンパク質が含まれていた。だが、エオコノドンがそのことや栄養価の何たるかについて知っていたわけではない。ただ、豆がおいしかったのと、その目新しさに惹かれただけだ。だが、この植物がいまここに生えているという事実は、哺乳類の未来にとって幸先のよい兆しであり、来たるべき未来の暗示でもあった。

大きい体で生きるのも、それなりに大変である。制約もあれば、交換条件で失ったものもあるし、何よりも体に見合うだけの栄養分を摂る必要がある。こうした課題をすべてクリアしなくてはいけないのだ。恐竜時代の最盛期に、彼らがあれほど巨大化できたのにはいくつかのわけがあった。たとえば、恐竜はみな卵を産み、小さな体で生まれていた。妊娠している状態をアウトソーシングできれば、大きな恐竜ベビーを体の中に抱えて動き回らずに済むため、繁殖における大きさの制限は緩くなる。それに加えて、一般的な大型恐竜の骨が軽かったという点もある。呼吸器系から根っこのように伸びている気嚢というシステムによって、骨の強度はそのままで軽量化できたのだ。また、とくに大きな種――植物食恐竜で全長は三〇メートルを超え、体重は七〇トン以上にもなるもの――には、長い首があり、その先には枝切ばさみのように植物を刈り取る頭がちょこんとついていた。彼らは、刈り取った葉をそのまま飲み込んでは、大きな胃や腸で消化していた。被子植物が広まる前の世界では、こうした身体構造が重要だったのだ。顕花植物が現れたのは、恐竜時代になってしばらくしてからのことで、中生代の大半は、食べられる植物といえばシダかソテツか針葉樹くらいしかなかったが、それらは理想的なエネルギー源とはいいがたい。よって、巨大な植物食恐竜はその大きい体を支えるために食べて食べて食べまくり、せっせとその身を肥やしては、さらに巨大化する肉食恐竜に食べさせていたのだった。

エオコノドンやその近縁種、そして子孫も、先の恐竜と同じ道をたどることはできない。進化は別の形で展開していくことになるからだ。単孔類という哺乳類はまだ卵生で、数千万年前からの進化の名残りは見られるものの、その数は少ない。一時は権勢を誇っていた有袋類も大量絶滅で大きな打撃を受け、ポケットにちびっこたちを入れて運ぶ種も少なくなっていた。いまや時代の主役は、出産まで子どもを体内で育てる、エオコノドンのような胎生の哺乳類である。とはいえ、哺乳類が陸上で最大級の大きさになるまでには、まだあと四〇〇〇万年を待たねばならない。一方で、出産まで体内で子どもを育てるようになったため、哺乳類の巨大化にはブレーキがかけられた。胎生の哺乳類が大きくなるためには、それなりに大きな子どもを体内に抱えておく必要があり、そうすると必然的に妊娠期間が長くなるが、それによって妊娠の途中で何らかのトラブルを抱えるリスクも高くなってしまう。お腹の中で赤ちゃんは快適かつ安全に過ごすことができるが、大きな体になるには子どもの体も大きくならなければいけないのである。[127]

それに、体が大きくなれば体温も高くなる。エオコノドンやその近縁種は内温動物なので、体温を温かいまま一定に保っている。熱は体内でつくり出されるため、毎朝日向ぼっこをして体温を上げる必要はない。そんなモーニングルーティンが必要なのは、むしろワニやトカゲのほうで、けだるそうに日向ぼっこをしている小さな爬虫類は、ときにエオコノドンのおやつになることもあった。哺乳類はいついかなるときでもすぐに動くことができるが、その状態を常に維持するためには、栄養をたっぷり摂らねばならない。しかし、ただ近くに生えている植物をがっつけばいいというものではない。哺乳類に必要なのは、エネルギーが豊富で毎回の食事で十分な栄養を摂れるもの、そして日常的に手に入れることができるものだ。エオコノドンのような哺乳類がお腹いっぱいに食べたとしても、もつのはせいぜい一日や二日くらいで、すぐに燃料は尽きてしまう。十分な植物が近場になければ、大きくなる道は閉ざされたままだ。

だからこそ、シンプルで地味な豆の出現が重要になってくるのである。豆は、移動、生殖、成長のためのエネルギー源となる。地上の全生物は寛大な植物によって支えられているのだ。

昆虫たちもまた、暁新世の植物の恵みを享受していた。この暖かい森林地帯の一角では、植物の葉の上に迷路のような曲線が見られる。エカキムシの作品である。生涯をこのようにして始めるエカキムシたち――ハモグリガやハモグリバエといった複数種の昆虫――の中には、白亜紀からの森林の荒廃と、長きにわたる衝突の冬で大きな打撃を受けたものもいた。節足動物全体が絶滅することはなかったとはいえ、特定の植物に依存していた種は消えてしまった。だが、昆虫の進化の形は繰り返す傾向がある。植物に幼虫を託していた昆虫の多くは消滅したものの、彼らの穴を埋めるように新しい種が誕生していた。

そんな幼虫の一匹がプラタナスの葉に絵を描いていた。[128] 幼虫が食べ進むにつれ、幅広で葉脈の多い子葉に曲がりくねった筋が浮き出てくる。もしこのまま運よく生き延びれば、この幼虫は絹糸で繭をつくり、その後ガとして現れることだろう。羽をはためかせてひらひらと飛ぶこの虫には脂肪分が多く、森に棲む小型の哺乳類にとっては、やや粉っぽくはあるものの、満足のいくおやつになる。とはいえ、いまこの小さなイモムシはただムシャムシャと食べ続けては、分厚い葉脈の縁にそって太い線を描いているだけだ。こうして葉の保護層の下に潜ったまま、悠々自適な生活を送っているのだ。だが、それでも完全に安泰というわけではない。寄生バチに見つかれば、体の中に卵を産み付けられてしまう。そうなれば、イモムシは居心地のよい葉っぱを巣立つ前に、成長した寄生バチに体を引き裂かれて、殺されてしまうのである。まあ、こういってしまうと、たしかにむごたらしい話ではあるのだが、じつはこれもまた、一〇〇万年前の破滅状態から世界が一気に回復しつつあることを示している。このガの幼虫は白亜紀の生き残りではなく、暁新世に進化した新種であるが、この寄生バチも、寄生できるエカキムシの幼虫がいる限り生き続けることができる。プラタナス、エカキムシ、寄生バチという生態系の構成要素が互いに結びつき、小惑星の衝突で崩壊した複雑な依存関係を取り戻そうとしているのである。

当然のことながら、エオコノドンは頭上の葉っぱにエカキムシがいることなど気づいていない。たとえ食べている植物が生肉ほどおいしくはなくても、いまはお腹を満たすことしか頭にないのだ。ほどなくしてエオコノドンはお腹がいっぱいになった。そして最後にもう一口残っていないかと期待しながら、幅広の足で挟んだ空っぽの鞘を最後にひとなめした。生肉ほどおいしいとはいえないが、とりあえずはこれで十分かもしれない。なんといっても豆は逃げたりしないのだから。エオコノドンは背を反らして大きく伸びをすると、大きく口を開いた。しなやかな鼻先がぐいっと上がり、円錐形の大きな犬歯が露（あら）わになる。どこか近く、エオコノドンの歯が届かなさそうなところで、小さな哺乳類が喉を震わせて鳴いている。何かを警戒する鳴き声だ。

エオコノドンは顔を上げた。細い枝の上に、トガリネズミとリスを組み合わせたような小さな動物がいた。プルガトリウスだ[129]。気が立っているようで、その苛立ちを表すかのように小枝が小刻みに揺れている。プルガトリウスはもう一度鳴き声をあげたが、今度はもっと長い。その鳴き声に応えて夜の森のどこかにいる別のなかまが声をあげた。エオコノドンは鼻を鳴らすと、その苛立っている動物に背を向けた。あのフワフワした獲物を仕留めるには距離がありすぎる。それなのに、あれほどしつこく鳴いたり、ボトル洗い用のブラシのように尻尾を逆立てたりするのは、過剰反応ではないだろうか。

エオコノドンはもう一度鼻を鳴らし、毛むくじゃらの大きな頭を一振りすると、ふたたび歩き出した。夜空はブルーグレイに染まり始めている。もうすぐ夜明けだ。そろそろ眠りについてもいい時間である。しかしプルガトリウスは眠ることなど微塵も考えていなかった。どうやら別のことが気になってそれどころではないらしい。プルガトリウスは尻尾を何度か振ると、木の幹へ駆け戻って中に潜り込んだ。よかった、まだここにいた。巣の中にいたのは、薄い毛に覆われた二つの小さな点々。彼女の赤ちゃんだ。プルガトリウスは二匹の匂いを嗅ぎ、体を舐めた。そして自分の温かくて柔らかいお腹を、丸まった二匹に寄せて横になる。彼らは、まだこの世界に誕生して間もない存在——霊長類だった。

最初の霊長類が誕生したのは、ティラノサウルスやトロサウルスなどの恐竜がまだ生きていたころになる。現代から約六七〇〇万年前、恐竜時代がまだまだ続くように思われたころ、新しいタイプの哺乳類が木から木へと駆け回っていた。一見すると木に棲むトガリネズミのように見えるが、彼らには長くて毛がふさふさした尻尾があり、三角形の口元には虫を捕まえたり果実を齧ったりしやすい歯が生えていた。また、鉤爪のある手はものを握るのに適しており、足は回転して木の幹にしっかりとしがみつくことができた。これが初期のプルガトリウス、林冠に棲む小型の哺乳類かつ地球上で初めての霊長類である。

そんな彼らも、あの衝突による大変動ですぐに死に絶えていてもおかしくなかった。プルガトリウスの生活の拠点は木々にあったからだ。彼らのねぐらは木の穴だったし、食べ物は木々になる果実や、枝葉にいる虫だった。大気がオーブンと化し、山火事があらゆるものを飲み込んでいたとき、プルガトリウスの住処など一瞬で灰塵と化した。そのため多くのなかまを失ったが、何とか繁殖をし続けられるほどには生き残り、古い世界の残骸の中で食べ物を探し続けていた。あの立派なアラモサウルスや狡猾なアトロキラプトルが姿を消した地で、プルガトリウスはどうにかこうにか生きながらえたのである。

厳密にいえば、この小さな霊長類はサルではない。プルガトリウスの親指はオポーザブル・サム〔ほかの指と対置の状態にある親指〕ではないし、当時の哺乳類と比べてとくに頭がよかったわけでもない。これから起こることを知らなければ、プルガトリウスのことをただの落ち着きのない小型の食虫動物だと思うかもしれない。そんな食虫動物は前にも後にもたくさんいたのだから、きっとその一種なのだろう、と。しかし、現代の私たちにはわかっている。ここで子どもたちとつつがなく暮らしているプルガトリウスは、プレシアダピス目という最古参の霊長類なのである。エオコノドンやカルシオプティクスといった哺乳類が森の林床で暮らしていたのに対して、このリスのような見た目をしたプレシアダピス目は木々の上で生活するようになっていた。

のちに重要な存在になっていくプルガトリウスだが、だからといって何か突出した生得的特徴をもっているわけではない。小型の哺乳類は、すでに何百万年、何千万年もの間、木の上で昆虫を捕まえながら暮らしていた。木の上は、恐竜だらけの地上に比べると比較的安全な場所だ。少なくとも木には身を隠せる穴や逃げ道がたくさんあり、たとえ羽を生やした恐竜であっても木の上までは追いかけてこない。プルガトリウスは恐竜時代からの生き残りであり、生命の物語において新しい章が始まったときも、木のてっぺんに居座り続けた種である。プルガトリウスは、ちょうどいいときにちょうどいいところにいたことで、おいしい食べ物をほとんど一人占めできた。しかも、あの虫でなければダメとか、この果物しか食べられないといった選り好みをすることもなく、何でも食べていた。プルガトリウスの代謝ペースは速く、エオコノドンよりも頻繁に栄養を摂らなければならなかった。とくに二匹の子どもはいつもお腹を空かせて乳を欲しがるので、授乳期にはより多くの食べ物が必要だった。彼女は、食べられるものは何でも食べて、身の回りにあるものを必要なエネルギーに変えていた。

　とはいうものの、この暁新世の世界は楽園とは程遠く、プルガトリウスが襲われる危険はまだたくさんあった。さきほどのエオコノドンは心配しなくてもよかったが、前には一度、寝ているときに、大きくギロギロと光る眼と歯のない大きなクチバシに巣穴をのぞき込まれて飛び起きたことがあった。また、大きな哺乳類には気づかれていないトカゲやヘビなどが、プルガトリウス宅の玄関先をうろついていることもある。そんなときは、警戒の声をあげて素早くやつらのウロコ皮に何度か嚙みつけば、彼らはそそくさと退散していく。生き残るためには警戒を怠ってはいけないのだ。このことは子どもたちにも伝えておかなければいけない。一緒にいることができるのもそう長くはないのだから。子どもたちが自分でしっかりとエサをとれるようになったら、前に育てた子どもたちにしたのと同じように、噛みついたり騒ぎ立てたりして巣から追い出す。もちろん憎いからではない。ただ進化の結果、そうするように突き動かされるのである。自然選択は、この霊長類が生まれ育ったところをあえて離れてほかの家族の子どもとつがい、新しい遺伝子を取り込むように促す。そのようにして遺伝子は、何世代も経て修正されていくのだ。だがいまは、子どもたちにとっては彼女が世界のすべてである。温かくて自分たちのお腹を満たしてくれる存在は、彼女のほかにはどこにもいない。

しかし、この時点ではまだ、今後の哺乳類の繁栄が保証されているわけではない。世界は、豊かで複雑な青緑色の惑星へと急速に回復しつつあったが、非鳥類型恐竜や翼竜が絶滅したからといって、哺乳類が次の支配者になれるとは限らない。多くの爬虫類――川の中からとんがった鼻先を出しているスッポンもクチバシのある鳥も含まれる――もまだ生き残っており、爬虫類の時代が返り咲く可能性は十分にありえた。大量絶滅で勝者が決まるわけではない。この森では何かに勝利するということはありえないのだ。地球規模の災害で、ひとつの進化のダンスが終わると、今度は別のテンポで新しいダンスが始まる。ただし、誰がこのダンスをリードするかは決まっていない。

とはいえ、爬虫類が立派に復興を遂げるとは考えにくい。衝突の影響を受けて残されたのは、三畳紀の爬虫類とはまったく異なった、暁新世の爬虫類だ。彼らは多くの点で特殊化しており、ある種の制限を受けていたため、ティラノサウルス、エドモントサウルス、アラモサウルスのような体形には簡単に進化できないようになっていた。鳥類も生き残った恐竜のなかまであるが、中生代で見られたような驚異的な姿形を取り戻すことはおそらく不可能だろう。

森に棲んでいる鳥はどれも生き残った種であり、みな飛ぶことができる。彼らは、羽をはためかせていた恐竜たちの最後の生き残りである。そんな彼らは、歯のないクチバシをもち、尾はなく、羽へと進化した指にはものを握ったりつかんだりできる鉤爪はない。森の中でうるさくさえずったり舞い降りたりする鳥たちが、かつてのなかまのような姿になるには、劇的な変化を何度も経る必要がある。たとえば、一部の鳥類が空を飛び回るよりも陸地を闊歩するようになることだが、これは実際に起こることであり、ティラノサウルスの姿にもちょっぴり近づいたといえる。次に、その歩き回るようになった鳥は、同時期の哺乳類に負けないように、そして自分の産んだ卵を盗まれないためにも、もっと大きくならなければいけないが、これもまた、各地で現実になることだ。しかし、身体構造および生態的な事情によって、鳥たちはそれ以上先には行けなくなってしまう。鳥は長くて骨ばった尻尾をずっと昔に手放していた。バランスをとるためのおもりでもあり、なおかつ体の動きをコントロールするうえで必要だった尻尾の重要性を考えると、中生代の四本足の恐竜のようになるには、尻尾の消失が一番の障壁になるだろう。しかも鳥は歯や鉤爪を発達させることもできない。こうした攻撃ツールのための遺伝子はまだ失われてはいないものの、幾度もの変異を経て遮断され、次第に退化していた。それに、この遺伝子をふたたびはたらかせるようなスイッチも存在しない。鳥の中には、歯のように進化したクチバシをもつものや、木の幹を登れるような爪をもったものも、少ないながら存在するが、器用に獲物を捕まえられる小型獣脚類の手やティラノサウルスの恐ろしげな口をもつようには進化しないだろう。鳥が大型化していくとすれば——自分たちを食べる陸棲哺乳類がほとんどいない場合はなおさらだが——中生代の状態に戻るというよりも、独自の進化を遂げていくはずなのだ。

それでは、残りの爬虫類はどうだろう。チャンプソサウルスやトカゲ、ヘビ、カメ、ワニなどは？

のちにはとんでもなく大きくなっていくものもいる。暁新世のこの時間からさらに時間を五〇〇万年進めて、別の暁新世の森をのぞいてみると、そこには全長九メートルを超えるヘビやワニが、サウナ状態の沼地付近に生息している。まさにこのことが彼らの秘密を表しているといってもいいだろう。生き残った爬虫類は地面に穴を掘ることができたか、半水棲だったもので、そのほとんどが外温性、つまり周囲の環境によって体温が変化するタイプだった。そんな彼らが活動的な内温動物になるには、劇的な変化を遂げなくてはならない。そもそも初期の恐竜が小さく、虫を食べ、おそらく羽毛を生やしていたという事実は、その代謝効率のよさと関係していた。そして、生態系にライバルがいなくなると、彼らには進化の選択肢がぐっと増えたのである。だが、暁新世になって一〇〇万年が経ったいま、もしそんな変化を遂げる爬虫類がいたとしても、すでに数を増やしていた哺乳類という内温動物を恐れながら暮らすはめになるだろう。そもそも、多くの爬虫類が生き残れたのは、スローライフを送る半水棲の生物だったからだ。そんな彼らが哺乳類と競争するためには、次々と変化を起こしていく必要があるが、すでに森が哺乳類に埋め尽くされている状況では、それも難しい。たしかにワニ類の中にはそんな変化――ぶっとい足で陸地を闊歩し、口元からナイフのような歯をぎらりと光らせる捕食者に返り咲くという変化――を遂げたものはいたが、それでも長い目で見れば、これだけ繁栄している哺乳類と比べると、彼らは単なる一過性のブームにすぎない。鳥類や半水棲の爬虫類が、かつての非鳥類型恐竜のように生態系の中心的存在となるには、さらに多くの進化的段階を経る必要があるが、その目的を先に達成したのは哺乳類だった。ちょうど哺乳類に至る系統である単弓類が古生代末に大打撃を受け、中生代に入って恐竜の祖先が生態系の中心を占めたように。

だが、そんな生き残った脊椎動物の遺産にだけ目を向けるのも不公平というものだろう。彼らの存在は、生態系という文脈においてこそ意味をなすものだからだ。それに、哺乳類が千載一遇のチャンスを得られたのは、森林――とくに顕花植物――が広がったためにほかならない。新生代の世界が栄え、そこで生き物たちが増えていったのも、すべて森という基盤があったおかげなのである。

その物語の始まりは、K／Pg境界期の小惑星衝突のずっと前、白亜紀初期に被子植物が誕生したころに遡る。[130] 顕花植物は、哺乳類が誕生したときにはまだ現れておらず、白亜紀初期になってやっと出てきたのだが、それでもまだ珍しい存在だった。顕花植物がその実力を発揮し始めたのは、白亜紀末の大量絶滅後のことだ。そして顕花植物が広がるにつれ、昆虫も増えていった。

哺乳類には、昆虫に感謝するべきことが少なくともふたつある。ひとつは、昆虫が増えたことで食べ物が豊かになったことだ。暁新世の虫たちは、それぞれ独自の進化を遂げていた。いなくなった種の穴を埋め、大きく変わってしまった森に適応し、新しい種を生み出しながら、世界中に増えていた。虫には虫の生態系があり、複雑な相互関係がある。たとえば、若葉は植物を食べる虫に新しい可能性を開き、その虫はまた肉食昆虫のエサとなり、それをまた哺乳類が食べる、というように。じつは、胎生哺乳類の最終共通祖先には、ある遺伝子の機能性コピーが五つもあった。[131] その遺伝子機能によって、昆虫の外骨格をつくっているキチンを分解する酵素の生成を調節することができるのだ。この遺伝子は、暁新世の胎生哺乳類の多くに受け継がれており、無脊椎動物が食べ放題だった時代には、その機能が最大限に生かされていた。しかも、そうした哺乳類の多くは、噛んだりすり潰したりしやすい歯の形をしていたため、虫を食べるのも簡単だった。

生き残った哺乳類の多くを占めた胎生哺乳類には、トリボスフェニック型臼歯という歯がある。ややこしくて舌がよじれそうになる名前だが、語源から考えると割とシンプルな呼び名である。tribo-は「摩擦の」、sphenicは「楔状の」つまり、楔形になっているという意味なので、「すり潰すことのできる楔形の歯」ということになる〔さらに専門的にいえば、楔形の歯の頂点にはパラコーン、プロトコーン、メタコーンという三つの突起がある〕。このように、中生代の哺乳類が発達させた歯には、切断する部分と砕く部分が基本的に備わっていた。それにより、哺乳類はさまざまな食べ物の可能性を広げることができたのである。

だが、古代の哺乳類にそのような歯は見られない。たとえば、巣穴に住んでいた小さなメソドマのような多丘歯類も複雑な臼歯をもっていたが、彼らの臼歯は、砕いたりすり潰したりするにはいいが、葉っぱや筋肉を噛み切ったり切断したりするにはあまり適していなかった。また、古代の哺乳類に見られるシンメトロドント臼歯（相称臼歯）は、切断するにはいいが砕くことには向いていない。もし適切な進化が促されていれば、ここから別のタイプの歯が生まれていてもおかしくなかっただろう。だが、鳥たちがティラノサウルスの座に返り咲けないのと同じように、あるいは陸地を闊歩するワニがすぐには現れないように、ひとつの目的しか果たせない臼歯が別の役割を備えるようになるには、さらにいくつかの段階を踏まなければならない。切断に向いた臼歯をもつ哺乳類が、必要な変異を経たのち、食べ物を砕きやすい歯をもつようになり、やがてその特徴が選択されるという可能性は、なきにしも非ずだが、好きなだけ噛み切ったり砕いたりできる歯をもった種に対抗できるようになるには、かなりの時間を要するだろう。事実として、中生代から生き残り、暁新世で繁栄した多くの哺乳類には、このトリボスフェニック型臼歯がある。この点をふまえると、哺乳類の歯の形や行動パターン、食性およびそれにかかわる選択といったものには大きな幅があったと考えられる。たとえば、進化の末に肉を噛み切るのがうまくなった哺乳類もいれば、葉を薄く切り取る哺乳類もいただろうし、種子や硬い食べ物を砕くのが得意なものもいれば、いろんなものを少しずつ食べるようになったものもいただろう。また、いうまでもなく歯の形は咀嚼の仕方にも関係してくる。一般的な非鳥類型恐竜とは異なり、哺乳類はまず食べ物を噛んで細かくしてから飲み込むが、そうなるためには白亜紀後期あたりから歯、顎、筋肉を変化させていく必要があった。とりわけ、前述したようなトリボスフェニック型臼歯をもつ哺乳類は、顎を動かして食べ物をうまくすり潰すことができる。植物性の食べ物を細かくできる、この基本的な能力があったおかげで、植物食動物や雑食動物は効率的に栄養を摂取でき、その結果、体を大きくできたのである。暁新世の哺乳類の祖先が生き延びたのはたまたまだったとしても、彼らから受け継がれた形質はとびきり強く、さまざまな可能性を広げた。そんな形質を恐竜が得るのは、不可能ではないにしろ、ひどく困難なはずである。数百万年前から受け継いできたこの古い形質のおかげで、暁新世の哺乳類は優位に立つことができた。こうして、万全の体勢を整えた哺乳類は、猛烈な勢いで広がりゆく森林を最大限に利用していくのである。

被子植物が出現するまで、ほとんどの植物は運任せで繁殖していた。針葉樹は大気中に花粉を放出し、風がうまく吹けば、その花粉が別の木の雌球果（雌錐）に届いて受粉して種子となる。そして、その種子がまた成長していくというサイクルだ。植物自体は繁殖のプロセスにはほとんどかかわらず、成り行き任せだった。しかし、被子植物は、誕生後ほどなくして、別の方法をとるようになった。彼らは動物、とくに昆虫をうまくだまして、自分たちの代わりに繁殖という重労働をさせるようになったのだ。いや、これでは少々聞こえが悪いかもしれない。被子植物には、社会性昆虫やガなどの生活史を乗っ取るという基本計画（マスタープラン）を立てている気など毛頭なかったのだから。いずれにせよ、進化における植物と昆虫のパートナーシップはこうして発展し始めた。顕花植物はまさに「花」を咲かせて昆虫たちを引き寄せるが、花には雌雄の配偶子が揃っている。たまたまある色や匂いをもった被子植物が、虫たちにはより魅力的に見えたのか、ほかよりもたくさん昆虫が集まってくるようになり、結果的にほかよりも若干カラフルだったり匂いが強かったりする植物が、自分の特徴を次の世代に引き継いでいった。図らずも、植物たちは自分自身を売り込むようになったのである。この進化は、昆虫に多くの新たな可能性を開いた。色や匂いに引き寄せられた昆虫は、蜜を得られると思っているが、じつは花粉を同じ種の別の個体に運ぶという受精の手伝いをさせられているのだ。

もちろん果実にも役割がある。果実もまた進化における偶然の産物だった。元々は種子を保護するため、そして種子が地面に落ちたときに糖分という形で少量のエネルギーを補給するためのものだった。ところが、昆虫、のちには動物がこの果実に興味を示すようになった。昆虫はこれまでも植物の一部を用いて子育てをしていたが、それと同じ目的で果実も利用するようになったのだ。一方、哺乳類や鳥類はおいしい果実を食べ、酸味のきつい種子は糞と一緒に排出していた。こうして生態系に新しい関係性が育まれていった。事実、この捕食関係を利用する植物が出てきたことに伴い、甘くて渋みの少ない果実が増えていった（ただし、なかにはまだ毒や不快な特性をもつ植物もたくさんあり、そういった種は動物の手助けを必要とはしなかった）。

次第に、食べられるものがどんどん増えていった。新種の植物が次々と現れ、これまでにはなかったような果実をつけ出した。また、特定の植物に依存して生きる、新しいタイプの昆虫も現れてきた。その特定の植物だけで十分な栄養を摂れるからである。こうして、多様性はさらなる多様性を生み出し、それぞれの種が自分の生息域にいる別の種と互いに影響を与え合っていた。

孤立している種はいない。自分の存在だけで完結する種は存在しないのだ。種とは、ある環境における生物間の相互作用が表出したものといえるだろう。種は、分類学的に区切られたものではなく、生物間の相互作用における点のひとつなのである。もしエオコノドンに、腸内細菌や、毛皮に棲みつく寄生虫がいなければどうなるだろうか。スッポンの肉、苦いのに食べ出したらとまらないベリー、頭上高くそびえる木々がつくる木陰、糞を分解する細菌や虫、そんなものがすべてなくなってしまったら？　どんな生物も、ひとつの点（ノード）として、直接的であれ間接的であれ、周囲の生命と結びつき、依存し合う関係を結んでいる。たとえ何らかの行動を起こしたのがたった一匹の生物だったとしても、その影響はほかの生物へ及び、それがまた別の生物たちへと波及していく。あらゆる生命活動の瞬間に、目には見えない可能性の網目が脈打っている。まさに命の糸そのものである。

哺乳類が繁栄するには、まずは暁新世の森林が生い茂る必要があった。シダに覆われた平地に比べて、森林はより多くの生き物たちの棲処になりうる。たとえば、次のように考えてみるといいかもしれない。シダなどの下草が主流の草原では、哺乳類の生活は限られてしまう。穴を掘ったり、昆虫を食べたりすることはできるし、大きくなって草を食むこともできる。だが、木に登ったり、果実を食べたり、木の上に巣をつくったりすることはできない。平地の生息地は、実質的に三つの階層から成っている。地下、地面、それからコウモリが登場してからの空中である。だが森があれば、もっと多くの階層が生まれる。林冠に住む哺乳類は、低い枝の上や地上に暮らす哺乳類とはタイプが異なり、もちろん地中に暮らすものとも違っている。それに、同じ階層でも食べるエサの種類はさまざまだ。たとえば、地上には植物が生えているし、果物や種子も上から降ってくる。そして当然ながら、獲物となるほかの哺乳類もいる。こうした生態系はさらに複雑に結びつき、絡み合っている。森には、掘る、跳ぶ、登る、走る、滑空するなど、数え切れないほどの移動手段があるが、平地ではそうもいかない。哺乳類が二度目の大きな進化を経験し、そして復活と大革新を成し遂げるためには、まず、この適応上の試練を乗り越えなければならなかった。それに、不思議ではあるが、閉じられた森のような空間のほうが、動物たちの体格の幅は広がるのだ。森には資源が豊富にあり、昆虫や果実といった高エネルギーな食料も手に入りやすい。平地に棲む種が比較的小さいのは、こうした理由からである。大型種は平原を開かれた状態に保つことはできるが、その多くは植物食の動物だ。彼らは、大型化に伴って生理機能を変化させたため、質が悪く低エネルギーの食べ物でも食べまくることができる。食料や移動方法、居場所の確保という点で見れば、森のほうが多くの多様性と違いを生み出すことができるのだ。

森林の形態は哺乳類の進化を形づくる。温暖で降水量が多ければ、森林は一年を通して成長を続ける。そうすると、多くの生息地ができるため、ほかの場所では見られないような機会や相互作用が生まれていく。同じ広さでも、草地よりも熱帯林のほうが、多くの種類の動物が暮らすことができるのである。

これほどドラマチックな変化の数々は一瞬にして起こるわけではない。進化には時間がかかる――

そう、おそらく数百万年程度は必要だろう。特殊化は、相互作用や環境的なプレッシャーから生じることが多い。仮に、同種のおいしい植物をめぐって、ある哺乳類が別の哺乳類と争っているとしよう。彼らは競争を続けて、どんどん特殊化していくかもしれない。たとえば、食べ物のありかを探るために嗅覚を発達させたり、食べ物をより効果的に消化するようになったり、植物の防御システムを突破したりする。あるいは、ほかのものに目を向けるかもしれない。別の食料源を求めてもいいし、さらにはいいとこ取りをするオールラウンダーになってもいい。その選択に正解はない。ただ生き残れるかどうかである。以上のことからいえるのは、暁新世初期の哺乳類で、何かひとつのことに特化したものはまだいなかったということだ。恐竜のように、自分の身を守ること、骨を嚙み砕くこと、足が速いこと、身軽に木登りができることなどに極端に特化した種は、まだ出てきていないのである。そのような特殊化した形質や適応は時間をかけて現れてくるもので、その進化には新しい可能性や制約も伴う。いつの日か、果実だけを食べるとはいわないまでも、果実を主食とする哺乳類が現れることだろう。また、森のあっちからこっちへ軽々と滑空あるいは飛行する哺乳類や、大量の種子を食べて生きる穀食動物も出てくるはずだ。それに、獲物を狩ったり捕獲したりするための四肢と、嚙んだり砕いたりできる歯をもつ肉食動物も。だが、そんな哺乳類が登場するのはまだ先のことだ。現時点では、そんな特殊化も、まだぼんやりとした可能性にすぎない。それぞれの生命の瞬間瞬間に左右されるような、はるか先の可能性である。

森の奥どこかで一羽の鳥が鳴き声をあげた。けたたましい声が森中に響き渡る。暗闇に紛れて獲物を狩る夜行性の鳥のものではない。夜明けを一番のりで告げる鳥の声だ。プルガトリウスも、疲れ切った朝は別だが、たいていはこの耳障りな騒音で目を覚ます。空が白み始めるころ、彼女は子どもたちに体を寄せる。オレンジ色の朝の太陽——おいしそうな卵の黄身のように明るい——が遠くの地平線上に顔をのぞかせていた。一瞬、ほんの一息つくほどの時間だけ、まだ低い位置にある太陽からの光が、生い茂った森を抜けてプルガトリウスのいる木まで届く。射し込んだオレンジ色の光が、この瞬間だけプルガトリウスたちを包みこむ。プルガトリウスは明るい光に目をぱちくりさせて、朝の光がくっきりと映し出した影に目を凝らした。昨日とほとんど変わらないいつもの朝の光景だ。そしてきっと明日も同じような朝を迎えることだろう。太陽の光は同じでありながら、それでも前日とは微妙に違う部分をすべて照らし出していた。この世に生まれたもの、死んでいったもの、傷ついたもの、成長したものを。生命、そう、強くて不思議な命が続いていく。哺乳類の新たなる時代が、幕を開ける。

結論

小惑星衝突から六六〇四万三〇〇〇年後

「ねえ、岩を見に行こうと思っているんだけど、よかったら一緒にどう?」

よくわかっている。これよりもっとマシな誘い文句があるはずだと。彼女(ガールフレンド)のスプラッシュは私と同じくらい化石オタクだけれど、自分の熱意が押しつけがましくならないように軽く誘ったつもりだった。それに、彼女には軽めにいうほうがウケるのだ。結果、もちろんスプラッシュは誘いにのってきた。目的は、恐竜時代の終焉が刻まれている岩石の線。ここから車で南東へ一〇時間行ったところにある。

「金曜日の夜に出発して、グランド・ジャンクションまで行くとするでしょう？　そして次の日に、車を六時間走らせて現地まで行って、それから帰ってくる予定」私はスプラッシュにそう説明しながらも、少し気が引けていた。コロラド州の曲がりくねった渓谷の道を何時間も座りっぱなしで行くことになるけれど、大丈夫だろうか。だがその心配は杞憂に終わった。数日後、私たち新生代の哺乳類三匹――後部座席で丸くなっている愛犬のジェット（ジャーマンシェパード）を含む――は、K／Pg境界を目指して出発した。

その場所はわかりやすいところにあった。じつは、ユタ州中央のノース・ホーン層など、もっと近くにも白亜紀後期や暁新世初期の地層はあったのだけれど、季節外れになりかけてもいたし、ぬかるんだ山の脇道で放し飼いされているウシに囲まれて立ち往生するような目には遭いたくなかった。コロラド州トリニダードに近いロングズ渓谷にはK／Pg境界が露出している一帯がある。ここはグーグルマップにも出ていて、K-T boundary（K／T境界）という古臭い名称で検索すれば、すぐに表示される。

私は、どうしてもそこへ行ってみたかった。行って、その岩に触ってみたかった。境界線を自分の指で直に触れてみるまでは、どれだけ頭の中で白亜紀とその後の日々を想像してみても、何かが違っている気がしていた。多くの可能性に満ちたひとつの世界が別の世界へと変わり、私の存在そのもののきっかけとなった瞬間の記憶が刻まれた境界線を。きれいにクリーニングされ、ガラスケースに守られていた博物館のK／Pg境界の断面を見るだけでは気が済まなかった。これほどドラマチックな出来事を、ひとつのアイデアとして自分の頭の中だけに保管するのも、技術文書としてハードドライブに眠らせておくのも気が進まなかった。科学によって知識は得られるが、それだけが知識を得る方法ではないはずだ。私は中生代の残骸に直接手を触れることで、何を学べるのか知りたかった。

恐竜が懐かしい——そう口に出てしまうときがある。すると親しい友人からツッコミが入る。生きている恐竜を見たこともないくせに、懐かしいってどういうこと？　博物館の標本と古生物復元画（パレオアート）、それに論文なんかをごちゃ混ぜにして、頭の中でイメージを膨らませたものしか知らないのに、どうやったらその時代を懐かしむことができるわけ？　じつはこれを言い表す言葉がある。アネモイア。一般的には六〇年代のイメージに憧れているときや、フレディ・マーキュリーのいたクイーンを一目見たかったと悔しがるときに使われる言葉で、私のような場合、つまり、ウロコ肌から生やした羽毛を白亜紀後期のそよ風になびかせる、一〇メートル超えの怪物を夢見る場合には、あまり使われない。けれども、ほんの小さな子どものころから、私の心にはいつも恐竜たちがいた。恐竜たちの骨格標本は、別々の体から寄せ集められたつぎはぎで、解剖学的に見ればおかしな組み立てられ方になっていることもあったけれど（たとえば、尻尾が地面にくっついていたり、頭骨が別のものだったり）、それでも私はそんな彼らを友だちだと思っていた。ただ無条件に彼らを愛していたのだ。絶滅した友だちは私を傷つけることがない。私は彼らのことをもっと知りたかったし、全盛期にあった彼らを見てみたかった。そして、その気持ちはいまでも変わらない。クチバシをもつテスケロサウルスがメタセコイアの木陰でウトウトと居眠りをしているところや、白亜紀の草原で低木を食んでいるエドモントサウルスを一目だけでも見ることができたら、どれほど嬉しいことか。もちろん、すべての生物がたどってきた進化は、たとえそれがもっとも単純な微生物であっても、畏敬の念を抱かざるを得ない。それでも、私たちにはそれぞれ、特別な絆を感じる生き物がいる。そして、私にとっては二億三五〇〇万年から六六〇〇万年前の世界がとてつもなく魅力的に思えてしまうのだ。

私は非鳥類型恐竜がいなくなったことが悲しい。彼らが絶滅したなんて信じられないときがあるほどに。「恐竜たちが世界を支配していたころ」という言い回しは陳腐で、当たり前のように聞こえるかもしれないが、そこには一片の真実が含まれている。気が遠くなるほど長い期間にわたり、とてつもない数の恐竜が繁栄していたため、私たちはまだすべての恐竜を明らかにできていない。現在も二週間に一度のペースで新種が命名されているが、発見されているのは氷山の一角にすぎず、ましてや恐竜たちの生態に至ってはほとんど知られていない。このことは、近縁種であるトロサウルスとトリケラトプスを例にして考えればよくわかる。両者はどちらもケラトプス科に属しており、基本的に同じような体制(ボディプラン)をもってはいるが、それぞれの装飾は大きく異なっているため、すぐに見分けることができる。額の角、頬の角、鼻先の角、骨組織のでこぼこした突起、スパイク、鉤状のクチバシ、フリルの周りについている小さな角など、そのひとつひとつが恐竜流のファッション・ステートメントとして何十もの種に示されており、しかもそれらの新しいバリエーションが毎年続々と発見されている。彼らは変わっているわけでも珍しいわけでもない。現代が私たちの時代である以上に当時は彼らの時代だったのだ。なのに、いまここに、彼らはいない。鳥類を除き、恐竜の一族はすべて滅びてしまっている。生き残り、適応し、耐え忍んだ恐竜はいたものの、それでも抗えきれず、避けきれず、逃れきれない自然の力というものがあったのだ。恐竜は幸運に恵まれたが、往々にして幸運のあとにはバランスをとるように悪運が訪れるものなのだろう。

しかし、もし非鳥類型恐竜がいまでも生きていたとしたら、読者のみなさんにこんな話をしている私も存在していなかったはずだ。仮に、化石記録に何らかのはっきりとしたメッセージが残っていたならば、そして、地球上のすべての生命史が完全かつ明瞭な声で語りかけてくれるような、洗練された結論があったとするならば、それは「変化を免れる種などどこにもない」ということになるだろう。どんな生命体でも、生きるうえで災難に遭遇することは避けられない。そして変化は、自然選択という力をはたらかせる材料となって、分岐した道を進むように促していく。そこに意志の力はない。むしろ受け身的に、存在そのものの一部であるルーティンが実行され続けているにすぎないのだ。これは理解しがたい事実かもしれない。私たちの存在、私たちの起源は、偶然と運でできた、途切れることのない一本の糸のようなものに依拠しているが、この偶然や運は多くの可能性のうちのたったひとつでしかないのだ。これを別のいい方で表したのが、かの有名なバタフライエフェクトである。ＳＦ界の巨匠レイ・ブラッドベリが「サウンド・オブ・サンダー（雷のような音）」〔邦訳は『太陽の黄金の林檎』（早川書房）に収録〕という作品において探求したアイデアだ。恐竜のいる原始時代にタイプスリップした一人が、誤ってある種のチョウを踏んでしまったために、未来にほころびが生じてしまうという物語である。

しかし、私たちが話しているのは一匹のチョウについてではない。話しているのは、それ以前にもそれ以降にも起こっていない、未曾有の衝突（インパクト）についてである。もしあの小惑星が地球の別の場所に落下していたら、あるいはそもそも地球に衝突していなければ、六六〇〇万年前の悪夢のような状況は、完全に避けることはできなかったにしても、ある程度は変わっていたはずだ。大量絶滅までには至らず、非鳥類型恐竜の半分だけでも生き残っていたならば、恐竜たちがすぐに復活することも十分にありえただろう。もし恐竜時代が終焉を迎えなかったという別の歴史がつくられていたならば、まさにいまこの瞬間も、新しい姿をした恐竜たちが地球上を闊歩していたかもしれないのだ。その場合、哺乳類もかつての恐竜時代のように存在していただろうが、それでも、恐竜と共生する哺乳類がたどる進化には、ある種の制限がかかっていたと考えられる。もしかすると、小さなプルガトリウスの子孫である霊長類は、まだ林冠や草原をちょこまかと走り回っていたかもしれない。それに、私たち人間の進化へとつながった一連の予期せぬ出来事も、別の道へ導かれていたはずであり、そうすると、この未来にまでたどり着く道はなかっただろうし、こうした時間の性質というものに気づけるほど内省的な霊長類も存在していなかったことになる。とはいえ、時間は一方向に進むのみで、それを巻き戻すのは不可能だ。ある意味、私たちがいまここに存在できているのも、時間の不可逆的な制限のおかげであり、恐竜たちも、かつては同じ制限を恩恵として受け取っていたのである。

もし非鳥類型恐竜がまだ生きていたら――そんなことを考えながら私は車を走らせていた。トレイル口へと続く道は、舗装された道路から砂埃をあげる山道へと変わっていった。そう、もし恐竜が絶滅していなかったら、恐竜を懐かしがる私たちのような人間は誰も存在していなかっただろう。そして、私の前の人生が二年前に破綻していなければ、いまの自分も存在していなかった。自分がトランスジェンダーであることをカミングアウトできたのは、離婚というきっかけがあったからだ。私の中にずっと眠っていた何かが根を張っていくにしたがって、それまでの人生は燃え尽きて灰になってしまった。つらくて危なっかしくて傷つくことだらけではあったが、それでも前の人生を終わらせる必要が私にはあったのだろう。その人生にも懐かしい思い出はあるが、本当の自分と、頑張ってなろうとしていた自分は、ひとつの同じ現実の中で共存することはできなかった。どちらかが諦めなければならなかったのだ。車の窓を開けると、暖かな一〇月の風が入ってきた。レッド・ホット・チリ・ペッパーズの〈ギヴ・イット・アウェイ〉のスラップベースがスピーカーから鳴り響いていた。スプラッシュとジェットと私は、ハイキングの標識のところまで車でノロノロと進んでいった。そこで標識を見た私は思わず笑ってしまった。

ロングズ渓谷
セルフガイド散策コース
・・・
境界
四〇〇メートル

私は、この四〇〇メートルを歩くためだけに、二日もかけてはるばる一〇時間も運転してきたのだった。だが、これこそ私が待ち望んでいたもの、何十キロメートルも延々と続くアスファルトを走ってくるほど恋い焦がれていたものだ。私はジェットのリードを外してやった。そして私たち、小さき哺乳類の家族一行は境界線まで歩いて行った。

地質学者でなくても、白亜紀の岩石に走る断層は簡単に見つけられる。上層部分は明るい薄茶色をしており、そこにヤマヨモギなどの低木が根を下ろしていた。一方、パウダーグレイ色をした下層部分は、煤煙を多く含んだ岩層が粉々になった跡である。そして真ん中の層。ここに見間違えようのない分断線が走っている。厚くてフレーク状のブロックとなった粘土質の岩石が上下の濃い部分に挟まれている。これらの層をそれぞれサンプルとして採集できたら、真ん中の粘土層からは高濃度のイリジウムが検出できるはずだ。あの恐ろしい小惑星から剝がれ、細かな破片となって大気圏から落下してきた物質である。私はこれまで何度も西部の砂漠地帯を歩き回っていたが、これほどまでに美しい地層の断面は見たことがなかった。

私は岩がひさしのように突き出ている部分まで歩いていった。日はすでに落ちて、薄暗くなっている。ジェットが尻尾を振って飛び跳ねながら私が座っているところまでやってきた。スプラッシュはといえば、幸せそうに物思いにふけっている。私は手を伸ばし、手のひらを境界の地層に押し当てた。インスピレーションが閃（ひらめ）くことを期待していたわけではない。頭の中に響いてきたのは、ほかでもない自分の声だ。うまく言い表そうと思っても適切な言葉が出てこなかった。何といえばいいのだろう。私はいまここにいるというのに。あの災禍があったおかげで、私はいま生きてここに存在できている。けれど、もし仮に、私にあの災禍をなかったことにできる力があったとしたら、そうしたかもしれない。私は古代の黒っぽい石の上に座り直し、頭の中を整理しようとした。ここは本当に特別な場所だ。このモニュメントが伝えていることを何かにあてはめるなんて不可能だ。これは死と生、終わりと始まりでもあり、それらをつなぐ変曲点でもある。私がここまでやってきたのは、墓石を訪ねるためだけではなく、私の――そして私たちすべての――存在を肯定してくれる場所を見たかったからなのだ。

少ししてから、スプラッシュとジェットと私は歩き出した。車ではるばるやってきたが、あともう少しすれば、また六時間かけて戻らなければならない。いまのうちに足を伸ばしておいたほうがいいだろう。私たちは散策コースを少し進んだところにある野生生物の観察小屋に立ち寄り、下に見える池の水鳥を観察することにした。覗き窓から外を見ようとジェットが飛び跳ねる。どうして水鳥を見るだけで追いかけないんだろう――そんなふうに思っているのかもしれない。だが、いまはこの恐竜たちをそっとしておこう。彼らは私たちと同じように悪運と幸運の両方に見舞われたのだ。鳥類はジュラ紀に出現し、白亜紀に繁栄したが、大量絶滅がもし起こっていなければ彼らの運命もすっかり変わっていたことだろう。南極の氷を踏みしめているペンギンからコロラド州の野鳥保護区で泳いでいるカモに至るまで、どの鳥も、小惑星衝突後の世界で進化した恐竜だ。彼らの歴史も、私たちの歴史と同様に、衝突によって形づくられたのである。

中生代の崩壊という物語においてもっとも奇妙に思われるのは、どうしてそれがもっと早くに起こらなかったのか、という点だろう。古生物学の研究者らが白亜期末の絶滅の経緯と原因を解明すべく研究を進めた結果、陸棲生物は相対的に見て、常に不安定な状態にあることが判明した。研究者らはこれを種の移り変わり（ターンオーバー）と見なしている。つまり、ある特定の種がどれくらい存在しているか、そして生態的に同じような役割を果たす類似の種に取って代わられるかどうかということである。白亜紀最後の一〇〇〇万年から古第三紀の最初の一〇〇〇万年の間に生きていた種に関していえば、陸棲種の存続期間はあまり長くなかったことが明らかになった。陸棲種はたいてい一〇〇万年から二〇〇万年のスパンで繁栄し廃れていく傾向にあるのだ。だが、この傾向は半水棲生物に対してはあてはまらない。スッポンやワニのような半水棲種は、数百万年、もしかすると一〇〇〇万年以上も存在している。ティラノサウルスがいた時代の沼地へ行ってみれば、それよりさらに一〇〇〇万年前にいたものとほとんど変わらない種がいることがわかるだろう。

その理由はわかっていない。淡水の生息地が影響を受けにくいのか、あるいは進化による種の入れ替わりのスピードが遅いのかもしれない。池や小川や湖や沼といった場所に生息している生き物は、そのほとんどが外温動物であるにもかかわらず気候変動の影響をそれほど受けない。そうした影響を遮り、環境を安定させる何らかの要因があるのだろう。いまわかっているのは、陸棲生物は脆弱な存在だということだ。彼らは完全に消えるか次世代に道を譲るかして、早いペースで絶滅している。考えてみてほしい。ワニの一種であるブラキチャンプサは、アメリカ西部にある八〇〇〇万年前の岩で見つかっているが、それ以降の、六六〇〇万年前の白亜紀末に至るまでの各年代の層でも発見されている。では、六八〇〇万年前から六六〇〇万年前にかけて生息していたティラノサウルスはどうだろうか。もしティラノサウルスがそれだけの期間を存続していたとすれば、雑草だらけの浅瀬からブラキチャンプサが顔を出している間に、ティラノサウルス類に属する七つもの種が栄枯盛衰を経たことになる。

ただし、これだけで非鳥類型恐竜や白亜紀のほかの生物が単に絶滅する運命にあったと決めつけることはできない。また、恐竜たちは絶滅して当然であるとか、時代遅れになりつつあったともいえない。要するに、白亜紀後期における陸上の生態系は変化に対してあまりに脆弱だったのだ。気候、生態系内の種のかかわり方、植生など、陸地は絶え間なく変化しているため、進化による変化のスピードは速くなっていた。そんなところへ直径一一キロメートルの小惑星が落ちてきたとなれば、ほとんどの生物が追いつけないほどの急激な大変動が起こるに決まっている。水中あるいは地中に潜れる生き物たちは一時的に難を逃れることができたが、陸地に生息し、生きるために特別な条件を必要としていたものたちは、ひとたまりもなかった。仮に衝撃の余波が多少穏やかだったとしても、生き残ることは難しかっただろう。衝突とその影響によって陸上生態系が抱えていた脆弱な構造が浮き彫りになった。これは、数千万年に一度の出来事というだけではない。むしろ、複雑な生態系でもあっという間に崩壊しうることをはっきりと示すものだ。というのも、不安定であること自体が、進化における美しさの一部であるからだ。

しかし、こうしたことをすべて理解したとしても、愛しい恐竜たちが生き返るわけではない。小惑星衝突による災禍の意味を理解し、当時の様子を再現することは可能かもしれないが、過去の世界はもう戻ってこないのだ。見ることの叶わない世界を復元させるために私たちができることといえば、なおいっそう丹念に調べ、もっと疑問を抱き、さらに想像力をはたらかせるくらいのものだ。遺伝子の寿命は「ジュラシック・パーク」をつくれるほど長くはなく、ニワトリの遺伝子からアケロラプトルのような生物がつくれる（あるいはつくるべき）という主張は、ただのファンタジーでしかない。非鳥類型恐竜を直に見たり触ったりしたいのなら、その骨があるところに行くしかないのだ。

そうして私は博物館へ足を運ぶのだが、そんなとき、ふと考えてしまうことがある。それはたいてい歩き回って靴擦れのできた人々がギフトショップへと向かう閉館間近の時間帯で、博物館のホールが静まり返るときだ。どうしてこれほどまでに私は――そしておそらくあなたも――恐竜という生き物に恋い焦がれてしまうのだろう。K／Pg境界の災害は地球史上五度目の大量絶滅だ。だが、ペルム紀末に絶滅した三葉虫や、デボン紀に姿を消した顎のない魚のために心を痛めることはないだろう。思い当たる答えとしては、恐竜たちへの愛ぐらいしかない。それが彼らの立派な体格のためなのか、風変りな装飾のためなのか、はたまた貪欲そうに見えるからなのか、理由こそはっきりとはしないが、私たちはなぜか恐竜のことを愛しく思ってしまう。地球上の生命というものの大きなイメージを初めて固めたのが恐竜だったという人も多いかもしれない。「この生き物はトリケラトプスといって、大昔に生きていた素晴らしい植物食恐竜です。彼らはどうなったと思いますか。絶滅したのです。小惑星が地球に落ちてきて、トリケラトプスはみんないなくなってしまいました」

　恐竜は私たちの好奇心を刺激し続ける。だからこそ私たちは博物館で恐竜を仰ぎ見たり、彼らが各地の映画館で暴れまわるのを見たりして楽しむのだ。クジラくらいしか巨大動物（メガファウナ）がいない現代世界では仕方ないのかもしれないが、私たちは恐竜たちを測れるだけの適切な基準をもっていない。恐竜に目を向けるのは、彼らが生きていたときの姿や当時の世界に思いをはせるためである。かつて恐竜たちは、あれほど長い間繁栄していたのに、それが突如として消えてしまった。それほど急で残酷な生命の世代交代が起こったという事実を、私たちは受け入れたくないのだろう。もしかすると過去に対して何らかの思いを投影しているのかもしれない。もし恐竜がこれほど長い間――どのような形であれ人類の二八倍以上、霊長類になってからでも二倍以上長く――世界を支配できたのなら、おそらく恐竜たちこそが究極のメメント・モリ（死を想え）なのかもしれない。笑っているようなティラノサウルスの頭骨を前にして、その化石化した歯に光が当たってきらきらと輝くのを見たとき、私たちはそこに、偶然によって導かれた自分たちの将来の姿を――たとえそれが自分たちが招いたものではないとしても――重ね合わせるのだ。

　恐竜を想像することとは死者を蘇らせる行為にほかならない。同じことが映画で、アートで、博物館で、そして本書のような書籍の中で行なわれている。これは、現代では私たちだけに備わった能力である。過去を理解するだけにとどまらず、過去がどうやって現在につながっているかを理解する能力だ。そしてこの能力からある種の挑戦が生まれる。私たちの想像力が骨と出合うとき、恐竜たちは生き返る。あの衝突がつくり出したのは、少しずつ明らかになっていく大きな謎（パズル）だ。新しい化石が発見されるたび、私たちはその謎が少し解けたような喜びを感じる。この生物が化石になるまでには遠く険しい道のりがあった。そしてそれを私たちが見つけるまでにも、遠く険しい道のりがあった。私たちのいる現在と白亜紀の最後の一日の間には気の遠くなるような時間の隔たりがあるが、その隔たりがあるからこそ、私たちが探求できる失われた世界（ロストワールド）が生まれた。そしてそこでは、見慣れた地面さえ謎に包まれている。化石が埋まっている地層を示す地質図があるならば、その下のほうに「ここにドラゴンがいる」と書かれていてもいいくらいだ〔Here Be Dragons。中世ごろの地図では、未知の危険区域を表すために用いられていた表現〕。

　もしかしたら、そんな葛藤があるからこそ私は過去に戻りたがっているのかもしれない。恐竜の時代は永久に失われてしまったが、実物の代わりとして触れられるものはたくさんある。どうやってもあの時代や恐竜たちは復元できないが、それでも私は知りたくてたまらない。好奇心が疼くのだ。きっと多くの人も私と同じ気持ちだろう。そして、いったん好奇心に駆られたら、何か行動を起こしたくなる。白亜紀が終わりを迎えた理由や、その絶滅イベントのおかげで自分が存在していることも、頭ではよくわかっているのだが、理屈が感情に勝つことはめったにない。恐竜が絶滅した喪失感を克服するのは、あまりに困難である。

K／Pg 境界の大量絶滅、それから私たちが突き進んでいる六度目の大量絶滅という危機が、現代に生きる私たちにとって何らかの教訓になっているかどうかはわからない。冷戦のさなかに衝突の冬の厳しさが明らかになったが、それによって、もしアメリカとソビエト連邦が相互確証破壊をすれば、核の冬がどれだけ悲惨になりうるかが浮き彫りになった。世界はそんな惨事を過去に経験している。二度と繰り返してほしくはない。今後起こりうるリスク――過去に一度起きていること――を知ったNASAは、地球に落下してきそうな小惑星がないかと監視している。たしかに、私たち人間が地球全土に生息していることを考えれば、賢明な判断である。もし小惑星の衝突が局地的であっても、恐ろしい大災害となりうるからだ。しかし、まったくの偶然で発生し、不可避だった出来事を、過ち、あるいはコントロールできたもののように捉えて教訓とするのは、お粗末といわざるをえない。

六六〇〇万年前から六五〇〇万年前の間に起こったことで、現代の生活をよりよいものにしたり、私たちを賢明にさせたりするものはないかもしれない。子どものころやビデオゲームをしているときに、恐竜になりたいと願った人は少なくなかっただろうが、それでも私たちは恐竜ではない。私たちが直面している脅威は別物で、それも往々にして自分たちが蒔いた種（たね）によるものだ。私たちは、気候変動を引き起こしているのが人間であることを何十年も前から知っておきながら、その結果を避けるための行動をほとんど起こしてこなかった。だが、きっとこれらはすべて、答えを求めて見当違いのところを探したり、あるいは、磨き上げられた琥珀のように美しく輝く、珠玉のアドバイスをただ待ち望んだりしていた結果なのだろう。私はこの大量絶滅についてずっと考えながら、自分が訪れることのない場所の複雑な生態系を解き明かそうとしたり、プレキシガラスの内側にある地層の断面をまじまじと眺めてみたり、岩石に刻まれた、恐ろしくも素晴らしい境界線を見に行ったりしているうちにわかったことがある。生命には、粘り強く、生き生きとして、めげることのない回復力（レジリエンス）があるということだ。

三六億年前の地球に生命が誕生して以来、生命は途切れることなく続いてきた。そのことを少し考えてみてほしい。これまでの膨大な年月のことを。温室（ホットハウス）から雪玉（スノーボール）へ、そしてまた温室状態へ戻るという気候変動。大陸はぐるぐると動き回り、互いにぶつかったり乗り上げたりしている。そしてさまざまな理由で絶滅が何度も起こった。酸素過多に酸素過少。想像を絶するほどのガスや灰が火山から噴出したこと。海面が上昇して陸を覆ってから干上がったこと。一〇〇〇年単位で生態系のサイクルが変わったために森林が増えたり減ったりしたこと。隕石や小惑星の衝突。山が隆起しては崩れ、そしてふたたび盛り上がったこと。海が氾濫原になり、それがまた砂漠になってふたたび海になったこと。こんなことが毎日毎日ずっと、何十億年もの間繰り返されてきた。そしてまだ生命は続いている。

生命はひどく傷つくことがある。個体として、あるいは種としても、生命はいつか終わりを迎える。生命は、制限されたり、削減されたり、落ち着かない形に追いやられたり、ストレスを受けたりすることもある。そのトラウマは、生きている動物の細胞組織と同じくらい、化石の層にもはっきりと表れている。それでも生命はいまなおここにある。躍動し、打たれ強い、圧倒的な生命が。生命は静止しない。生命は反応する。歩道などで見かけたことはないだろうか。木が成長して格子模様の金網フェンスを突き破っていたり、木の根が歩道のコンクリートをもち上げていたりするのを。それが生命の力だ。昼でも夜でも、生きている限り続く力なのである。

トランスジェンダーの女性として過ごしてきた年月が私の考え方に影響を与えているのは間違いない。むしろ影響がないほうがおかしいだろう。私たちはみな、自然的現実を生きている。しかし、その見え方は私のアイデンティティの影響を受けて変化する。ちょうど、私には見ることのできないスペクトルの色があり、聞くことのできない音があり、感じることのできない感覚があるのと同じように。私たち人間の物語の全体像と生命の物語の全体像は同じではない。とはいえ、私がこのような劇的な変化について考えるとき、失ったものに着目することは難しい。私の個人的な変化や危機は自分が成長できるきっかけになったと思えるからだ。

私がこの物語を書いたのは、自分自身の地形図（トポグラフィー）が、比喩的にも字義的にも、想定していた道筋から外れてしまったときだった。私の人生の一部である私の体は、浮き沈みを経て、見た目や機能を変化させてきた。それはどことなく、地球上の大陸が踊るワルツや、まだ誰も見たことのない太古の世界が眠る砂漠の地形を連想させる。歴史およびその記録が示しているのは、ある種の反応性であり、運と、変化を求める生物的基盤の間での絶え間ないやり取りでもある。私はひとつの人生を生きた。それは永遠にも思えるほどの時間で、ある意味、私にとっての中生代といえるような時間だった。個人的な悲しい出来事を引きずっているときは常につらい気持ちに襲われてしまい、自分が知っていると思っていたものがすべて崩壊したような気持ちになっていた。そんなときにふと思い出したのが、ずっと自分のそばにあった小さなもののことだった。それが自分の中でどんどん大切なものとなり、瓦礫の中から小さな芽を出して新しい毎日を待ち望むようになった。私の人生はもう元には戻らないし、前と同じ人生を生きることはできないが、それでもこの小さくて大切なもの、私の心、私の体の中で待ち望んでいたものが、ついに育つ場所を見つけたのだ。その自由は、焼けつくような痛みとひとつの時代が終わらなければ、存在することはなかった。恐竜が君臨している世界では、私たちがいまのような存在になれなかったのと同じことだ。始まりには終わりが必要である。この教訓を大切に生かすのか、それともその意味を思い知るまで見て見ぬふりをするのかは私たち次第だ。

　生命とはどのようなものなのだろうか。このテーマについては、生物学という学問が誕生して以来、さまざまな研究者が考え、討論し、議論を戦わせてきた。おそらく、求められているのは、非の打ちどころがなく完璧な共通項、生きているものと生きていないものを分けるリトマス試験紙のような共通項である。もしかしたら、自然に関する純粋な真実を取り出すことで、私たちはさらなる秘密を手にするかもしれない。つまり、結果として何か強力なものを得るということなのだろう。だが、個人的には還元主義的な考えにはやや抵抗がある。私の興味は、生命がどういうものかというよりも、むしろ生命がどうはたらくのかという点にあるのだ。生命は耐え忍び、変化する。生命とは、無限の生物からなる美しくも恐ろしい一本の糸であり、その関係性においては、不変であることを除けば、どんなことだって起こりうるのである。

サイエンスの本にしてはセンチメンタルすぎたかもしれない。ただ、本書は白亜紀を詠(よ)んだ歌集などではない。むしろ、私がささやかに、そしてひたすらに追い求め、失敗する可能性すら否定できない、個人的な試みなのだ。そして本書をもって、いまは実際に触れることが叶わないものや、目の前にあるのに、あまりに深いので底まで見通せるかどうかわからないような対象に敬意を表したいと思っている。この考えはずっと頭の片隅にあった。歩道をよちよちと歩いているウズラを見つけたときも、庭のモモの木が実をつけ始めたときも、電柱でハエトリグモがぎくしゃくした求愛ダンスを踊っているのを立ち止まって見ていたときも。それらは、野生動物であれ家畜であれ、見慣れたものであれ珍しいものであれ、すべてが私につながっている。いまだけではなく、これまでもずっとそうだ。すべては化石記録に刻まれており、すべては周囲の世界に印を残している。そして、すべては何かから生まれているのだ。小惑星が墜落して、地上の生態系の可能性がすっかり変わってしまった瞬間に生まれた世界から出てきた、新しく驚きに満ちた何かから。もし理解しにくければ、こう考えてみるといいかもしれない。私たちが生きているのはK／Pg境界の大量絶滅から六六〇〇万年後だ。これはひじょうに長い時間である。しかし、K／Pg境界期よりさらに六六〇〇万年を遡ってみれば、顕花植物はまだ物珍しく、ティラノサウルスのなかまは小さく、ほとんどの鳥には歯があり、恐竜の時代は永遠に続くかと思われるほどの全盛期にあった。私たちが生きている現在から見れば、あの五度目の大量絶滅以降のどんな時代を取り上げてみたとしても、大量絶滅がその時代に対して与えた影響や、それによって起こった変化が見て取れるだろう。いまに残されているのはチクシュループ・クレーターの大きな傷跡だけではない。水に飛び込んで泳ぐカモノハシ、花を咲かせるモクレン、庭の花の花粉で酔っぱらうミツバチ、スーパーで売られている豆の缶詰、草むらで虫を探すコマドリ、前向きについている私たちの目、ものをつかむことのできる手など、この世には驚きに満ちた生命の姿が数え切れないほどあるが、これらがいま存在しているのは、冷え冷えとした宇宙の彼方からやってきた不慮の災難のおかげなのだ。

私の思いをまとめるにあたって、個人的に大好きな映画で、恐竜ファンであれば誰しもが一番に選ぶ名作からの名言「生命というのは何らかの道を探すものだ（Life, uh, finds a way.）」〔映画『ジュラシック・パーク』でジェフ・ゴールドブラム演じるイアン・マルコム博士が口にするセリフ。生命というものは何とかして子孫を残す道を見つけるものだという意味〕を引用して締めくくりたいところなのだが、残念ながらそれは叶わない。単にそれが陳腐だからという理由だけではない。生命には決まった計画も方向性もないからである。生命は明日のこと、いや、すぐ先の瞬間のことですら考えず、したがって、そのために道を探したり、割れ目に潜り込んだりはしないのだ。しかし、この架空のマルコム博士なる人物は、かなり鼻につく人物ではあるのだが、それでも制限と可能性、成長と死について述べているという意味で、なかなかいいところを突いている。それを単純にいえばこういうことになるだろう。恐竜の時代から哺乳類の時代が始まるまでの一〇〇万年こそが、私たちに伝えられた教訓である。

もし道があるとすれば、生命はそれを見つけるものなのだ。

付録

科学的背景について

この本を書くにあたっては、生命が復活した貴重な一〇〇万年という時間窓（タイム・ウィンドウ）で、白亜紀と暁新世の世界で数日、数週間、数か月を過ごして、当時の生き物たちの行動や習性をしっかり観察し、記録してきた――といえたらいいのだが、実際はそうもいかない。それに、そんな冒険をしたならば、飢えた恐竜たちの鉤爪に襲われるか、そうでなくてもK／Pg 境界の大量絶滅に巻き込まれてあの世行きとなっていたはずだ。だが、私はそのことを十分承知のうえで、本書の取材のために六五〇〇万年以上を遡るような冒険ができなかったのは残念だと思っている。タイムトラベルというのは、一方方向の時間の矢に乗って移動するという意味においてのみ可能なので、どれだけ私がティラノサウルス〔原書が出版された二〇二二年時点ではティラノサウルス属は一種しか認識されていなかったため、本書では断りがない限り、ティラノサウルスといえば「ティラノサウルス・レックス（*Tyrannosaurus rex*）」とした〕やエオコノドンといった大好きな生き物たちの生前の姿を一目見てみたいと思っても、その願いが叶うことはない。したがって、読者のみなさんがいま手にしている本書は、森林火災の影響からトリケラトプスの皮膚の小石のような感触に至るまで、すべて科学に基づく情報をつなぎ合わせて出来上がったものである。

もちろん、本書の中でK／Pg境界期を舞台にした物語がいきなり始まったり終わったりすれば、鬱陶しく感じる人もいるだろう。映画『ジュラシック・パーク』の途中で、古生物学に関するコメントが逐一入り、どれが事実でどれが推測なのかをいちいち指摘してくるようなものだからだ。このアプローチは、友だちと博物館の中を歩き回り、互いに知っていることを語り合うときにはぴったりなのだが、読者のみなさんに数千万年前の世界に戻ってもらう前提で話をしていくときには、あまりしっくりこない。「ティラノサウルスは空き地を見渡すが、そこに恐れるべきものは何もない。ここ数日はほかのティラノサウルスを見かけていないし、彼らはそれぞれ広い縄張りをもっているからだ——この記述は、マーシャルらの研究（Marshall et al., 2021）とポール・コリンヴォー（Colinvaux, 1979）の古典的生態学研究『猛獣はなぜ数が少ないか―生態学への招待』（早川書房、一九八二年）におけるティラノサウルスについての仮説に基づいている」。ほら、こんな具合になってしまう。そこで私は、あちこちで化石を掘り起こすように文献を引用していく代わりに、付録として章ごとの解説をつけ、ずっと昔に絶滅した生物について、どこまでが現在わかっていることで、どこからが仮説なのかを説明することにした。また、喉から手がでるほど知りたいけれど、まだ明らかになっていない部分を埋めるために、私が推測した部分についても述べている。

この点についていえば、きっと読者の中には、K／Pg境界の大量絶滅を引き起こした一番のきっかけとして小惑星の衝突を選んだことに驚いた方、さらには困惑された方もいたのではないだろうか。古生物学の研究者らもこの点については議論を重ねてきたが、その中でもっとも有名なのは二〇一〇年に発表された説だろう。その年、地質学者らが『サイエンス』誌にある論文を発表し、史上五番目の大量絶滅は紛れもなく火球が衝突したことが原因であると述べたのだ。前世紀の研究者らは、絶滅、なかでもとくに非鳥類型恐竜が絶滅した要因をあれこれ述べていたのだが、二〇一〇年の論文の著者らはそうした仮説――食い意地の張ったイモムシから、デカン・トラップからふつふつと湧き上がる溶岩まで――を一蹴し、白亜紀が一瞬にして終わりを迎えることになった一番の原因は小惑星の衝突だったと主張した。だが科学者というものは、新しい論文が出るたびに、その主張を自然から摘み取った宝石として、つまり「真実」として永遠に据え置く者ばかりではない。もちろん『サイエンス』誌における評価に異論を唱える研究者もいる。古脊椎動物学のある研究グループは同誌において、絶滅は火山活動や海面レベルの変化、そして小惑星衝突も含む複数の要因によって起きたものだと述べている。たったひとつの決定的な原因というものはなく、複数の変化や災害が重なって、大きな影響が出たというのである。ほかにも、小惑星衝突の余波はごくわずかであり、むしろ絶滅の一番の引き金はデカン・トラップの噴火だったと主張する研究者もいた。また、別の反論では、この二〇一〇年の論文が膨大なデータを見落としており、むしろ小惑星衝突、火山活動、気候変動が長期にわたって複合的に作用し、生命の多様性を淘汰していったと主張している。

しかし、科学とは多数決で決まるものではない。多くの人が賛成あるいは反対しているからといって、ある仮説が立証されたり否定されたりすることはないのだ。私たちが目撃できなかった、六六〇〇万年前の劇的で悲惨な出来事に関していえば、現存するエビデンスと変化し続ける理論的枠組みを用いるしか、この生命史上きわめて重要な瞬間を理解する手立てはないのである。二〇一〇年に『サイエンス』誌上ではいくつもの意見が交わされたが、それ以降も研究者らは疑問を呈し、研究し、発展させてきた。その結果、小惑星の衝突の影響は、当初に想定されていたよりも深刻であったことが判明し、それに伴って、悪者の汚名を着せられていたものが晴れて無実と証明されたり、悪役が変更されたりしたのだった。たとえば、デカン・トラップの大噴火に関する研究では、溶岩と温室効果ガスが世界の生物相に対して悪影響をほとんど与えなかったことが明らかになった。むしろ、暁新世初頭に生き残っていた生物たちの中には、デカン・トラップによって救われたものがいたかもしれない。火山活動で噴出した温室効果ガスが、大気の温度を上昇させ、急速に進んだ極度の寒冷化を和らげていたらしいのだ。また、白亜紀末には海面レベルが下がってきており、地球の温度も低下しつつあったが、恐竜をはじめとした中生代の生物は、以前にもこのような変化をすでに経験していた。もちろんそれによって一部の種が絶滅したり、ある地域から個体群が消滅したりすることがあったかもしれないが、岩石に残されているような地球規模の一斉絶滅の原因となるほどではなかっただろう。それ以前に起きた四回の大量絶滅や小さいレベルでの絶滅の危機が数十万年かけて起こっていたことから、古生物学の研究者らはこの五度目の大量絶滅も同じように起こったと考えたのだろうが、実際はそうではなかったようだ。K／Pg境界における大量絶滅は、地球史上まったく前例のないものであり、それゆえに私はこの災禍に取りつかれてしまった。この出来事は、火山の噴火や海の酸性化が引き起こすような、延々と続くつらい変化ではなかった。死の訪問は突然で、一瞬にして多くの命を奪った。まさに、どんな進化を遂げた生物でも対応できないほどの状況だったのである。しかし、それにもかかわらず、地球の生命は生き延びた。

私はK／Pg 境界期の大量絶滅の原因について、明言を避けて無難にやり過ごすようなことはしたくなかった。この物語を書こうと決めたとき、全員が納得するような形にするつもりも、論文で書かれている科学的な内容だけを伝えるつもりもなかった。そんなことをしても、きっと誰も喜ばないだろう。六六〇〇万年前、チクシュルーブ・クレーターをつくった衝突体によって、地球に未曾有の危機がもたらされたのは確かだ。衝突後の焦熱と長期の衝突の冬が重なったことで、白亜紀の最後の日々から暁新世の最初の一〇〇万年までに訪れた絶滅パターンの説明はつく。とはいえ、同時期にはもっと平凡な理由で絶滅した種もあっただろう。たとえば、西部内陸海路という内海に生息していた二枚貝が絶滅に追いやられたのは、単に海面レベルの変化で生息域が干上がってしまったからだった。このようなケースは十分にありえる話で、可能性自体はかなり高いのではないかと個人的には思っているが、K／Pg 境界の絶滅に焦点を当てて考えるとき、このような小規模の出来事について話すことは控えておく。この大量絶滅という出来事を議論する際は、常に全体像に焦点が当てられている。爬虫類の時代を終わらせたものは何か、そして三畳紀からジュラ紀、白亜紀にかけて繁栄するようになった多くの生き物たちが絶滅するに至った原因は何なのかといった議論が中心なのである。究極的にいえば、絶滅はすべての種の運命ではあるのだが、それにしても一度にこれほどの出演者が舞台を降りることになった背景には、想定内の場面転換というよりも、もっと何か大きなことがあったはずなのだ。

非鳥類型恐竜、翼竜、アンモナイトといった多くの多様な生物の喪失は、この物語の背景でしかない。私が伝えたかったのは、失ったものの物語というよりは、再生と復活の物語だ。これまで、K／Pg境界の大量絶滅については、原因は何か、どんな種が絶滅したか、研究者らがどれだけ苦心惨憺して研究を重ねてきたかといったことを中心に語られてきた。ところが、暁新世から生命がどのように回復したかについては、ほとんど言及されてこなかった。これは残念としかいいようがない。新生代で哺乳類が台頭したのは、必ずしも当然の成り行きではない。最終的に鳥類型の恐竜は生き残っており、なかには巨大化して自分よりも小さな哺乳類を食べるものもいた。また、ワニ類もあの大量絶滅を生き抜き、なかには恐ろしい陸上のハンターへと進化するものもいた。うまくいけば第二の爬虫類の時代があってもおかしくなかったのに、なぜそうならなかったのか、言い換えれば、なぜ哺乳類が生態系においてこれほどまで中心的存在へとなりえたのか——その理由を語るためには、衝突後の影響を徹底的に調べる必要があった。もし歴史がほんのわずかでも違う形で展開していたならば、絶滅における最悪の状態を脱したとしても、進化の末に私たち人間が誕生することはなく、爬虫類の鋭い爪が牛耳る世界で生きる哺乳類は、比較的小さい体のまま、フンフンと辺りを嗅ぎまわるだけの存在になっていたことだろう。この壮大な物語は恐竜たちの苦難だけで終わるものではない。私は、滅亡する恐竜たちの陰に隠れて生き残った目立たない生物たちと、そんな彼らがのちに繁栄する様子にも焦点を当ててみたかったのだ。

これから本書に登場する生き物たちを章ごとに紹介し、彼らについてわかっていることを述べていきたい。それに、もし私が登場人物を自由に演出できるのならば、自分の推測も入れながら少し楽しんでみたいとも思っている。この考え方は古生物学において長く培われた伝統だ。正直にいおう。恐竜時代がテーマであれば、博物館の展示物であれアート作品であれ、化石化した事実とともに、創作された部分も含まれているものだ。私がそのことに気づいたのは、コロラド州デンバーでティラノサウルス・レックスのスー〔ティラノサウルス・レックスの一標本に対するあだ名。シカゴのフィールド自然史博物館に収蔵されている〕が展示され、恐竜時代の雰囲気にちょっぴり浸っていたときのことだ。私は恋人（ガールフレンド）と一緒に時間指定チケットの入場門を通り、暗い展示会場へと入った。その瞬間、小さなエドモントサウルスを誇らしげに口にくわえた実物大のスーと目が合った。暴君スーの存在は圧倒的だった。驚くほど大きな図体をしていながら、頭蓋骨の装飾が光沢のあるケラチンの板で覆われた姿には威厳があった。体に羽毛が生えていなかったので、私は少なからずがっかりしたが、アーティストたちを非難する気にはならなかった。この複製には別の時代からやってきたような重みが感じられたのだ。これまで見たなかで、もっとも生身のティラノサウルスに近いような気がしたくらいだ。しかし、である。その前の年にニューヨークで訪れた「T・レックス――究極のプレデター展」のときも、私は同じような気持ちになっていた。その博物館で見たティラノサウルス・レックスは、明るいオレンジ色で、ゴワゴワのプロトフェザーのたてがみがあった。腕の部分の皮膚があまりに薄かったので、ぶら下がっている腕が弱々しく見えたのを覚えている。そのティラノサウルスは口をぱっくりと開けて、バナナサイズの歯の間からはよだれがしたたり落ちていたにもかかわらず、そのたたずまいはどことなく――ちょうどいい位置から見ると――〈マペット・ショー〉のモンスターのように可愛らしく感じられた。そして私がそのときに受けた印象も今回と同じだった。ティラノサウルスの骨は最初に発見されてから一〇〇年以上は経っており、ほかのどの恐竜の骨よりもよく知られている。なのに、同じ恐竜に対して二つの機関の別々のアーティスト・チームが抱いたビジョンは、同じ種とは思えないほどまったく異なるものだった。それぞれの研究者グループがそれぞれの判断とアート上の選択を行なった結果、もっとも有名であるはずの恐竜の外見が驚くほど違ってしまったのである。

したがって、科学に忠実であるべきというのは、まったくナンセンスである。科学はあくまでプロセスであり解説書ではない。事実と理論は複雑に絡み合っており、もしありのままのデータだけを提示するならば、私たちがいうことは何もなくなってしまう。古典的歴史書『大洪水が起こる前の世界(*La Terre avant le déluge*)』(未邦訳)にある挿絵を見れば、私のいいたいことがきっとわかっていただけるだろう。この本が出版された一八六三年当時、古生物学界はドイツのジュラ紀の石灰岩から発見された爬虫類のことで浮足立っていた。一八六〇年には化石化した羽根が見つかっており、翌年の一八六一年には繊細な羽毛の跡が残る骨格の一部が見つかっていた。この始祖鳥、あるいはアーケオプテリクスと呼ばれる動物は、爬虫類と鳥類が進化のうえでつながっていることを示す存在である。ただ、そこにはひとつ問題があった。最初に見つかった素晴らしい骨格標本には頭が欠けていたのだ。アーケオプテリクスにあったのはクチバシかそれとも歯か、あるいはクチバシと歯の両方があったのか、どちらもなかったのか。この問いに答えることは不可能だった。そうして、『大洪水が起こる前の世界』の挿絵では、ジュラ紀の針葉樹林の上を飛んでいるアーケオプテリクスが描かれたのだが、そこには見事に頭だけがなかった。

ある意味、首なしのアーケオプテリクスも間違いとは言い切れない。首から上が見つかっていない状況では、頭部をどんなふうに描いたとしても簡単に否定されうるからだ。じつのところ、アーケオプテリクスの頭骨はすでに発見されていたのだが、魚の頭の骨だと信じられていたのだった。とはいえ、アーケオプテリクスが脊椎動物であることはわかっていたことであり、さらには爬虫類と鳥類の中間的存在だということも周知されていた。科学的に考えれば、首のないアーケオプテリクスも支持できなくはないのだが、私たちが知っている動物やその体の構造とは、明らかに相容れない。少なくとも私個人の考えでは、このジュラ紀の鳥の頭は、仮説に基づいて思い切って描いたほうがよかったのではないかと思う。バイエルン地方の採石場の石灰石から完全な形で保存された始祖鳥の仮剝製が出てくるのを待ち望みながら、実体のない骨や羽毛の塊を空中に描き続けるよりも、そのほうがましではないだろうか。それに、K／Pg 境界はアーケオプテリクスの時代からさらに八〇〇〇万年以上もあとのことだ。よって本書では、現時点での知見および推測を土台として白亜紀と暁新世のイメージをつくり上げることにした。そのため、内容に間違いがあると指摘される可能性も十分にありえる。私自身も、そんな指摘が今後出てくるのは当然だと思っているし、むしろありがたいことだと思っている。推測したことが間違いだったとわかるのは、学びのチャンスにほかならない。太古の生物についての見解は、それがどのようなものであれ、その時代の産物であることはいうまでもない。そして本書には、二一世紀を生きる私が、恐竜時代の終わりについてどう捉え、理解しているかが反映されているのだ。自分に正直になって、太古の生命を完全に思い描くには想像力が必要だと認めるならば、自分たちの想像力にはそれなりの影響力やその限界があるということも受け入れなければならない。

誰かがこれと同じ本を一〇年、五〇年、あるいは一〇〇年前に書こうとしたならば、物語や登場する生き物たちもまったく違っていたはずだ。となると、私も同じ制約を受けるのが当然ではないだろうか。

小学生のころ、よく算数の先生から「途中式も書いて、どうやって解いたのかがわかるようにしなさい」といわれたものだ。正解を書いても、プロセスを理解していなければ意味がないためだ。よって私も本書の執筆にあたっては、その点を意識した。自分のたどった道のりを示し、古代のファンタジーの裏側から、既知および未知の事柄をのぞいてもらえるように心がけた。これから述べるのは、たとえば化石になるはずだった骨に及んだ酸性雨の影響だとか、ひどい酷暑のときにカメがどうやって水中に潜ったままでいたのか、暁新世初期の森林でどんな哺乳類が出てきたのかといったことを考えるうえで、私のインスピレーションの原材料となったものである。夢のタイムマシンは手に入らないが、少なくとも、想像力を掻き立ててくれる時間の断片は残されている。

第1章　衝突前

古生物史において、暴君トカゲの王、ティラノサウルス・レックスほど注目を集める恐竜はほかにはいないだろう。一九〇五年に正式に命名されて以降、この巨大な肉食恐竜は究極の恐竜として君臨してきた。よって、この白亜紀のトップスターに一度もスポットライトを当てずに恐竜の本を書くことなど、できるわけがない。ただし、本書のオープニング・シーンを思いついた直接のきっかけは、論文や発掘現場ではなくイエローストーン国立公園でのとある経験だった。二〇一七年にそこを訪れたとき、ヘイデン・バレーの待避所に人だかりができていた。道路近くでバイソンが死んでおり、見たところ自然死のようだった。こんなごちそうがあれば肉食動物が寄ってくるに違いなく、案の定、イヌワシやカラスといった肉食の鳥が年老いたバイソンの体の上に陣取っていた。ただ問題は、どの鳥もバイソンの皮膚を突き破ることができていなかったということだ。彼らは死体を切り裂いてくれる別の肉食動物が現れるのを待つしかなかった。ヘイデン・バレーにちょうど夕闇が訪れたころ、運よく一頭のハイイログマが木立の間から現れて、バイソンのほうへまっすぐ向かっていった。翌日私が見たのは、一頭のハイイログマ——前日と同じクマだと思われる——と一頭のハイイロオオカミがバイソンの肉を代わる代わる貪り、カラスと猛禽類がその周りをちょこちょこと跳び回りながら、余りものの肉をつまんでいるところだった。このような光景が六六〇〇万年前のヘルクリークの生態系で繰り広げられていたとしたら、いったいどんな感じだったのだろう。そう私は考えたのだ。

場面設定にあたり、私はふたつのエビデンスを軸にして、死んでしまった哀れなトリケラトプスを描写した。最初のエビデンスは、トリケラトプスの社会的生活にかかわるものだ。ヘルクリークやそれと類似する層では、トリケラトプスはパラドクスの象徴となっている。古生物学者らは長年にわたって何十体ものトリケラトプスの標本（とくに頭骨）を収集してきた。そしてヘルクリーク層のある区域を対象にした調査から、トリケラトプスがその地域でもっとも多く生息していた恐竜であることがわかっている。もし白亜紀の終わりごろにヘルクリークを散策したら、かなり高い確率で三本の角をもったこの植物食恐竜を見かけることだろう。だが、見つかったほとんどのトリケラトプスは単独である。その一〇〇〇万年前の地層では、ケラトプス類が何十頭、何百頭とかたまって埋まっている大きな墓場が見られるが、トリケラトプスにおいてはそのような例はひとつもない。なお、数少ないトリケラトプスのボーン・ベッド〔複数の骨化石がまとまって含まれる層のこと〕のひとつには若いトリケラトプスが含まれているが、これはほかの非鳥類型恐竜にも見られるパターンである。以上の点から考えられるのは——「リトルフット」シリーズのファンには申し訳ないのだが〔「リトルフット」はアニメ映画のシリーズで、日本では一九八九年に第一作目が『リトルフットの大冒険〜謎の恐竜大陸〜』として公開された〕——トリケラトプスの子育て期間はあまり長くなかったということだろう。そのため若いトリケラトプスたちは、周囲に潜む危険にいち早く気づくために群れをつくり、集団で行動することによって捕食されるリスクを減らしていたと考えられる。社会的な群れの中で生きていれば、特定の個体がティラノサウルスの獲物として選ばれる危険性は低くなる。もしかするとおとなのトリケラトプスも群れを形成していたかもしれないが、彼らは十分に大きく、自分の身をしっかり守れるため、ティラノサウルスに不意打ちで襲われる心配はそれほどなかったと考えられる。第1章に出てくる年老いたトリケラトプスの物語は、こうしたアイデアから生まれたものだ。

　このオスのトリケラトプスの死因も、最近の研究が基になっている。古生物学の研究者の間では、恐竜も骨肉腫にかかることが何十年も前から知られていた。これまでに確認されたケースのほとんどは、良性あるいは深刻なものではなかったようだが、二〇二〇年の研究報告では、トリケラトプスがいた時代よりも一〇〇〇万年前に生きていたケラトプス類の肢の骨から、悪性腫瘍が初めて見つかったとされている。この骨はセントロサウルスというケラトプス類のもので、発見されたのは広大なボーン・ベッドだった。沿岸部を襲った嵐で川が氾濫した際に死んだセントロサウルスの大群の骨が、広い氾濫原に散らばってできたものである。骨肉腫が、脊椎動物であるかぎり切っても切れないもの、つまり古くから骨自体に受け継がれた脆弱さにかかわるものだとすれば、トリケラトプスが古い近縁種と同じ病に罹ることがあったとしても不思議ではないだろう。

トリケラトプスが死んだあと、その死体の中身を小さな肉食動物が食べることは難しかったはずだ。トリケラトプスのある有名な標本を見ると――ちなみに、この標本は何年も展示されているにもかかわらず、まだ正式には登録されていないのだが――その体は二五セント硬貨ほどもあるウロコで広く覆われていることがわかる。古生物学の研究者らは、ウロコで覆われた同グループの恐竜の皮膚痕を一〇〇年以上も前に発見している。そして近縁種に見られるような装飾から判断すれば、トリケラトプスにもプロトフェザーと呼ばれる繊維組織（剛毛）が生えていてもおかしくなかったはずなのだが、どうやら体の大部分は分厚い皮膚で覆われていたようだ。そんなトリケラトプスの死体は、どんな腐肉食動物（スカベンジャー）にとっても手強かったことだろう。ヘルクリークに棲むクチバシをもった翼竜や鳥類にはノコギリのような歯がなく、顎の力も皮膚を切り裂けるほど強くはなかったため、おそらくは現生鳥類のように、食べやすい柔らかい部分をつついて食べていたのではないかと考えられている。

ティラノサウルスであれば、成体のトリケラトプスの体でも引き裂けたであろうことは、化石記録で証明されている。また、コンピューターのシミュレーションでは、ティラノサウルスの顎の力であれば確実に骨まで砕くことができたと示されているが、このことはトリケラトプスの化石にティラノサウルスのものとしか考えられない歯形が刻まれていることでも裏づけられている。たとえば、トリケラトプスの腰骨の標本（モンタナ州立大学付属ロッキー博物館所蔵のＭＯＲ７９９）には大型のティラノサウルスの噛み跡以外にはありえないような深い穴がある。また、独特な歯形パターンの残ったトリケラトプスの頭骨がいくつも発見されたことで、ティラノサウルスがトリケラトプスのどこに噛みつき、どこを噛み切って、あの頑丈な首の筋肉組織を切断して頭をもぎ取ったのかが解明された。スミソニアン国立自然史博物館の化石展示室が改装された際に古生物学者らが展示することに決めたのは、まさにそんな場面だった。

だが、そのことからティラノサウルスが単なるスカベンジャーだったということはできない。このスカベンジャー説が広まったのは一九九〇年初頭のことで、テレビのドキュメンタリー番組や雑誌記事で評判にはなったものの、古生物学界にはあまり受け入れられなかった。では実際はどうだったかといえば、ティラノサウルスは今日の肉食動物とほぼ同じように、ハンター兼スカベンジャーだった。ティラノサウルスには捕食者としての適応が多く見られるが、そのひとつが立体視である。ほとんどの植物食恐竜にとって、世界は二次元であるが、ティラノサウルスは立体視のおかげで獲物の位置を正確に捉えることができた。そのため、偶然獲物に出くわしたときでも見逃すことはなかったようだ。生きた獲物と死肉をどれくらいの割合で食べていたのかについてはわかっていないが、もしかするとティラノサウルスはアフリカ東部のブチハイエナのようなものだったのかもしれない。ブチハイエナはスカベンジャーとして扱われることが多いが、食べ物の九割程度を実際に狩りをして得る個体群もいる。ハイエナの顎は骨を砕くほど強力で、獲物を仕留めることにも、また死肉を噛むことにも適している。言い換えれば、生息地で見つけたものなら何であれ最大限に利用できるのである。死体をうまくあさることができるのは、弱点でもなければ、捕食能力の欠如を示すわけでもない。これは、獲物が潤沢にあるときはもちろん、メニューに骨と皮しかないような厳しい状況であっても、肉食動物が生き抜いていくための適応なのである。大型植物食恐竜と同じくらい多くのティラノサウルスがヘルクリークに生息していたことからも、この適応パターンは証明されるものだろう。大きな死骸でもペロリと平らげられるティラノサウルスならば、生き残る可能性もきっと高かったはずだ。

ティラノサウルスが周囲の環境に与えた影響は間違いなく大きかった。古生物学ではティラノサウルスを大型獣脚類として表現する場合があるが、それは単にかっこいい呼び名だからというわけだけではない。大型動物は、食べるものから、歩く場所、糞の量に至るまで、環境に対してとてつもない影響力を及ぼす。そういう意味で、ティラノサウルスは完全にこのカテゴリーに属している。そして最近の研究では、ヘルクリークに彼らの痕跡がこれほどしっかりと残っている理由が解明されつつある。ティラノサウルスが種として存在していたのは約二〇〇万年間だ。ティラノサウルスの生息域として考えられるのは、カナダのサスカチュワン州からアメリカのユタ州にわたる範囲だが、もしかするとニューメキシコ州の南部にまで広がっていた可能性もある〔最近、ニューメキシコ州から新種のティラノサウルスとしてティラノサウルス・マクラエンシス〔*Tyrannosaurus macraeensis*〕が発見された〕。ティラノサウルスの化石の豊富さをテーマにした最近の研究では、ティラノサウルスの個体数は、どの時点においても二万頭前後はいたと推定されているが、この数は多いとも少ないともいえる。ティラノサウルスが食べていたトリケラトプスのような植物食恐竜の数と比較すれば少ないが、大型肉食恐竜としては驚くほど多いのだ。大型肉食恐竜は、一般的に広い行動圏（ホームレンジ）をもち、その個体数は獲物の量によって左右されるため、比較的少ないことが多いものだ。しかし、ティラノサウルスは、それ以外の生活史と同様に、ほかの肉食恐竜とはまったく異なる存在だったのである。

非鳥類型恐竜は成長するにつれて劇的な変化を遂げる。二〇世紀、博物館で恐竜を展示しようと古生物学者らがやっきになっていたころ、既知の種の幼体を新種と間違えることがよくあった。それくらい親と子どもの見た目は違っている。そしてティラノサウルスもその例に漏れない。若いティラノサウルスは体全体に対して後肢がやや長めであり、ひょろ長い印象だ。また、口元はほっそりとしており、深い咬み傷を負わせることはできても骨まで砕くことはできなかった。このような若い暴君たちの標本は珍しく、ヘルクリークに生息していたティラノサウルス科の第二の種「ナノティラヌス」だといわれたこともあったが、現在では単に成長途中のティラノサウルス・レックスだったことが判明している〔現在でも別属とする意見があり、議論が続いている〕。ティラノサウルスは、生まれてからの約一五年間はヘルクリークにおける中型肉食恐竜の位置を占め、比較的小さめの獲物を食べていた。そうやってほかの中型肉食恐竜を押しのけていたのである。そんな当時のヘルクリークは、大型肉食動物がうろつく現代の生態系と比べると一風変わっていた。たとえば東アフリカのサバンナにいる肉食動物には、ライオンからオオミミギツネまで、さまざまな大きさのものがおり、大きさ順に連続して並べることができる。一方、ヘルクリークには小型の鳥類や肉食恐竜類はいたが、中型肉食恐竜の役割は、数少ない例外を除いて若いティラノサウルスが担っていた。そんな暴君たちは一五歳前後で劇的な成長を遂げる。ティーンエイジャーのティラノサウルスは、体重をどんどん増やしながら、頭骨の後部を幅広にして、顎を閉じるための筋肉をさらにつけていく。こうして、骨まで噛み砕く恐竜として、私たちが見慣れたあの恐ろしい容貌へと変化していき、博物館の来館者たちが憧れるロックスターとなっていくのだ。

　本当のことをいうと、ティラノサウルスと最大の獲物となりうるアラモサウルスの二頭が対決する場面を書きたいと思っていた。たとえば、ダラスにあるペロー自然科学博物館では、立派に育ったアラモサウルスの横に、やけに小さく見える成体のティラノサウルス・レックスが並んでいる。

　アラモサウルス・サンファネンシスは世界最大級のティタノサウルス類であり、その中でも最後まで生き残った種とされている。植物食恐竜である彼らは、首の長いアパトサウルスやディプロドクスの遠い親戚にあたるが、ティタノサウルス類が栄えたのはおもに白亜紀の南半球で、体はもっと巨大化していた。これまでに知られている最大級の恐竜には、アルゼンチノサウルスやパタゴティタンといったティタノサウルス類がいる。そして白亜紀の終わりになると、そのティタノサウルス類の中から北上するものが出てきた。

　時代や場所が違えば、アラモサウルスもただの巨大な植物食恐竜で、緑豊かな生息地で植物を片っ端から食べていた、呆れるほど大きな竜脚類の一種にすぎなかっただろう。しかし、この恐竜の存在はある理由から重要視されている。ジュラ紀後期から白亜紀前期、つまり約一億五五〇〇万年前から一億二〇〇〇万年前にかけて、竜脚類は北アメリカ大陸で繁栄していたが、その後六八〇〇万年前になるまで姿を消している。古生物学では「竜脚類の空白期間」と呼ばれる現象で、中生代の北アメリカでの生態系が変化した数千万年間がそれにあたる。次第に竜脚類はカモノハシ恐竜（ハドロサウルス類）のエドモントサウルスやケラトプス類のトリケラトプスの祖先に取って代わられた。これらの恐竜たちは、植物を細かくして食べることができたが、竜脚類はそのような食べ方ができなかったのだ。それでも竜脚類は、ほかの地域、とくに赤道より南の陸塊で生き残る。そして、大陸の移動によって北アメリカ大陸への道が開かれると、ティタノサウルス類は北アメリカに戻っていったのだ。

現在に至るまで、アラモサウルスの化石がヘルクリーク層で発見されたことはない。アラモサウルスの生息地として有名なのは、おもにニューメキシコ州、テキサス州、ユタ州であり、そのうち確実にティラノサウルス・レックスが同時に生息していたといえるのはユタ州のみである。おそらく、こうした南部の地にはアラモサウルスが生存しやすい何らかの要素があったのだろう。あるいはアラモサウルスが北の地域へ広がっていく前に白亜紀が終わってしまったのかもしれない。しかし、アラモサウルスはヘルクリークのすぐ近くまで来ていたので、この本のどこかに彼らのエピソードを入れ込みたかった。そこで、章末に登場させることにした。

これまでにアラモサウルスの巣を見つけた古生物学者はまだいない。じつのところ、ほとんどの種において、巣、卵、成体の直接的なつながりについては、まだよくわかっていないのだ。だが、ほかのティタノサウルス類の卵と巣は世界各地で、とくに南アメリカで多く見つかっており、アラモサウルスのような恐竜は、グレープフルーツかそれよりもちょっと大きいくらいの丸い卵を産むことがわかっている。おとなの竜脚類が子どもの面倒を見ていたというエビデンスは見つかっていないため、研究者らは、これらの恐竜は、現生のウミガメのような「産みっぱなし」戦略をとっていたという仮説を立てている。そうした種の生き残り戦略は、数で勝負する、つまりたくさん卵を産むことだったため、当時はきっと捕食者が食べきれないほどの竜脚類の卵であふれかえっていたことだろう。それに、こうしたティタノサウルス類の数種については、珍しく化石化した胚が残っているため、見た目についても若干なりともわかっている。そうした繊細な化石からは、孵化する前のティタノサウルス類にはすでに杭のような歯があり、それで歯ぎしりをしていたことがうかがえる。また、種によっては顔に角のような突起をもっており、卵の殻を割って出るのに役立てていたと考えられているが、これは現代の爬虫類に見られる卵歯（らんし）にそっくりである。ティタノサウルス類の恐竜が、生まれる前から不利な状況に置かれていたことは確かだが、それでも、もし成体にまで成長できれば、彼らは鼻から尾の先までが三〇メートル以上にもなる、世界最大級の動物になるのである。

第2章　衝　突

映画や小説、それから博物館や科学書などで描かれる恐竜は、元気で活力にあふれていることが多い。目新しい恐竜が紹介されるとき、その恐竜が傷ついていたり病気にかかっていたりと、明らかに苦しんでいる様子が描かれることはほとんどないのだ。そこで、第2章の序盤では、痒みに苦しむエドモントサウルス・アネクテンスを登場させてみた。

偉大なるエドモントサウルスは最後のハドロサウルス類の一種で、カモノハシ恐竜とも呼ばれている。じつは、この呼び名については個人的にはどうかと思っている。クチバシはまだしも、彼らには歯まであるので、アヒルとは似ても似つかないと思うのだ〔前述のとおり、英語ではカモノハシではなく、アヒルのクチバシをした恐竜（duckbilled dinosaurs）と呼ぶ〕。強いていえば、彼らのクチバシはショベルに似ている。ロサンゼルス自然史博物館で展示されている頭骨には、波打ったような、ざらざらの四角いクチバシが残っているが、これはほかのエドモントサウルスの化石ではめったに見ることができないものだ。しかし私が焦点を当てたのは、その名前よりもエドモントサウルスに降りかかっていたと思われる問題である。

いくら恐竜といえども不死身ではない。傷つくことも、感染症にかかることも、骨折することだってある。じつは、恐竜も私たちと同じくらい多くの健康上の悩みを抱えていた。そのひとつが小さな寄生虫である。虫は中生代を通して恐竜とともに進化しており、そんなあまたある虫のひとつがシラミだった。琥珀の中に閉じ込められたシラミの化石も発見されているが、わかっているのはそれだけではない。現代のシラミの遺伝子からは、中生代に、とくに羽毛恐竜の間でシラミが広まっていたことや、K／Pg 境界の大量絶滅で食料源を絶たれたシラミたちが新しい宿主を見つけなくてはならなかったことまでわかっているのである。

複数のトリケラトプスが一緒に発見されることは稀(まれ)であるが、複数のエドモントサウルスが眠るボーン・ベッドは割と多い。もちろん、集積された骨があるというだけでは、動物たちが実際に社会的な関係を築いていたかどうかまではわからないのだが、エドモントサウルスのボーン・ベッドはかなり多く確認されていることから、古生物学的にはエドモントサウルスが社会的な恐竜であり、集団で活動していたと推測されている。このことは、エドモントサウルスの成体構造を考慮すればたしかにうなずける。エドモントサウルスは進化の過程で自己防衛的な機能をほとんど身につけてこなかった。足は速く、おそらくティラノサウルスよりも速かったようだが、トゲトゲの尻尾があるわけでも、鎧のようなプレートや角をもっていたわけでもなく、腹ぺこのティラノサウルスを追い払うようなものは何ひとつ持ち合わせてはいなかった。集団行動と警戒心の強さは、現代の植物食動物でもよく見かける戦術だが、エドモントサウルスにとってはそれらがさらに重要だったと考えられる。また、骨格を調査したところ、ハドロサウルス類の成長は早く、肉食恐竜が簡単には倒せないほどの大きさにすぐに達していたことが示唆されている。全長九メートルのエドモントサウルスに防御用の武器らしきものはなかったようだが、それでも体は大きく重かったため、体当たりをしたり、太くて筋肉質な尻尾をうまく当てたりすれば、相手の骨を折ることもできた。現生肉食動物と同じように、ティラノサウルスが好んで狙っていたのは年老いたものや病気のもの、小柄なものだったと考えられるため、エドモントサウルスとしては、せめて簡単には食べられないほど大きく、そして足が速くなるように進化していったのだろう。

第2章では、トロサウルス・ラトゥスをゲスト・スターとして登場させた。筋金入りの古生物ファンであれば、どうしてそんな物議を醸すような恐竜を登場させたのかと不思議に思われるかもしれない。トロサウルスがヘルクリークでトリケラトプスと一緒に暮らしていた珍しいケラトプス類なのか、それともじつはトリケラトプスの完全に成熟した世代であるのかについては、いまだ論争が繰り広げられているからだ。

また、トロサウルスが稀な存在であることも問題のひとつとなっている。トリケラトプスの化石が何百と発見されている一方で、トロサウルスの標本はほんの一握りしか出てきていない。もしかすると、トロサウルスとはトリケラトプスが完全に成長した姿なのかもしれないが、その段階まで成長しきる個体がほとんどいなかっただけなのかもしれない。あるいは、トリケラトプスと生息地を同じくする、単に珍しい種であったのか、それともコア生息地は違っているものの、たまたまトリケラトプスと同じ場所にいただけなのかもしれない。生態学的にいえば、種の均等度、つまり、あるひとつの生息地における生物間の相対的比率として考えられるだろう。多様性が種の数（たとえば、ある生態系に二〇種の恐竜がいるというようなこと）を表しているのに対して、均等度はどの種が多くてどの種が少ないかといったことを表すため、その数値はたいへん重要である。したがって、この場合であれば、トリケラトプスはヘルクリークではもっとも一般的な恐竜だったが、トロサウルスはほとんど存在していなかったといえる。

　トリケラトプスとトロサウルスを見分けるポイントはすべて頭骨にある。トリケラトプスには硬い骨でできたフリルがあるが、トロサウルスには首周りの大きな襟飾りにふたつの大きな穿孔（せんこう）、つまり「窓」がある。さらに、トリケラトプスと比べると、フリルの縁に尖った縁後頭骨が偶数個ついている。有名なトロサウルスの頭骨は比較的大きなものばかりなので、この恐竜が大きく成長したトリケラトプスだと考えるのは筋が通っているように思えるだろう。しかし、化石記録はそのまま読めばいいというわけではない。実際には、比較的大きな動物は小さな動物よりも保存されやすいという、ある程度のサイズの閾値が存在する。最小級および最大級の恐竜が保存されていることは稀で、全長分布で中央値に近い恐竜ほどうまく保存される傾向にあるのだ。言い換えると、若いトロサウルスは（ひじょうに若いトリケラトプスと同じように）きわめて珍しい存在なのである。それでも、コロラド州デンバー郊外の建設現場で最近発見されたトロサウルスは比較的小さく、タイニー（おちびちゃん）というニックネームがつけられている。もしこのトロサウルスの年齢が若く、成長期のものであることが判明すれば、トロサウルスを、トリケラトプスではなく、個別の種として裏づける強力な証拠となるだろう。

だが、本章の真の主役は、地球をすっかり変えてしまった岩の塊、火球そのものである。ただ、その火球自体がほとんど残っていないということもあって、この岩が主役となる物語を伝えるのは難しかった。世界中の岩石が含んでいる高濃度のイリジウムは（衝突クレーターの内側も含めて）衝突した小惑星の残留物に違いないのだが、その衝突の残骸として残っている岩の塊はひとつもないのだ。一九八〇年当時、古生物学者らが当初、衝突仮説に懐疑的だったのはこのためである。つまり、決定的な証拠がなかったのだ。それでも、地球の地質を調べたり、宇宙空間における数々の小惑星の軌道を観察したりするうちに、K／Pg境界の火球がどういったもので、どこから来たかといったことが少しずつわかってきた。

K／Pg境界の衝突体の破片を調べると、研究者らが過去に見たことのあるタイプの小惑星と一致していた。炭素質コンドライトと呼ばれるものである。このタイプの岩石はいくつかのクラスに分類されるが、いずれにも共通しているのは、おもに宇宙の初期（相対的にいえば、であるが）に、変質していない塵がまとまってできたものであるということ、そして黒鉛（グラファイト）という形で大量の炭素を含んでいるということだった。宇宙空間では、K／Pg境界の衝突より何百万年も前に何度も衝突が起こっていたが、上記の点に着目した研究者らは、そうした衝突の手がかりの中からK／Pg境界の衝突体の起源を探り、対象を絞っていったのである。

K／Pg境界の火球は長周期彗星の一部だったという有力な仮説がある。この氷と岩石の塊は、長周期彗星と呼ばれているとおり、はるか彼方から遠回りをしながら太陽系を旅している。太陽を一周するのに数千万年もかかるような旅である。その際、こうした彗星は太陽と木星の引力に引っ張られて若干近づきすぎることがある。一九九二年のシューメーカー・レヴィ第九彗星もそうだった。この彗星が木星に衝突する様子を観察することで、宇宙論や天文学の研究者は、火球が惑星に衝突するときに起こる現象や、強力な地質学的プロセスについて、若干ながら知ることができた。だが、その一方で、大きくて古い岩石から分離したその小惑星が地球に向かってきたのは、宇宙空間における進路を左右するさまざまな力がはたらいたからだと考えることも可能である。これら二つのアイデアは互いに矛盾するものではないので、私は本章でこれらの説のハイブリッド・ストーリーを紹介している。太陽系の遥か彼方に漂う太古の大きな岩石があり、それが割れたときにできた塊のうち、少なくとも大きなひとつが運悪く地球に向かい、その後衝突する――そんな何十億年に一度あるかどうかという稀有な出来事を描いたストーリーである。

小惑星の速度、方向、角度は最新のエビデンスに基づいて推定されているが、その算出には、ことのほか難解な科学的手法が用いられている。いってみれば、被害の状況パターンからその小惑星の動きを遡っていくという、リバース・エンジニアリングを用いた地質学的弾道学のようなものだ。今後研究が進んでいけば、小惑星が地球に衝突した際の状況の詳細は修正されるかもしれない。いずれにせよ、あの小惑星のスピードがひどく速かったことはわかっており、その点はよく心に留めておかねばならない。小惑星衝突が描かれるときによくありがちなのが、空を横切る恐ろしい一筋をティラノサウルスやトリケラトプスが眺めているような場面だが、そんなことはおそらく起こっていない。白亜紀後期の世界の住人たちが、衝突前の空に何かを見たということはなかったはずだ。衝突は一瞬の出来事であるため、流れ星が尾をひきながら頭上を通り過ぎるようなことはありえないのだ。また、第二次世界大戦末期の広島と長崎に落とされたおぞましい爆弾のように、衝突の瞬間に凄まじい閃光が発生していたように描かれることも多い。K/Pg境界の衝突の破壊力は、膨大な数の核爆発が一度に起こるようなものだと喩(たと)えられることが多いため、その影響が古生物の復元画にも表れているのだろう。しかし、そうした原子爆弾ほど強い閃光が、小惑星の衝突時にも発生していたかどうか、ましてやそのような閃光がヘルクリークの動物たちに届いたかどうかについては、確固たる証拠があるわけではない。それよりも、私たちの物語においてより重要――そしてより致命的――なのは、衝突で巻き上がった粉塵が大気中から降り注いだときに発生した熱パルスである。大量の赤外線放射は世界中に及び、その影響は避けようがなかったと考えられている。

第2章の終盤に登場させたケツァルコアトルスについては、この翼竜が世界を一周できたという仮説に基づいて書いている。地上に立つとキリンほどの高さになり、翼開長は小型のプロペラ機ほどあったケツァルコアトルスは、空を飛ぶ動物の中では、最大とはいかなくとも、最大級であることに間違いはない。彼らは、脊椎動物として、飛行能力を維持しながら、巨大化の限界に挑んだ存在だった。離陸の際に必要となる揚力については、棒高跳びの要領で空中に飛び上がることで解決していた。古生物学の仮説によると、ケツァルコアトルスや同類の翼竜は、いったん宙に浮かべば、そのまま一六〇〇キロメートルもノンストップで移動することができたとされている。そうだとすれば、彼らのような空飛ぶ爬虫類たちは大陸間を横断し、現代のパシフィック・フライウェイを飛ぶ渡り鳥のように、一年の各時期を世界のあちこちで過ごしていたかもしれない。

ただ、翼竜の研究で障壁となっているのは、骨が見つけにくいという点だ。もし博物館で本物の翼竜の化石を見ることがあったとしても、きっとくしゃくしゃの段ボールのように見えるのではないだろうか。翼竜の骨がこれほど薄く、中が空洞になっているのは、体重を軽くして飛行しやすくするためだ。そんな骨は、土砂に埋まってしまえば、化石になる前に簡単に砕けてしまう。場所によっては、頭骨の一部や砕けた肢の骨だけしか見つかっていない種もあるくらいだ。ケツァルコアトルスの場合でいえば、この翼竜が本当に世界中を旅していたことを裏づけるためには、地球上のさまざまな場所でこの翼竜の骨が見つかる必要がある。空気力学的に見れば、この巨大なケツァルコアトルスが世界中を飛び回っていた可能性はあるといえそうだが、それを裏づける証拠を見つけるのはかなり困難になりそうだ。

第3章　衝突から一時間後

一世紀以上の間、アンキロサウルス・マグニヴェントリスは「生きた装甲車」と呼ばれてきた。四肢の短いこの植物食恐竜を言い表すのに、これ以上しっくりくる喩えはきっと見つからないだろう。

「アンキロサウルス」という名前を冠する科の中で最大の種が、このA・マグニヴェントリスで、ヘルクリークの生態系では珍しかったにもかかわらず、多くのティラノサウルスを悩ませる存在だった。この恐竜は鼻先から尻尾のハンマーに至るまで、全身が骨の装甲で覆われていたからだ。

　とはいえ、ヘルクリークの生態系で鎧を身にまとっていた恐竜はアンキロサウルスに限らない。近年になり、古生物学では、鎧竜類の別の系統に属する種、デンヴァーサウルス・シュレスマニが識別された。アンキロサウルスとデンヴァーサウルスを見分けるポイントは装甲にある。これらの大型恐竜の体にはそれぞれ異なる形の皮骨板(オステオダーム)が見られることに加え、アンキロサウルスの尻尾には大きなハンマー(クラブ)がある反面、デンヴァーサウルスにはそれがないのだ。

　アンキロサウルスの存在が科学的に証明されて以降、その尻尾のクラブが何のために使われていたのかは、古生物学上の謎である。もっとも明らかな機能としては防御のための武器だと考えられている。尻尾のクラブは、「ノブ」と「ハンドル」というふたつの部分でできている。尻尾の先についている「ノブ」はアンキロサウルスの頭ほどの大きさをした骨の塊で、それを骨化した硬い腱が支える特殊な尾椎(びつい)で持ち上げる。「ハンドル」部分は、連結した尾椎でできており、それでクラブ全体を棍棒のように支えることができた。発掘されたティラノサウルスの中には脛骨(けいこつ)を骨折したものもあったため、尻尾のハンマーは、おもに厄介な大型の肉食恐竜を打ち負かすために進化したという仮説を唱える古生物学者もいる。しかし、ティラノサウルスの骨折が何か別の原因によるものだった可能性は十分にあり、それと同じく、アンキロサウルスの尻尾がこのような形態へ進化したのも別の理由である可能性も十分に考えられる。たとえば、ライバル同士のケンカで用いた可能性もあれば、デコイ

（おとり）として使った――空腹のティラノサウルスをだまして、頭ではなく尻尾を噛みつかせたのかもしれない――可能性もある。しかし、二頭のアンキロサウルスが互いの脇腹をハンマーで打ちつけ合っているような行動が実際に化石に残っていれば話は別だが、そんな彼らの行動を探り当てるのはいたって困難である。よって、アンキロサウルスのクラブについての謎はまだ解けていない。なお、本書に登場した不運なアンキロサウルスに降りかかる小惑星衝突の影響は、別のエビデンスを基にしている。

チクシュルーブ・クレーターとその周辺地域を対象とした複数の地質学的な研究が進み、当時の衝突点付近の惨状が少しずつ明らかになってきている。ただ、そこに至るまでには苦難の道のりがあった。あのような小惑星の衝突自体も珍しいうえに、小惑星落下の衝撃で衝突地点にあった岩が溶け、石だったものがドロドロのスープのような状態になるという状況は、めったにあることではない。そのうえ、海底にあった大量の堆積物が、衝突で発生した巨大津波によって引き剝がされ、それがふたたび衝突地点上に混ぜこぜの状態で堆積していったのである。ここに残されている衝突の記録は、月のクレーターのようにはっきりとわかりやすいものではない。衝突で傷つき変形した岩は、そのときの衝撃によって覆い隠されてしまっているのだ。それこそが、衝突の瞬間がどれほど強烈だったかを生々しく物語っているといえよう。

このアンキロサウルスがヘルクリークで体験したことは、とある物議を醸した発掘現場での発見が基になっている。ノースダコタにある「タニス」という愛称で呼ばれる発掘現場のことだ〔タニスは古代エジプトにあった都市の名前。映画『レイダース／失われたアーク《聖櫃》』では、旧約聖書に出てくる契約の箱が眠る遺跡場所として描かれている〕。二〇一九年の春、この特別な場所を記録した論文に先んじて、『ニューヨーカー』誌がある記事を発表した。その結果、この発掘場所は世間から大きな注目を集め、大々的に取り上げられたのだが、その一方で、最初にこの場所を発見した人々が正当な評価を得られなかったこと、そして一部大げさに報道された内容が未発表のもので、検証されてもいなかったことから、非難の声が上がった。当初の論文が着目していたのは、この地で眠る動物たちではなく、その地質だった。そして、私が綴った一連の出来事が起こったのも、この地である。その論文の著者らによれば、チクシュルーブでの衝突は、まさに地球を揺るがすものだった。衝突による地震のエネルギーは放射線状に広がり、小惑星が接地してから一時間以内にはパルス状になってヘルクリークにまで届いた。そしてこの揺れのあとに、ヘルクリークの河川や湖沼といった一部の水路に水が流れ込んだとされる。湖や、もしかすると消えかかっていた西部内陸海路の跡地までもがスイミング・プールのようになったのである。地震が襲ってくると、これらのプールの水は波打ち始め、水底の堆積物を引き剝がし、やがて岸からあふれ出た。そして局地的な洪水となって周囲の陸地に流出した。この状況の凄まじさは、貝殻などの小さい化石群を見ればわかる。このノースダコタの発掘現場で発見された瓦礫の中には、渦巻き状の殻をもつイカのなかま、アンモナイトの破片があった。西部内陸海路で生き、そして死んでいったアンモナイトだ。これらの化石は、ティラノサウルス・レックスの時代よりもさらに数百万年前、この地域が海中にあった時代のものだ。静振(せいしん)の波の力が湖底の堆積物から化石を洗い出し、新しい化石とごちゃ混ぜにしたのである。こうした一連の出来事が今後の分析で裏づけられれば、この現場からは、火球が地球に埋没した直後に何が起こったかを知る貴重な手がかりを得られるだろう。

本書の大部分はヘルクリークを舞台にして書いたが、ほかの場所で起こった出来事についても触れておきたかった。そこで、海棲爬虫類のモルトゥルネリアを登場させて、場面を南極に切り替えた。モルトゥルネリアという名前が最初につけられたのは一九八九年のことだが、この首の長いプレシオサウルス類がフィルター・フィーダーであると判明したのは最近のことである。モルトゥルネリアの小さく密集した歯は、大クジラのヒゲと同じように、小さな食べ物をろ過する天然の網のようなはたらきをしていた。首の長いプレシオサウルスが海底でエサを食べていたことを裏づけるエビデンスがすでに報告されていたことを考えれば、その歯の役割は生態学的にも理にかなっているといえる。イラストでは、ウミヘビのように首をしならせている姿で描かれることの多いプレシオサウルスだが、白亜紀には、海底の砂や沈泥を掘り返すようにしてカニや二枚貝といった無脊椎動物を捕らえるものがいたようだ。古代の海底堆積物から見つかった奇妙な溝の跡も、プレシオサウルス類が前後に動きつつ自分の口で土砂を鋤きながら海底の獲物を一網打尽にしていたときにできたものかもしれない。ただ当然ながら、すべてのプレシオサウルス類が同じようにしていたというわけではない。明らかにプレシオサウルス類は、魚や頭足動物、さらには海棲爬虫類までも食べていた。ただ、中生代では、恐竜や哺乳類が陸地で新たなニッチを開拓したように、プレシオサウルス類も海で新たなニッチを開拓したということなのだ。

章の終盤では、不幸なモルトゥルネリアの上に小さくて熱い塵が降ってくるが、これは私の想像である。衝突で溶けた塵の破片は微小の小球体となって、世界各地で見つかっており、これらは衝突のすぐあとで降り始めたと考えられている。衝突後一時間以内にそれらが南極で降っていたかどうかまでは断言できないが、その日のうちには間違いなく降っていたことだろう。そんな噴出物の一部は大気で燃え尽きて、暁新世初日の灼熱の一因となったわけだが、小球体や衝撃石英が世界各地の地質記録に見られることから、それらの多くは長い時間が経過したあとでも完全な形を留めて、地質記録になったことがわかる。

第4章　衝突から一日後

地球上の全生命にとっての史上最悪の一日を選ぶとすれば、最有力候補は暁新世の第一日目だろう。この災禍による長期的被害の多くは、衝突後二四時間以内に起こり、そのストレスたるや、理解することも、誇張することも難しいほどだったに違いない。

誤解のないようにいえば、「これが暁新世の第一日目の地層だ」と地質学者や古生物学者が特定できるような特殊な岩層があるわけではない。放射年代測定によって、小惑星衝突や白亜紀が終わった年代は以前よりも厳密にわかるようになったものの、まだ誤差も多く、岩層の形成状況によっては、時間に数分から数十年という幅が出てしまう。いずれにせよ、あらゆる地質時代には、ある時代が終わって次の時代が始まる境界がある。白亜紀の場合、高濃度のイリジウム、小球体、衝撃石英が含まれている境界層が正式な地質学的境界線とされており、小惑星が地表にぶつかった瞬間が、あくまで非公式ではあるものの、白亜紀が終わり暁新世が始まった瞬間とされている。そうなると、非鳥類型恐竜が絶滅したのは一般的にいわれる白亜期末ではなく、暁新世が始まった直後——おそらく、暁新世の第一日目——ということになるだろう。暁新世が新生代、いわゆる哺乳類の時代という長期のタイムスパンの一部であることをふまえれば、暁新世初日に起こったことをテーマにした、たいへん有用な論文のタイトルが「新生代の最初の数時間を生き延びる（Survival in the First Hours of the Cenozoic）」となっているのも頷ける。

この最初の日に起こった恐ろしい現象の数々は、岩石の記録を直接調査して判明したわけではなく、岩石に現れていることから地球全体への影響を推測したものである。例をあげれば、あの小惑星の衝突で膨大な量の塵が地球の大気圏に散らばったのは明らかだ。そこから、地質学の研究者らは、塵の量に加え、塵が大気圏へ再突入した際に発生した熱でどれだけ大気が変化したかを推測した。それによれば、当時の気温は、オーブンの強火設定の温度よりも高かったとされている。熱は激しさを増し、乾燥した森の残骸（葉や枯れ木など）が世界のあちこちで自然発火を起こすほどだった。さらには、衝突で生じた塵が燃えて赤外線が放射され、眩しい光が生じたが、その強い光で照らされた地表には陰がほとんどなくなってしまった。この熱パルスを逃れるには、水中や地下といったどこか安全な場所へ身を隠すほかなかったのである。

何十年も議論が繰り広げられてきたK／Pg境界の大量絶滅だが、その悲劇的かつ大幅な多様性の損失については、長期間で持続的な危機として捉えられることが多かった。博物館の展示やドキュメンタリー番組においてでさえ、お腹を空かせた恐竜たちが寒さに震えながら衝突の冬に耐えきれずに死んでいく様が描かれることが少なくない。しかし、最近のエビデンスによると、非鳥類型恐竜の多くは衝突の冬まで生き延びていなかったことが示唆されている。衝突によって引き起こされた火災と同時期に起こった熱パルスは、地上に露出していた有機物を燃やし尽くすほど高温だったようだ。ティラノサウルスのような恐竜やケツァルコアトルスのような翼竜が隠れる場所はどこにもなかったが、それは地表で暮らしていた哺乳類、小型爬虫類、昆虫、植物、菌類といった多細胞生物にとっても同じだっただろう。絶滅の大部分は、ほぼあっという間に起こったのである。

　熱といえば、恐竜の体の生理機能や、内温動物に至るまでの進化をどのようにして遂げたのかについても探求する機会があった。今日（こんにち）に至るまで、恐竜たちが内温動物に進化した要因はいまだに突き止められていない。現生動物の中でも、種のグループが違えば、それぞれのニーズや行動に合った生理学的プロフィールがあるものだ。しかも、世界は内温動物か外温動物かではっきり分かれているわけではない。たとえば、周囲の温度よりも体温を高く維持しているにもかかわらず外温動物であるものもいれば、休眠状態に入ると外温動物になるものもいるといった具合である。ただ、世界規模の熱パルスに対処できた動物はどこにもいなかったという点だけは、はっきりしている。何時間も続いた酷熱を乗り切る唯一の方法は、安全な場所へ避難することだったが、当時の陸棲生物のほとんどは、それができなかった。

　ここで頭に浮かぶのが、熱パルスを生き延びるのに必要な行動と適応をたまたま身につけていた生き物、小型哺乳類のメソドマとカメのコンプセミスである。二匹の物語は、事実と推測を組み合わせながら、サバイバーである彼らの体験を推察したものだ。メソドマとコンプセミスのどちらも、白亜紀末と暁新世の岩石から発見されていることから、彼らには何か特別な生活史、つまり多くの生物を死に至らしめた絶滅を生き延びることができた理由があったと考えられる。

メソドマの生態については、ほかの生物ほどにはよく知られていない。ただ、中生代の哺乳類には特徴的な歯があるため、歯で識別できることが多い。その理由は二つある。ひとつ目は、哺乳類の歯の形状が——偉大なる恐竜類とは明らかに違って——種によって大きく異なっているという点である。ゴルゴサウルスとアルバートサウルスといったティラノサウルス類の恐竜を、一本の歯だけで見分けることは不可能であり、特定することさえ難しいだろうが、哺乳類の歯には、くぼみ具合やぎざぎざの形、結節など、種によって独特の形状が見られるため、臼歯がひとつ見つかれば、どんな種がそのあたりに生息していたのかがだいたい推測できる。ここから、ふたつ目の理由につながる。多くの場合、化石としては臼歯一本くらいしか残っていないのだ。白亜紀後期の堆積物の中には、カワウソに似た有袋類のディデルフォドンのように、哺乳類の全身骨格が出てくることもあるにはあるのだが、化石記録となって残っているのはたいていが歯である。もっと小さな化石になると、保存の段階でさまざまな影響を受けやすく、すぐに分解されてしまったり、スカベンジャーに食べられてしまったりして、残っていないことが多い。そのため、中生代の哺乳類についてわかっていることの大部分は、歯から得られた情報である。たとえば、メソドマが多丘歯類であることも、複数の突起がある臼歯から判明したことだ。

本書でメソドマを登場させるにあたり、私は小惑星が衝突する一〇〇〇万年前に生息していた近縁種を調べて、欠けているメソドマの情報を補うことにした。モンタナ州には、恐竜の巣や骨がざくざく出てくる化石発掘現場があるが、そこではフィリコミス・プリマヴェウスと呼ばれる多丘歯類のきれいな化石が発見されていた。この小さなフィリコミスは、地下に巣穴をつくり、なかまと一緒に暮らす小型の動物である。イメージとしては、ジリスがアメリカ西部の至るところにプレーリードッグ風の町をつくっているような感じだろうか。フィリコミスは恐竜たちと共生しており、ときには死んだ恐竜の骨を齧ることもあったことから、のちの近縁種のメソドマの生活を知るうえでは、かなり参考になるように思えた。というのも、メソドマが暁新世まで生き延びたという事実をふまえると、彼らもまた地中に穴を掘って暮らしていた可能性が高かったからだ。一方で、メソドマが恐竜の子どもを食べることがあったというのは、推測の域を出ていない。恐竜の骨に多丘歯類の噛み跡があることや、アナグマに似たレペノマムスという哺乳類の腹の中に恐竜の子どもがいたことがわかってはいるものの、それでも多丘歯類が恐竜の子どもを食べたという直接的なエビデンスは見つかっていない。それでも、小さな哺乳類の巣の近くに豊富な食料源があったことを考えれば、彼らが玄関先の夕食をありがたくいただいていたとしても不思議ではないだろう。

メソドマが地下のシェルターで生き残ったことにしたのは、森林火災の研究結果をふまえてのことである。自然発火による森林火災が起こったとき、小型哺乳類は、トガリネズミのように散り散りになってから戻ってくる、あるいは地下へ逃げ込む傾向があることが、動物学の研究では前から知られていた。だが今回のような場合、どこかへ逃げるという選択はうまくいかなかっただろう。あのひどい熱から逃れる場所などどこにもなかったのだから。だが、地下という聖域へ逃げ込むのは有効だった。高熱であっても、届くのはせいぜい地下一〇センチメートル程度なので、それよりも深いところに避難していた生き物は、衝突後一日目の被害をほとんど受けずに済んだのだ。

本書でコンプセミスがたどった運命も、化石記録のパターンと現生カメ類について現在わかっていることから推察したものだ。コンプセミスも白亜紀からの生き残りであり、K／Pg 境界層の下部および上部から見つかっている。ただ、コンプセミスの場合、土ではなく湖や池の水中に潜っていたようだ。コンプセミスの体の特徴は、現生のカミツキガメによく似ていると考えられている。また、クチバシが鋭い鈎状になっていることから、植物食というよりも肉食だった可能性が高い。そんな肉食のカメであれば、普段から池底でじっと息をこらえて獲物を待ち伏せするのに慣れていただろうが、生物学者らは新たに、多くのカメが総排泄腔の周辺にある特殊な細胞から酸素を取り込み、底にいる時間を長引かせられることも突き止めた。コンプセミスに同じ能力があったかどうかについては、保存状態がよく、細胞レベルまで化石化した組織のある標本が見つからない限り、確かなことはいえないのだが、カメが古代から生存していることと、ヘルクリークのカメは現代の池にいても違和感がなさそうに思える点から、私はコンプセミスにもその酸素強化能力を当てはめてみることにした。コンプセミスが水中に数時間とどまれたとすれば、赤外線は水の一番上の層でうまく吸収されるため、史上最悪の暑さにも耐えられたはずである。ワニやカメのような半水棲で空気呼吸をする生物は、呼吸のためにわざわざ鼻孔を水面上に突き出さなければならないが、それでも水中にとどまっている限りは致命的な暑さから逃れることができただろう。

そんな出来事が起こっていたのは、北アメリカの西部だけでなく地球全土だったことを強調するため、私は白亜紀後期のインドにも焦点を当てることにした。当時のインドは独立した大陸で、大陸移動によってアジア大陸本土に向かって移動していた。数百万年後にインドがアジア大陸に衝突すると、陸地が押し上げられてヒマラヤ山脈ができ、それまで孤立に近い環境で進化していた生き物たちはアジア大陸の生物と入り混じることになる。しかし、本章で語っているインドは、死にゆく運命の恐竜たちが棲む島だ。そんな不運な動物たちの中には、ジャイノサウルス・セプテントリオナリスという竜脚類もいたが、これは北アメリカのアラモサウルスの遠縁種になる。このマイナーな恐竜は、史上最大の大型恐竜とまではいえないものの、成長すると、鼻から尻尾の先までの長さは一八メートルを超える。これほど大きな体をしていれば、小惑星の衝突による余波から身を隠すことはできなかったことだろう。そして、世界中に熱パルスが届いたことを考えれば、ジャイノサウルスはヘルクリークの非鳥類型恐竜とほぼ同じ時期に絶滅したと考えられる。

第5章　衝突から一か月後

衝突から一か月後の様子を究明しようとしてみたが、やはり難しかった。一か月というのは人間にとっての概念であり、完全に恣意的な時間の区切り方であるため、私たちには理解できても、暁新世初期の生物にとってはまったく意味を成さない。とはいえ、一か月という節目を設けることで、世界中に波及し始めた変化を、より大局的に捉えることができるかもしれない。

本書では、章ごとに主人公を置こうと決めていた。それには、白亜紀と暁新世の世界の物語をうまく伝えてくれる種がいい。そうして第5章の主人公として選ばれたのが、アケロラプトル・テメルティオルムだ。アケロラプトルは最近になって命名された恐竜で、ヘルクリークの森で小さな獲物を追いかけていた小型獣脚類（ドロマエオサウルス科の一種）である。この種については、現在でもひじょうにわずかなことしか知られていない。最初に発表された論文では、アケロラプトルの上顎と下顎の一部を中心に述べられているが、古生物学界では、体の大きなダコタラプトルが、アケロラプトルの成体なのではないかという議論もある。この議論が立証されるためには、両方の化石がもっと見つからなければならない。とくに成長したアケロラプトルとダコタラプトルがどんな姿をしていたかを調べるには、顕微鏡レベルで調べることのできる骨が必要になってくる。

古生物学者の考えるアケロラプトルのイメージは、近縁種がもとになってつくり上げられている。ヘルクリークに生息していたこの捕食者は、モンゴルで発見されたあの有名なヴェロキラプトルのなかまであり、後ろ肢の第二趾に鋭い鉤爪（キリングクロー）をもつドロマエオサウルス科に属している。足跡からわかるように、鉤爪は使うとき以外は地面につけずに引っ込めているため、残された足跡はV字型になっている。ところがいったん獲物を見つけると、飛びかかって、この鋭い爪を突き立てる。そんな狩りの方法は、アカオノスリなどの猛禽類と似ている。また、アケロラプトルの近縁種では、体の広い範囲が羽毛に覆われていたことから、アケロラプトルも腕に長い羽毛を生やしていた可能性が高い。きっとその羽根を打ち付けて獲物を捕らえたり、また傾斜面を上る際に羽ばたきをして足元のバランスをとったりすることもあっただろう。羽毛のおかげで空気力学的な能力を身につけたドロマエオサウルス科の恐竜の多くは、その能力を陸地でも発揮して、白亜紀の森林の優秀なハンターとなっていた。

体の小さなアケロラプトルが熱パルスを生き延びたというのは、完全なる私の推測である。暁新世に入ってからも数時間以上は生き延びた非鳥類型恐竜がいたことを示す決定的なエビデンスは、現在に至るまで見つかっていない。論文で報告された数少ないケースについても、それが獣脚類に似た歯をしたワニであった可能性や、浸食によってうっかり掘り起こされた化石骨が暁新世の地層に紛れ込んでいた可能性、放射年代測定の間違いだった可能性が否定しきれていない。それでもなお、大きな恐竜よりも少しだけ長く生きた小型の非鳥類型恐竜がいつか発見されることもありえなくはない。古生物学の研究では、植物食恐竜に穴を掘るものがいたことを示すエビデンスもすでに見つかっている。つまり、穴掘り行動は恐竜たちのレパートリーに含まれていたのだ。もちろん、アケロラプトルが地中に巣穴をつくっていた可能性は低いものの、ほかの動物が地下につくった古い巣穴をそうした小型の恐竜が利用した可能性は十分に考えられる。小さな哺乳類やカメ類がつくった穴ならば、アケロラプトルなどの小型恐竜が身を隠すのに、大きさも深さもちょうどよかったかもしれない。そうすれば、彼らも少しは時間が稼げたはずである。今後、世界中で白亜紀後期から暁新世初期の地層が発掘され、研究が進められるなかで、運よくひっそりと生き延びていた小型の非鳥類型恐竜がいたと判明したとしても、驚くには値しない。

だが、もしラプトルたちが生き延びていたとしても、そこに待っているのは、厳しさを増す一方の荒廃した世界である。絶滅を引き起こした熱パルスは世界中の森林を破壊し、ヘルクリークの生態系を壊滅状態にしてしまった。アケロラプトルなどの小型獣脚類が食べていた獲物はかなり乏しくなっていたはずだ。歯を生やした鳥たちがこの時期に消えていったのも、おそらくこのことが原因だろう。衝突が及ぼした地球化学的な影響によって、事態は徐々に悪化の一途をたどった。

小惑星の衝突が与えた影響は、岩を地表にめり込ませるほどの破壊力があったが、問題はそれだけにとどまらなかった。K／Pg 境界の衝突体はあまりに深く、そして強くぶつかったため、岩盤部分の一部が気化してしまうほどだった。地質学の研究によれば、その岩盤には硫黄化合物を豊富に含んでいるところがあったらしい。そして、人類が引き起こした気候変動を調べていくうちに、そうした化学物質が大気中でどう作用するかが科学的に明らかになってきた。暁新世における衝突の冬についてわかっていることは、現代世界が直面している脅威の知識に基づいている。そして今回の場合でいえば、降り注ぐ太陽エネルギーをエアロゾル化した硫黄が反射させたことがわかっており、それが地球規模の寒冷化の一因となった。地質学的な研究によれば、膨大な量の硫黄化合物が大気圏の上層に拡散し、高高度の風にあおられたことで、長期的な衝突の冬が起こったと推測されている。加えて、火災の煤や衝突で生じた塵が大気を曇らせ、状況をさらに悪化させたようである。

一見すると、この問題を悪化させた犯人はデカン・トラップの大噴火だと思われるかもしれない。これまでも激しい火山噴火が世界的な気象変化の原因であると指摘されてきたからだ。たとえば、インドネシアで起こった一八一五年のタンボラ山の噴火では、北アメリカから西ヨーロッパの年間気温が下がり、「夏のない年」と呼ばれる現象を招いた。デカン・トラップの噴火はあまりに規模が大きかったため、白亜期末の絶滅の原因は――小惑星衝突ではなく――火山噴火だったと唱える地質学者までいたほどである。ところが、最近の研究でそれが覆されることとなった。まず、デカン・トラップの噴火は一度きりではなく、衝突の前後にかけて何度も起こっている。また、二〇二〇年のある研究では、K／Pg 境界期の大災害時に非鳥類型恐竜にとって生息可能だった地域がどれほどあったかが推定されているが、その中で、火山噴火で大気中に排出された地球温暖化ガスによって、硫酸塩の影響がじつは和らいでいたことが明らかにされたのだ。以前は、絶滅に一役買った悪者という濡れ衣を着せられていたデカン・トラップだが、いまはその容疑が晴れただけではなく、当時のインドでタイミングよく噴火していなければ、衝突の冬はもっとずっと厳しいものになっていたことが判明したのである。

章末のエピソードで多丘歯類を登場させたのは、哺乳類であってもこの大量絶滅を楽々と乗り切ったわけではないこと、そして生き物たちの復活の物語が世界中どこでも同じだったわけではないということを強調したかったからだ。

初期の多丘歯類が進化したのは、哺乳類の多様性が大きく花開いたジュラ紀だったと考えられている。少し前までは単なる食虫動物だった哺乳類が、ビーバーやムササビ、ツチブタなどさまざまなグループに進化していった時期である。当時の多丘歯類は齧歯類に似た役割を担っており、哺乳類の中ではもっとも繁栄しつつあった種である。彼らはK／Pg 境界の大災害を生き抜き、メソドマのような種が次の世代の土台を築いていった。

しかし、恐竜時代に繁栄した多丘歯類は、その後表舞台から姿を消す。そして、小惑星が衝突して一〇〇〇万年が経つころには絶滅してしまうのだ（絶滅した時期は、化石として残っている哺乳類が多丘歯類かどうかで違ってくるのだが、かなり大目に見ても数千万年前に姿を消したと考えられる）。多丘歯類は一億年以上も存続しており、哺乳類の中でももっとも繁栄した種だといえる。だが、哺乳類が活躍する時代が到来すると、彼らは衰退していく。もしかするとそこには、齧歯類の誕生と何らかの関係があるのかもしれない。

古生物学や進化生物学においては、動物のグループが多様化していった正確な時期というものが肝になる。どれが、いつ、どこから進化していったのかが大切なのだ。こういったパターンは大量絶滅のような大きな出来事を理解するうえではきわめて重要だ。たとえば鳥類の場合、近年の知見によれば、水鳥のような鳥の系統は、これまでに考えられていたようにK／Pg境界期の衝突後に進化したのではなく、それよりも前に進化し、世界中に広まっていったと考えられている。じつはこれと同じようなことが哺乳類にもいえるのである。暁新世の世界でたしかに哺乳類は大きく進化を遂げたが、現生哺乳類の中には白亜紀後期にその起源をもつものもいる。そのひとつが齧歯類だ。

現在のところ、暁新世初期の化石から齧歯類は見つかっていない。彼らの存在は、遺伝子情報のデータや、特定の哺乳類グループの出現時期を推定できる分子時計では示唆されているものの、肝心の化石が見つかっていないのだ。よって、本章に登場させた齧歯類にもまだ名前はない。いずれにせよ、解剖学的に見た初期の齧歯類は、ラットやハツカネズミというよりも、太平洋岸北西部の山の高原に生息する、ずんぐりむっくりとしたヤマビーバーに似ていたようだ。ヤマビーバーは、その歯をはじめ、ほかの解剖学的な特徴から齧歯類だと特定されている。彼らは自分の巣の周り半径数メートル内で食べ物を集めながら一日の大半を過ごし、単独で暮らす。最古の齧歯類にこうした習性があったかどうかを知るのは不可能だが、ヤマビーバーの解剖学的特徴から、地上初の齧歯類の姿がおぼろげながら浮かび上がってくる。

齧歯類がその地位を確立し、世界中に広まることができたのは、単に運が味方をしただけなのかもしれない。古生物学者らが何十年にもわたって議論してきたのは、多丘歯類がすでに同じニッチを埋めていたにもかかわらず、なぜ齧歯類が進化し、急速に増えていったのかということだ。じつのところ、世界には、多丘歯類がいなくなって初めて齧歯類が現れるようになった地域もあるようだ。だが近年、何がいつごろどの地域に生息していたかを分析した結果、アジアの多丘歯類はほかの大陸の多丘歯類ほどには、十分に立ち直っていなかったことが示唆された。アジアの多丘歯類が受けた被害は大きく、そのうえ現時点での遺伝情報および化石情報をふまえると、アジア大陸では新顔として齧歯類が登場していたらしい。そんな彼らは、多丘歯類が開けたままにしていたニッチを埋め、要領よく多丘歯類を押しのけていった。また、はっきりした理由はわからないが、齧歯類やその近縁種は、多丘歯類やほかの初期哺乳類よりも災害後の立ち直りが早かったようである。もしかすると齧歯類は、短期間で多くの子どもを産むという生殖戦略で多丘歯類を徐々に凌駕していき、彼らを絶滅へと追い込んだのかもしれない。今後、さらに化石が発見されて分析が進んでいけば、この物語も変わってくるかもしれないが、現時点では多丘歯類の衰退と齧歯類の台頭には何らかの関係があるように思われる。

第6章　衝突から一年後

冬が何年間も続くことを想像してみてほしい。K／Pg境界の衝突やデカン・トラップ、そして地球の自然のプロセスによって、地球温暖化・寒冷化の原因となるさまざまな化合物が空気中に放出されていたが、地質学的な推定によれば、衝突の冬は三年経ってようやく終息に向かったと考えられている。

地質学的時間（ディープ・タイム）というレンズで見れば、三年などなきに等しい。地球が誕生してからの何十億年という歴史に比べれば、三年などほんの一瞬にすぎないのだ。しかし生命にとって、この三年間は致命的だった。もし衝突の冬がそれ以上長引いていれば、白亜紀からの生き残りたちも死に絶えて、暁新世の初頭に世界が立ち直ることはさらに難しくなっていたはずである。

本書では植物についても取り上げている。衝突の前と後の層に、どのような植物があるかを見ていけば、植物もまた大量絶滅を経験していたことがわかる。動物と同じように、植物も熱と寒さによる影響を受けた。衝突後に生じた熱パルスでは世界中の森林の大部分が破壊された。植物は身動きできないため、成長した植物で暁新世の最初の数時間を生き残れたのは、何らかの理由であの灼熱地獄から免れ、その後の激しい火災に巻き込まれずに済んだものだけだった。非鳥類型恐竜と同様に、植物の多くも暁新世第一日目の災難から逃れることはできなかったのである。

植物の中でも、繁殖方法の違いによってほかよりも優位に立つものがいた。地中深くにあった根系とともに、種子や木の実も同じように生き残っていた。世界中の地下に埋まっていた自然の種子貯蔵庫（シードバンク）には、世界をふたたび緑であふれさせる力があった。だが、そこには問題がひとつあった。衝突、それから広範囲の火災によって、大気中に微粒子や塵が放出されていたのだ。ここにエアロゾル化した硫黄化合物の影響が加わったことで日光が遮られてしまい、生態系はうまく機能しなくなっていた。たとえば、海で見つかった証拠によると、藻類の中で生き残れたのは、別の生物を捕食できたものだけだったことが示されている。太陽光が戻って光合成が再開されるまで、彼らはそうやって生き延びたのである。一方、陸上では、中国原産のメソシパリス――生き残った植物の一種で、当時の北アメリカ西部にも生えていた――を調べたところ、進化の末に大きな球果をつけるようになっていたことがわかった。おそらく、球果を大きくすることで動物たちに食べたくなるよう仕向け、種子を広く蒔いてもらおうとしたのだろう。

植物と動物とのこうした関係はたいへん重大だったと考えられる。二〇世紀後半に鳥類が生きた恐竜として認識されるようになって以来、古生物学者らがずっと疑問に思っていたのは、非鳥類型恐竜は――ありとあらゆる種と系統にわたって――みな消滅したというのに、どうして鳥だけが生き残ったのかという点だ。いったい鳥の何が特別だったのだろうか。その答えにたどり着くには、鳥が生き残ったという事実だけにとどまることなく、さらなる調査と、どのような鳥が生き残ったかを問うことが必要だろう。

空を飛ぶことができても、暁新世の熱パルスの最中にはあまり意味がなかったと思われる。飛んで逃げていく場所もなく、羽ばたいてどこかへ向かおうとすれば、翼竜たちと同じように、あの焼けつくような熱波にさらされ、死んでしまったはずである。暁新世の初日を生き延びた鳥たちは、おそらく穴を掘るか、水辺の岩陰に身を隠していた可能性が高い（当時も水鳥はいたが、彼らはカメやワニのように息を止めることはできなかった）。その後、暑さが和らいだとき、生き残った鳥たちの前に広がっていたのは、何もかもが一掃されたまっさらな世界だった。不運なアケロラプトルと同じく、狩りをしたり、小さな獲物を食べたりして生きていた鳥たちは、きっと飢え死にしたことだろう。昆虫の減少――これについては白亜紀から暁新世における葉の食害状況の変化から立証されている――および、哺乳類、トカゲ、ヘビの大量絶滅により、暁新世まで生き残った小型の肉食恐竜の食べ物がすぐ尽きてしまったことは、ほぼ疑いようがない。ストレスを受けた世界では、植物食動物や雑食動物に軍配が上がった。

鳥類の中でK／Pg 境界の絶滅を生き延びたもの、そして過去六六〇〇万年間の化石記録に残っていたのは、クチバシをもつものだけだった。この事実は、先述の問いに答えるうえでひじょうに重要である。一部の鳥類でクチバシという進化が見られるようになったのは、白亜紀末よりもかなり前のことで、そうした新参者の鳥たちが白亜紀には生息地を広げていた。恐竜と比べて鳥類の成長スピードがいかに早いかや、祖先から受け継いだ歯がどのように失われていったかを調査した数々の研究では、現生鳥類の祖先が肉食から植物食になり、柔らかい植物や果実や種子を食べるまでになったプロセスが浮き彫りになっている。このように食性が変化したのには、二つの要因が考えられる。そのひとつが砂嚢だ。鳥は、この筋肉でできた砂嚢を使って、消化器官を通る食物を効率的に「嚙む」ことができるようになった。もうひとつは、穀物の出現である。鳥は、余った穀物を蓄え、食料が不足したときのために備えるようになったのだ。鳥が運よくこのような解剖学的な方向転換を遂げたのは、小惑星衝突後ではなく、それよりもずっと前のことだ。そして、荒廃した森林で種子や割れにくい食べ物をついばむことのできた鳥だけが、衝突の冬を生き延びることができたと考えられている。この仮説はまだ新しく、古生物学者らが議論を重ねていくうち、どこかにほころびが出てくるかもしれない。しかしながら、歯をもつ小さな鳥類や小型獣脚類のような小型の肉食恐竜らが生き残れなかったにもかかわらず、クチバシをもつ鳥が生き残った理由を説明するものとしては、これがもっとも有力な仮説となっている。

第6章の終わりでは、ヘルクリークに縁のある爬虫類、トラコサウルス・ネオセサリエンシスを登場させた。ただし、場面はヘルクリークではない。トラコサウルスはインドガビアルに似たワニの一種で、白亜紀後期から暁新世にかけて水辺に生息していた。そんな彼らも、水中に潜るなどして、何とか生き残った。ニュージャージー州南部のとある化石発掘現場では、モササウルス類、ウミガメ類、種々のワニ類といった海の化石と一緒に、きれいに保存されたトラコサウルスの頭骨と骨格が発見されている。ただ、この現場が表す状況を正確に読み取るのは難しい。化石の多くは特定の化石層で発見されているが、実際はごちゃ混ぜ状態だ。もしかすると、露出した白亜紀の動物の骨の一部が、暁新世の層に入り込み、別々の時代の動物たちが混在しているのかもしれない。あるいは、この巨大な海の墓場には、大量絶滅の恐怖の瞬間が表われているとも考えられる。いわば、衝突で即死した生き物たちの、おびただしい死の寄せ集め(アッサンブラージュ)なのかもしれない。そんな考えと、トラコサウルスが暁新世まで生き延びた種だったことをふまえたうえで、私は生き残った一頭のワニを思い浮かべてみることにした。ほんの一年前まで、狙ったり狙われたりしていた生き物たちが、いまでは水底に沈んでいる——そんな墓場の上を悠々と泳いでいるワニの姿を。この地層で発見されたトラコサウルスの標本は、全長六メートルを超えるかというほど巨大なものである。この事実からは、トラコサウルスのような爬虫類が、暁新世初期の沿岸では、短い間ながらも食物連鎖の頂点に君臨していたことがうかがえる。

第7章　衝突から一〇〇年後

大量絶滅というものは、いつをもって終わりとなるのだろうか。この質問に答えるのは容易ではない。化石記録は不完全であるため、そもそも参考にはならない。古生物学者であれば、種の絶滅ペースが背景絶滅率（つまり、死に絶える種もいれば、祖先の種が徐々に新しい形態に生まれ変わる種もいるといったような生態系の持続的な変化）を上回ることがなくなれば、大量絶滅が終わったと結論づけるかもしれない。だが現在のところ、暁新世の初期の生命の絶滅速度を突き止める方法はない。そして、今後もそんなことは不可能だろう。

化石記録は、素晴らしいものであると同時に苛立たしいものでもある。K／Pg境界の大量絶滅の場合、あの災禍の直前まで生きていた生き物、つまり白亜紀の最後の日まで生きていた生き物たちの化石を見つけることは、驚くほど難しいのだ。どんな種が存在していたかは、たいていどの化石が地質断面の一番上部で見つかったかで推測される。境界線に近い化石ほど、その種が衝突の日に生存していた可能性は高いということだ。非鳥類型恐竜の場合でいえば、境界層の一メートル以内にトリケラトプスの頭骨が埋まっていたら、この恐竜が当時も生きていたと考えられる目安になる。

だが、そう単純にいかないのは、化石記録を複雑にさせている要因がふたつあるためだ。ひとつは化石記録そのものである。つまり、どんな化石記録であれ、地球上の生命を完全に記録できてはいないのだ。化石記録は偶発的な埋葬の記録である。ちょうどよい大きさの生き物やその痕跡が、ちょうどよい条件ですぐに埋まり、そのまま保存されていたのが、部分的に地表に押し出され、さらにそのうちのごく一部が科学者によって発見されたものなのである。その際に見られるのが、「シニョール・リップス効果」〔化石記録が不完全であるために、本当は大量絶滅事変によって突然絶滅しているのにかかわらず、その前の時代から徐々に絶滅していったように見える効果〕と呼ばれる古生物学的現象だ。

もし家に、小さなプラスチック製の恐竜か動物のフィギュアセット（スーパーなどで一袋一ドルで売っているようなもの）があれば、次のような実験をしてみてもいいだろう。まず、その恐竜のおもちゃをいくつか手にとって、目をつむり、床の上にばらまく。これが化石記録を模したもの、つまり、あらゆる年代に生命の痕跡が散らばっている状態を再現している。シニョール・リップス効果が現れるのもここである。次に、下の部分は古く、上の部分は新しくなるように、地層の方向性を決める。それから、糸もしくは定規を用意して、時間の積み重なりに対して横に線を引く。これは頭の中で境界を決めるだけでもいい。これが地質学的な時代を区切る地質境界線となる。境界線はどこでもいいというわけではなく、わかりやすい岩層と、層と層の間の生物に大きな変化があるかどうかによって決まる。だが、重要なのはそこではない。むしろ、地質記録にあるどんな境界線であっても、生物はその境界線に近づくにつれて「消える」可能性が高いということがポイントなのだ。これが化石記録の特質である。ここで、あなたのつくった地層を見てほしい。仮に、プテラノドンの小さなフィギュアが境界線より数センチメートル手前に落ちており、近くにほかのプテラノドンはいなかったとする。もしあなたがこのエビデンスを読み取ろうとしている地質学者ならば、プテラノドンはその境界線よりもかなり前に死んでおり、大量絶滅が起こったときにはすでに存在していなかったというかもしれない。だが、本当にそうだろうか。その種が本当に絶滅したのか、それとも何らかの理由で化石が残っていなかっただけなのかを見分けることは難しい。この後者のケースを、古生物学では「ラザロ分類群」と呼んでいる。化石記録でたしかに途切れ、絶滅したと思われていた生物が、その後ふたたび現れる現象である。ヘルクリークのメタセコイアの木もその一例だ。メタセコイアは化石として二〇世紀半ばごろに命名されたが、数年後にその木が中国の森林に現生していることが判明した。多くの場合、化石となっている種が絶滅したと断定するには、単に化石がなくなったからという理由だけでなく、何が起こったのかを説明する必要がある。つまり、その種が別の種に進化したのか、生息地が変わったのか、それとも何か別のことが起こったのかを示さなくてはいけないのだ。

そして二つ目の要因だが、これは科学的に一般的なものではなく、ヘルクリークに特有のものである。二〇世紀になり、環境学において酸性雨の研究が進むと、酸性雨の汚染には大気中の硫酸塩が関係していることが明らかになった。この知見から、地質学者らは、暁新世初期の衝突後の影響には酸性雨も含まれていたと確信をもって予測できるようになった。その後、貝形虫（かいけいちゅう）（介形虫とも）の研究において――貝形虫は、丸くて小さな甲殻類で、この名前は貝殻のような殻で覆われていることからつけられた――ゆっくりと形成される化石記録が、酸性雨によって部分的に消し去られていた可能性が示された。酸性雨に直に当たっても大きな害にはならないが、酸性雨は水や土壌を酸性化させて、ヘルクリークが遺したものを損なっていた可能性がある。境界線付近で恐竜の骨が極端に見つかりにくい理由も、おそらくこれで説明がつく。白亜紀の世界のほとんどを破壊したのは暁新世初日に起きた火災だったが、その残骸の一部については酸性雨が後始末を引き受けたのである。ただでさえ化石記録というものは不完全であるのに、そこに酸性雨という現象が重なったため、衝突の起こった時期を突き止めることはさらに難しくなっている。

しかし、酸性雨は逃れられない災難というわけではなかった。ヘルクリークの一部の池や河川の底には、古代の西部内陸海流の一部を形成していた石灰岩があったため、それが緩衝材となって雨の酸性度を中和させ、両生類を一時的に救うことになったのだ。こうして、K／Pg境界の謎の一部は解けた。

ほかの脊椎動物とは異なり、両生類がK／Pg境界期に大量絶滅を迎えたというエビデンスはないのだが、その点はやや不思議に映るかもしれない。尋常でない暑さ、衝突の冬、酸性雨に襲われたのだ。なかでも酸性雨は、水辺から離れられず皮膚呼吸も行なう、柔らかくて敏感な両生類に影響を与えることもあったはずだ。カエルたちが平然と暁新世を迎えていたという事実から、この衝突モデルのどこかに欠陥があるか、あるいは、考えられていたほどの致命的な影響はなかったのではないかと指摘する研究者もいたくらいである。しかし、ヘルクリークの岩盤などが酸性雨の影響を弱めていたという事実は、両生類が境界線を飛び越えられた理由を説明するものだ。そういった点をふまえ、私は両生類の代表としてエオペロバテスを選ぶことにした。エオペロバテスは古代のスキアシガエルの近縁種で、暁新世の世界でぴょんぴょんと跳ねまわっていた。この両生類の行動についてはほとんど知られていないのだが、私は現生両生類の習性からその特徴を肉づけし、自分の推測は幅広い生態系の変化を強調する部分にだけにとどめた。

なお、この章末エピソードは、ニュージーランドの化石のエビデンスに基づいている。ほかの章末エピソードと同様に、ここでもヘルクリークから離れた場所に目を向けてもらい、衝突の影響がどのように地球全体に及んだかを感じてもらいたかったからである。ニュージーランドで得られた貴重なエビデンスでは、小惑星衝突後にシダが急激に増えたことが示されている。こうした現象は現在でも見られるもので、とくに火山噴火の被害地域では、シダがすぐにコロニーをつくることが報告されている。この現象はそれ以前にも確認されており、ニュージーランドの地層からはたいへん有益な情報が得られた。森林植物におけるシダ類の割合は、白亜紀末までは約四分の一を占めていたが、暁新世初頭になると一時は植物の九〇パーセントを占めるようになった。だが、背の高い森林植物がふたたび広まっていくにつれ、シダ類の勢いは削がれていく。

第8章　衝突から一〇〇〇年後

衝突から一〇〇〇年後に、かつてヘルクリークという生態系があった場所で何が起きていたかはベールに包まれている。放射年代測定の正確性にも限界があるため、はっきりとしたことはわからない。そこで、大量絶滅の前後の時代についてわかっていることから、どの種が生き残り、どの種が絶滅したかに着目しつつ、当時の様子を推測し、本章を綴ることにした。

小さなヘビのコニオフィスが本章の主役として適任に思えたのは、白亜紀から暁新世へと生き抜いた数少ない種のひとつだからだ。大量絶滅は、恐竜や哺乳類、鳥類に起こっただけではなく、トカゲやヘビにも起こっていた。小さなリボンの切れ端のようなコニオフィスは、そんな最悪の状況を生き延びた稀有な存在だったといえる。コニオフィスは体が小さかったため、地上よりも涼しい地中の巣穴で生き延びたものがいてもおかしくない。また、気温の低い時期に動きが鈍くなるという設定は、ブルメーションと呼ばれる冬眠を行なう現生ヘビ類の行動に基づいている。初期のヘビ類が、泳ぐように進化したのか、それとも穴を掘るように進化したのかについては、まだ結論は出ていないが、最近のエビデンスからは穴を掘るほうが有力になっており、本書の物語のシナリオもそちらに合わせた。

大量絶滅は生物多様性を促進する主要因ではないという考えは、化石記録のパターンを豊富なデータで示した最近の研究知見に基づいている。大量絶滅のあとで生態系が変化したことは確かであり、その変化が極端な場合もあったのだが、生態系に空きがたくさん出たからといって、実際に新種が出現したかといえば、そうともいえないのだ。このことは、適応度地形という考え方、つまり、生物が取りうるニッチや形態には一定の数が存在するという仮説と結びつく。この見解に基づけば、種というものは、ある環境に存在する適応の「ピーク」に向けて進むように促され、その中間の形態は絶滅に向かうということになる。これは進化生物学においては有力なモデルではあるが、私はこの議論はあべこべになっていると思う。ニッチを生み出すのは生物であり、早いもの勝ちで埋まってしまうようなものではない。たとえば、化石記録のパターンを追ってみると、生物多様性および形態の差異がもっとも豊かだった時期は、大量絶滅後の回復期とは――一般的にいえばだが――明らかに一致していない。むしろ、生命が本格的に増えていった石炭紀では、生物が陸地という新しい環境で暮らし始め、種間の新たな相互作用によって、多くの新種や新しい形態が誕生している。K／Pg境界の大量絶滅後も、その災害によって多くの新種が進化したという形跡は見られない。反対に、生き残った種が互いに作用して新しい生態系ができ、その生態系自体が新種のためのスペースをつくり出すようになるまでには数百万年という長い時間を要したのである。

その反対の現象、つまり絶滅の必然性を体現する登場人物を選ぶのは難しかった。絶滅したものがいるとしても、どの種が一〇〇〇年後の時点で消滅したのかまではわからない。だが、生き残った種と絶滅した種のリストを眺めているうちに、パレオサニワが適しているような気がしてきた。パレオサニワの幼体が地中に逃げ込んで生き延びるが、外に出てみれば、そこは獲物のほとんどいない世界になっていた――そんなイメージが浮かんだのだ。実際にはこんなことは起こっていないかもしれない。それに、トカゲ類が死に絶えたのは暁新世の初日だったかもしれないし、一〇年後あるいは一〇〇年後だったのかもしれない。化石記録には、新しく来たものと去っていったものがそのまま残されているわけではないからだ。だが、私がここで伝えたかったのは、絶滅とは、その種の最後の一個体が死ぬことと同義ではないということである。生態学者がよく懸念しているのが、機能的絶滅、つまり、生存を妨げる状況が解決されない場合である。たとえば、個体数が減少して繁殖個体数の維持が不可能になってしまったときもそれにあてはまる。ティラノサウルスとパレオサニワの運命を比べてみよう。すべてのティラノサウルスは暁新世の初日、ほぼ同じころに絶滅した可能性が高い。彼らは大きすぎて、熱パルスから身を隠したり逃げたりすることができなかったのだ。しかし、ティラノサウルスよりも小さいパレオサニワならば、個体群密度は低くなったかもしれないが、生き残った可能性はある。ただ、この肉食性トカゲが食べ物を見つけるのは難しかったと考えられ、ひいては個体数が回復あるいは継続できないレベルにまで減少したのかもしれない。つまり、彼らはまだなかまが生きているうちに絶滅したのだ。

章末の場面では円石藻に焦点を当てた。参考にしたのはK／Pg境界に見られる同種の藻類についての最近の研究だ。小さく保存状態のよいそれらの化石からは、当時の円石藻における大きな変化が示されている。動くことができた種――したがって、自分たちよりも小さな食べ物を追いかけることもできた種――が、光合成をする種よりも優勢だったのだ。しかし、衝突の冬が終わると、円石藻の多様性や差異性はふたたび高まった。これは、日光量の減少が海洋に大きな影響を及ぼしていたことを示唆している。さらにいえば、円石藻のエピソードは、生態系が危機に見舞われたときの生存のしくみをうまく表しているといえるだろう。生物は未来を予見したり、計画を立てたりすることはできないが、その代わりに種内・種間にかかわらず多様化していく。そうすれば、大きな変化にも耐えられる特性を、たまたま身につけることができるかもしれない。熱パルスのような未曾有の災害では多くの種が滅びるだろうが、なかには、生き残れるような生活史をもつものがいるのだ。考えてみれば、光合成だけでなく狩りまでできる円石藻がいたのはたしかに幸運だった。そのおかげで、プランクトンの生態系が完全に崩壊していた場合に比べると、海の生態系はかなり早く回復したのだから。これは進化における偶然性、つまり、過去に起こったことが以降の可能性を制約するという考え方を示している。

第9章　衝突から一〇万年後

たしかにK／Pg 境界の大量絶滅は凄まじいものだったが、一〇万年が経つころには、大量絶滅による荒廃は薄れていた。森は緑豊かに成長しつつあり、白亜紀からの生き残りたちが新しい進化を迎える土台を整えてくれたおかげで、大半の森では、球果植物よりも顕花植物が増え、哺乳類や鳥類にも新種が現れていた。とはいえ、絶滅の影響が完全になくなったわけではない。暁新世の豊かな緑とは裏腹に、世界にはまだ災害の影響が見られた。

この第9章で重要な役割を果たすのが鳥たちだ。鳥を分子解析すると、現生鳥類の系統の多くが白亜紀後期に誕生し、そこから進化していったことがわかる。クチバシをもったこれらの鳥は、暁新世まで生き延び、進化において多くの選択肢を得ることになった。翼竜が暁新世まで生き残っていたというエビデンスは見つかっていないため、コウモリが現れるまでの何百万年の間、地球上で飛ぶことができた脊椎動物は鳥類だけだった。白亜紀と始新世の化石を調査した結果、暁新世が鳥の進化にとってひじょうに重要な時期だったと考えられるようになった。この時期に進化を遂げた鳥類の中には、現代の森林で見かけてもおかしくないような種がいたが、それよりもさらに重要なのは、鳥はこの大きな進化の瞬間に独自の知能を身につけたと考えられる点だ。鳥類の進化を扱った最近の研究によれば、恐竜の祖先から進化したときも、また暁新世で特殊化したときでも、鳥類の脳が体とともに縮小することはなかったといわれている。言い換えると、鳥類は体の大きさに対して大きな脳をもつようになったのである。もちろん、知能の高さは脳の大きさだけでは決まらず、当時の哺乳類ではこれと同じ傾向は見られなかった。だが、このことによって、のちのカラスやオウムのように驚くべき知能をもつ可能性が鳥類に開かれたのである。

もちろん、ここでは哺乳類についても語らなければならない。しかし、白亜紀から一〇万年後の世界に生息していた哺乳類を断定するのは、やはり難しい。私がバイオコノドン・デンヴェレンシスを選んだのは、この哺乳類の化石がコロラド州デンバー郊外の暁新世時代の岩石から発見されたからである。デンバー盆地の岩石の年代が測定されたのは、ある大規模な研究の一環だった（ちなみにこの研究については、第10章の内容にも大きくかかわっている）。したがって、バイオコノドンはその当時の森をうろついていた哺乳類としては申し分のない候補だった。私がこの哺乳類にクモを食べさせたのは、古代の哺乳類が虫を食べていたからだが、この食性は暁新世の途中でなくなっていく。一方、白亜紀の最古の有胎盤哺乳類は昆虫を主食としていた可能性が高い。解剖学的特徴だけでなく、遺伝学的研究からも、最初の有胎盤哺乳類にはキチナーゼ（節足動物の外骨格を分解する消化酵素）をつくる遺伝子の機能的コピーが五つあったという仮説が導き出されている。そうすると、バイコノドンもこれらの遺伝子の機能的コピーをいくつか受け継いでいたと考えられる。もしバイオコノドンが雑食性の哺乳類だったとすれば、なおさらその可能性は高いだろう。遺伝学者らの仮説によれば、生き残った哺乳類が新しい科に分かれて特殊化していったのは、一部の哺乳類がキチン分解酵素を失い始めたときからではないかといわれている。

このセクションでは、ワニ類にもスポットライトを当てようと思っていた。ワニ類は生きた化石として扱われ、恐竜が全盛を誇っていたころからほとんど進化していないとよくいわれる。だが古生物学では、それが事実ではないことが前から知られている。最古のワニ類は陸棲だったが、中生代を通してワニは爆発的な革新を遂げた。森の中を駆け抜けるワニや、海中を泳ぐワニ、水辺で恐竜を待ち伏せして襲うワニまでいたのだ。さらには、さまざまな食べ物を食べるために、哺乳類のような歯をもつものまで現れた。しかし、白亜紀最後の日まで生きていた陸棲ワニたちは、すぐに絶滅へと追いやられてしまった。生き残った種は、おそらく半水棲で水に潜って身を守れたものだけだった。たしかに、新生代では陸棲で恐竜に似たワニ類――なかには蹄状の足をもつものもいた――がふたたび現れるものの、そんな彼らもこの基本的な身体構造から出発しているはずだ。私が、衝突から一〇万年後の時点でワニを登場させたのは、デンバー盆地からコンクリーションに包まれたワニの化石が発掘されたからである。

章末の場面では、個人的に大好きな化石、アンモナイトの絶滅について描いた。アンモナイトはらせん状の殻をもつ頭足類で、初期の恐竜が昆虫を食べていたときよりも前から、海では中心的な存在だった。アンモナイトは中生代を通して長く繁栄し、海洋では往々にして重要な役割を果たしていた。化石化した胃の内容物からは、少なくとも一部のアンモナイトが、海の生態系を支えるプランクトンを食べて体をつくり、大量の卵を産んでいたことがわかっている。その反面、アンモナイトは海棲爬虫類など、多くの中生代の動物に捕食される対象でもあった。ところが、過去の大量絶滅を生き延びてきたアンモナイトも、白亜紀末には減少しつつあったようだ。その理由はまだよくわかっていない。それでも、アンモナイトは衝突の一〇万年後も生きていたというエビデンスがあり、暁新世初期のアンモナイトの化石からは、彼らがどうにか生き延びていたことがうかがえる。だが、多丘歯類と同じように、K／Pg 境界期の大量絶滅を生き延びたからといって、暁新世で繁栄できるとは限らない。衝突の冬に入るとプランクトンの生態系は崩壊し、大量のアンモナイトが死に絶えた。一部の古生物学者が推測するところでは、アンモナイトの子どもは海のプランクトンの一種になるほど小さかったため、おとなのアンモナイトに食べられることも多かったという。かろうじて生きながらえていた彼らにとって、あの大量絶滅は決定的な一撃になったのだろう。そして彼らは消えていったか、それともわずかな資源をめぐって、古代のオウムガイ類と争うはめになったのだろうが、災害後はオウムガイのほうに軍配が上がったようだ。だが、こうして考えてみても、アンモナイトがなぜ消滅したのかという謎は深まるばかりである。アンモナイトは暁新世の初日に全滅したわけではないが、あの災害後の世界では、なぜかうまく生きていくことができなかったのだ。

第10章　衝突から一〇〇万年後

第10章のカギとなるもの、そして本書の構想の決め手となったのが、コロラド州のデンバー盆地だ。本書の執筆を始めたころ、古生物学の研究チームが宝の山のような化石群について報告した。その化石群には暁新世の最初の一〇〇万年間で絶滅、あるいは新しく誕生した動植物の記録が残っていたというのだ。

デンバー盆地のコラール・ブラフスで発見された化石の中には、もっと下の、白亜紀に近い部分で見つかったものもあり、バイオコノドンもそのひとつだった。しかしもっと上の層からは、硬い岩石に包まれた頭骨などの化石が出てきた。こうした化石群から着想を得て、第10章ではエオコノドンやワニを登場させることにした。どちらもコラール・ブラフスで発見されており、エオコノドンは目下のところ、この発掘現場で発見されたもっとも大きな哺乳類として記録されている。たとえ古生物学者であっても、暁新世の哺乳類をロックスターのように扱うようなことはしないものだが、このエオコノドンはK／Pg 境界期の大災害直後の生命のあり方を伝えてくれる、時間の記録係のようなものだったため、生命の回復のプロセスを理解するうえではきわめて重要な存在である。

なお、エオコノドンは肉だけを食べていたわけではない。私が描いたエオコノドンは肉を食べたがっていたが、じつは雑食性で、おそらくはアカハナグマやアライグマを大きくしたようなものだったのではないだろうか。当時の一般的な哺乳類よりは肉を食べていたかもしれないが、ジャガーやオオカミに相当するような存在ではない。ただし、噛む力は問違いなく強かったと思われる。エオコノドンの頭骨には広い頬骨があり、その開口部には強力な咬筋が通っていた。この顎の力で、さまざまな食べ物を咀嚼していたのだろう。

エオコノドンにマメのさやを食べさせたのは、あくまで私自身の推測によるものだが、それはあることを伝えたかったからだ。コラール・ブラフスで発掘されたなかでもとくに貴重だったのは、哺乳類ではなく、初期のマメ科植物の化石である。マメ科植物が重要なのは、それが栄養豊富であるからにほかならない。哺乳類にとっては、ただ葉を噛んでいるよりもマメ科の植物を食べるほうが栄養になる。暁新世の哺乳類にとって、マメ科植物は、果実を実らせたり木の実を森の地面に落としたりする被子植物と同じくらい豊かなエネルギー源となり、その栄養のおかげで哺乳類たちは大型化および生態学的に特殊化していった。二〇二一年に発表された研究によると、たしかに中生代の哺乳類は恐竜という存在によって大型化を阻まれてはいたが、彼らがより多様な形態へと進化できなかったのは、限られたスペースをめぐって哺乳類同士で争っていたためとされている。しかし、暁新世の哺乳類は、大きくも小さくも、肉食にも植物食にも、また、それらの範囲内ならばどんなものにでもなれるようになったため、哺乳類の物語は急展開を迎えつつあった。

ただし、プルガトリウス・ウニオは、エオコノドンとは違い、コラール・ブラフスでは発見されていない。その代わり、プルガトリウスはちょうどヘルクリークおよびその周辺の暁新世と見られる岩石から見つかっている。この重要な哺乳類は、骨格というよりも骨の断片しか見つかっていないのだが、それでも解剖学的な特徴から、プルガトリウスは最古の霊長類の一種だと位置づけられている。つまり、彼らはK／Pg 境界期の大量絶滅を何とか生き延び、暁新世の森林に居場所を見つけた、私たち人類の祖なのである。

ここで描いたプルガトリウスの社会的な習性は、私個人の推測である。だが、霊長類のくるぶしの骨をはじめとした解剖学的な特徴から、プルガトリウスは現生種の登木目（ツパイ）のようなものだったと考えられている。プルガトリウスは私たちのように立体視はできないし、オポーザブル・サムももっていない。だが、こうした生き物が——木々の間を飛び回り、昆虫を食べていたものが——私たちの属する系統の出発点なのである。先祖から受け継いだキチナーゼという酵素を使い、プルガトリウスも昆虫を食べていた。その食性は霊長類の進化に伴って徐々に変化していき、新しい系譜へと枝分かれしていった結果、類人猿と呼ばれる枝が派生した。そして、ここからさらに進んだ先にいるのが、私たち人類なのである。

謝辞

本書が出来上がるまでには、地質年代並みの時間がかかったような気がする。本の小口部分が地層に見えるくらいだ。そうなると、本を執筆し始めたときと書き上げたときの生活状況がまるきり違っていることだってあるものだ。

本書『恐竜最後の日』につながるアイデアを思いついたときに、私の背中を押してくれたラーク・ウィリーとフォックスフェザー・ゼンコヴァには心から感謝している。二人は私の個人的な白亜紀の一部になるのかもしれないが、その過去は大切にしたいと思う。

ビー・ブルックシャーは、私がライターとして活動し始めてからずっと、友人として、そして信頼できるアドバイザーとして支えてくれた。成功したときも挫折したときもあったが、どんなときも私たちはいつもキーボードを叩き続けた。苦労を分かち合える友人がいるというだけで、気持ちはまったく違ってくるものだ。それぞれが自分の原稿を執筆しながら、お互いの小さな成功体験を何度も祝うことができたのは楽しかった。それから、キャリー・レヴィット＝シアンとキット・モーガン、アレックス・ポルポラをはじめとする親しい友人たちにも感謝を伝えたい。彼らは本書を執筆する私を励まし、ときには泣き言にも耳を傾けてくれた。

絶滅に関する本の構想を何年間も温めていた私が、このプロジェクトに本腰を入れることにしたのは、二〇一八年の米国古脊椎動物学会で、カリフォルニア大学バークレー校の古生物学者であるパット・ホルロイドと話したことがきっかけだった。この物語はいままで誰もくわしく語ってこなかったが、恐竜全滅をめぐる議論が始まってから半世紀が経ったいまならば、この物語を紡ぐための糸は十分にあると思う——そんなふうにパットが本書の構想に太鼓判を押してくれたおかげで、いまみなさんが手にしている本書は生まれた。

また、原稿の執筆中は、雑誌『スミソニアン』のウェブ編集者たち、とくに、ブライアン・ウォリー、ジェイ・ベネット、ベス・パイ゠リーバーマン、ジョー・スプリングにたいへんお世話になった。フリーランスライターとしてウェブサイト上で記事を担当させてもらっていたおかげで、K／Pg境界の災禍について、常に最新の研究を知ることができ、原稿の土台づくりに役立てることができた。

本書ができたのは、家の中をうろうろと歩き回っている動物たち——ジェット、ホッブズ、テラ、テディ——のおかげでもある。彼らは字が読めないけれど、私の執筆の進み具合が一日で一〇〇〇語だったときも、ゼロだったときも、いつもと変わらずに尻尾をフリフリしたり喉をゴロゴロ鳴らしたりしてくれた。また、哺乳類について書くときも、彼らについて知っていることが役に立った。ネコやイヌという存在は、哺乳類というものについて多くのことを教えてくれるものだ。

当然ではあるが、本書のような書籍の場合、優秀なエージェントと同じように優秀な編集者も必要である。ディアドラ・マレーンは、売れ行きに関係なく、ずっと私の作品をサポートしてくれた。また、セント・マーティンズ・プレスのダニエラ・ラップは、空論のようなアイデアを、想像以上に素晴らしいものにしてくれた。それに何よりも、あのコロナ禍の停滞感と憂鬱さに負けて筆が進まなかった一年間を、辛抱強く待ち、将来を見据え、そして本書の執筆には価値があると信じ続けてくれた彼らには感謝しかない。

でも、私がとくに感謝したいのは、私の恋人、スプラッシュだ。私たちが出会ったのは、私の前著『愛しのブロントサウルス』（桃井緑美子訳、白揚社、二〇一五年）がきっかけだった。調子のいい日も悪い日も、自分の文章を大丈夫だと思えるときも、ダメだと思うときも、彼女はきまって笑顔で「あなたの本を読むのを楽しみにしてる」といってくれた。そんなスプラッシュを私はいつも信じた。物語は、まず彼女に聞いてもらい、それらが誕生するまでの煩雑なプロセスも見守ってもらった。私たちの出会いのきっかけとなった作品にひけをとらないものにしたいという一心で、私は本書の執筆に取り組んだのだ。

監訳者あとがき

私たちは恐竜が好きである。恐竜展や恐竜の講演会には、幼い子どものいる家族連れはもちろんのこと、子どもからお年寄りまで、女性も男性も関係なくあらゆる世代が集まってくれる。子ども向けの洋服を見ても、ハリウッド映画を観ても、恐竜は日々の生活のいろいろな場面に溶け込んでいる。恐竜って、本当に愛されているんだなあとつくづく思う。

どうして私たちはこんなにも恐竜に惹かれるのだろうか。日本人の生き物を愛でる気質もあるかもしれしれないけれど、恐竜学者としては、恐竜たちが「とても大きい」ことや「不思議なかたち」をしているという生物学的特徴をまずは挙げたい。ブラキオサウルスやティラノサウルスの巨体には驚くばかりだし、ステゴサウルスやスピノサウルスの形態には目を丸くする。かつて地球上にこんな大型生物がいたことが、自然がこんな造形をつくり出したことが、ただただ不思議でならない。ちなみに、その不思議を追求するのが研究者の仕事である。

そしてこの「かつて」という枕詞が、恐竜をより一層魅力的にしている。そう、恐竜が愛される理由としてもう一つ重要な要素が、忽然と地球上から姿を消してしまった点である。あれだけ大きくて強くて栄華を極めた恐竜たちが、地質時間的にいえばほぼ一瞬といえる期間に、鳥類を除いてすべて絶滅してしまったのだ。いまとなっては生きた姿を見られないという事実が、恐竜たちを謎めいた存在に仕立て上げている。

六六〇〇万年前、恐竜たちは最悪の一日を迎えた。白亜紀末の大量絶滅は、地球史に残る重大な出来事である。じつをいうと、地球の歴史を振り返れば、大量絶滅事変は過去に五回起きている。オルドビス紀末、デボン紀後期、ペルム紀末、三畳紀末、そして白亜紀末である（「ビッグ・ファイブ」という）。絶滅の規模や要因はさまざまであり、絶滅率の高さでいえば、ペルム紀末（約二億五〇〇〇万年前）に起きた大量絶滅のほうがずっとひどい状況だった。このとき、じつに生命種の九五パーセントが絶滅してしまったといわれている。

しかし、私たちが大量絶滅と聞いてドラマチックに感じるのは、むしろ白亜紀末のほうである。ペルム紀末と白亜紀末では地球学的・生物学的背景が異なっていた。ペルム紀末の大量絶滅が、地球内部のプリュームの上昇に伴う大規模な火山活動によってじわじわと進行したのに対し、白亜紀末の大量絶滅は小惑星の衝突によって突然発生したと考えられている（注：おおよそ同時期に火山活動も活発だった）。また、ペルム紀の世界には恐竜ほど大型の陸上動物はまだ存在しておらず、せいぜい全長数メートルの四肢動物が陸上を生活圏にしていた。一方、白亜紀末にはティラノサウルスやトリケラトプスといった不動の人気を誇る恐竜が君臨しており、大型種が我が物顔で地上を支配した時代である。そんな白亜紀に小惑星の衝突があったものだから、私たちはどんなに強力な生物であっても、あっけなく滅びてしまうはかなさに驚きを隠せないのだろう。

それはもう、本当に劇的なできごとだったはずだ。本書にもあるように、天体衝突が大量絶滅の直接的な引き金になったことは、著名な学術誌である『サイエンス』誌に二〇一〇年に発表された論文で結論づけられている。メキシコのユカタン半島に直径約一一キロメートルの小惑星が地表に対してやや斜めに衝突し、あのカタストロフィが起きた。衝撃、岩石の雨、大津波、酸性雨、森林火災、寒冷化など、およそ予想しうるあらゆる災害が発生した。ただし、小惑星衝突が生物に具体的にどう影響したのか、なぜそれが多くの恐竜たちを絶滅へと導いたのか、そのプロセスは判然としない。地質・化石記録から精密な解像度で絶滅現象を追求するのは容易ではないため、現在進行形での研究課題となっている。近年の研究により、少しずつ当時の状況が明らかになりつつある。

本書が画期的なのは、小惑星が衝突して生物たちにどのような応答があったのかを、時間を追ってメスを入れている点である。物語形式で、象徴的な動物にスポットライトを当てた語り口だから、読者はあたかも当時の生態系の一員になって白亜紀末から新生代の世界を駆け抜けていく没入感がある。かつて、これほど緻密に恐竜絶滅を追いかけた一般書があっただろうか。テレビのドキュメンタリー番組だったら、小惑星が衝突して番組が終わる。恐竜の本だったら、最終章に小惑星衝突がある。小惑星が衝突してスタートするノンフィクションである本書は、とてもユニークである。

小惑星による影響を丹念に記述するため、著者は膨大な数の学術論文を引用している。著者の知識や引き出しの多さには驚くばかりで、本書には随所に最新研究の成果がちりばめられている。読者は本書を通して恐竜研究の最前線にも同時に触れることができるのだ。さらに深い知識を得たい読者には、付録や参考文献が役に立つだろう。

ただし、本書には仮説を加味したうえで著者が解釈した点があることもご理解いただきたい。たとえば、本書ではアケロラプトルなどの小型獣脚類を除くほとんどすべての恐竜が一日で絶滅した様子を描写しているが、小惑星衝突からどれくらいの期間を恐竜が生き抜いたのかは推測の域を出ず、著者の考えが色濃く反映されている。K／Pg境界には、一〇年や一〇〇年単位での変化を追えるだけの地層が保存されていないのだ。本書のように、衝突から一日後、一か月後、一年後……のように、時間変化を追うことは現在の精度では難しい。このあたりは著者の想像力を楽しもう。

ここで著者について簡単に触れておこう。ライリー・ブラックはアメリカの著名なサイエンスライターである。『ナショナル・ジオグラフィック』誌や『サイエンティフィック・アメリカン』誌といった雑誌に古生物の記事を投稿しているし、以前の著作である『愛しのブロントサウルス―最新科学で生まれ変わる恐竜たち』（白揚社、二〇一五年、著者名はブライアン・スウィーテク）を読めば、根っからの恐竜ファンであり、恐竜愛にあふれていることがよくわかる。また、数多くの古生物学者とも親交があり、夏には化石採集のフィールドワークに参加している。恐竜ファンにも、研究者にも精通しているから、著者の書籍はどちらからも支持されるだろうし、研究者と読者の橋渡し的役割を果たすことができるのだ。本書もSF小説のような緊迫したプロットと科学的裏づけが見事に成立している［「恐竜が棲むのは科学と想像力が出会うところ」という著者のウェブページ（http://rileyblack.net/about-riley）の言葉が本書の特徴を見事に言い表している］。ところで、本書と『愛しのブロントサウルス』では、著者の名前がブライアン・スウィーテクからライリー・ブラックに変わっている。私自身は著者と面識がないのでそのあたりの事情はわからないが、最終章の登場人物たちの関係性が説明してくれているように思える。

さて、本書が恐竜絶滅をこれほどくわしく描ける背景に、近年、白亜紀末の小惑星衝突の理解が急速に進展しているという事情がある。「Web of Science」というオンライン学術データベースで「K/Pg Mass Extinction」と検索してみると、ヒットする論文の件数が二〇〇一〜二〇一〇年では一五件以下だが、その後徐々に増加し、二〇一七年以降は常に五〇件以上になる（「K-Pg Mass Extinction」と検索してもよく似た結果である）。これは平均して一週間に一本以上のペースで白亜紀末の大量絶滅に関する論文が発表されている計算である。この急増の背景には、研究者や学術誌の増加、出版頻度の増加などに加え、精密な分析手法が進歩・確立され、K／Pg境界に適用されているということが挙げられるだろう。生成系ＡＩの進展が著しい現在、論文数はますます増加するのではないかと思う。

本書の原書が発売されたのは二〇二二年だが、二〇二四年六月現在までの二年間に、新たな学術論文がたくさん発表されている。ここからは、その後にわかった研究成果をいくつか紹介しよう。

二〇二二年三月に、小惑星が衝突したのは北半球の春だったという、驚くべき解像度の研究論文が発表されている。[*1] アメリカ・ノースダコタ州では、衝突の衝撃によって生き埋めになった淡水魚の化石が見つかっている。鰓には衝突によって飛散した小球体が混入していた。骨の年輪を調べてみると、死亡したのが、成長が活発になる春だったことがわかった。春は生き物にとって繁殖のシーズンである。そんな季節に天体が衝突したのだから、生き物にとっては大打撃となったはずだ。逆に、南半球の生物相は北半球よりも早く回復しており、季節の違いが北半球と南半球で被害の大きさに違いを生み出した可能性がある。

二〇二三年には、小惑星衝突直後の気候変動を詳細に調べた論文が発表されている。[*2] そのシミュレーションによれば、非常に微細な珪酸塵が長期間（約一五年間）大気中にとどまり、気候に影響を与えていたことがわかった。これは従来考えられていたよりも長く、世界の平均気温を最大で一五℃も低下させたという。このような珪酸塵は衝突後二年にわたって光合成を停止させた可能性がある。ただし、このような急激な気候変動を実際に地層中から検出するのは難しい。同じく二〇二三年に発表された論文では、シミュレーションではなく、実際にK／Pg境界前後の地層を調べ、一〇〇〇年単位という超高解像度で気温変化を推定している。[*3] その結果、衝突による気候変化は一〇〇〇年単位では捉えられないことがわかった。つまり、もっと短いスパンで劇的な変化が起きたのだ。これらの研究により、大量絶滅が実際に発生した期間の長さが絞り込まれつつある。

二〇二四年に発表された論文は、白亜紀末の大量絶滅を唯一生き残った恐竜類のグループである新鳥類を考察している。[*4] 新鳥類の出現は、K／Pg境界前後の生態系の大変革が関係しているのだろうか。化石記録を見れば、たしかにそのあたりで多様化している。しかし、分子時計という別の方法を使うと、彼らの出現はもっと古い白亜紀前期ともK／Pg境界直前ともいわれている。つまり、意見が一致していない。そこでベイズ因子という新しい手法を用いて解析してみると、出現したのはちょうど白亜紀前期と後期の間（一億年前）であり、現在に至る多様な系統が生み出されたのはK／Pg境界ごろであることがわかった。現在の鳥類の多様化には、やはり小惑星衝突による環境激変が関連していたようだ。天体衝突は非鳥類型恐竜を絶滅に追いやったが、鳥類型恐竜の放散のきっかけをつくったのだ。

以上のように、近年の研究は非常に高精度な手法やビッグデータを使って大量絶滅事変に挑んでいる。六六〇〇万年も昔のことなのに、天体衝突の季節が判明したり、一〇〇〇年単位での気温変化が推定できたりと、驚くばかりだ。近年では各動物群のK／Pg境界前後での多様性の変化をくわしく追跡した研究も増加している。

果たして、本書のアケロラプトルのように、この激変期をある程度生き延びた非鳥類型恐竜はいたのだろうか。残念ながら、確信をもってそうだといえる恐竜化石は、いまのところ見つかっていない。白亜紀の次の時代である古第三紀の地層からハドロサウルス類の骨化石が報告されているが、これが本当に新生代まで生き延びたあかしなのか、土砂が新生代に再堆積しただけなのか、はたまた地層の時代決定は間違いないのか、多くの研究者はその解釈に慎重である。

しっかりとした証拠はないが、恐竜各種の絶滅には時差があったと考えるほうが妥当だろう。天体衝突による影響は地域によって差があっただろうし、恐竜たちの生活史の違いが絶滅速度にも差を生み出していたはずである（二〇二三年三月に放送されたＮＨＫスペシャル『恐竜超世界２』はその点を掘り下げ、小惑星衝突後の世界を追っている）。衝突後、ある程度の期間を生き延びた恐竜は絶対にいたと私は考えている。それが一か月だったのか、一年だったのか、一万年だったのかはわからない。今後のさらなる研究に期待したい。ライリー・ブラックの描いた本書が、どれほど正しかったのか、その答え合わせも見てみたい。

さて、恐竜絶滅の実態が詳細に解き明かされてしまっても、私たちは恐竜が好きでいられるだろうか。恐竜は魅力をひとつ失ってしまうだろうか。いや、そんなことはないだろう。どんなに古生物学が進歩しても、絶滅したという事実は変わらない。恐竜は常に人々の関心を引くだろう。私たちは恐竜が好きだからこそ、もっと知りたいと研究したり、調べたりするのだ。本書を手に取ってくれている読者のあなたがいるからこそ、恐竜は今日も魅力的であり続ける。

田中康平

＊1　M. Duning, J. Smit, D. Voeten, et al. 2022. The Mesozoic terminated in boreal spring, *Nature* 603: 91-94.

＊2　C. Senel, P. Kaskes, J. Vellekoop, et al. 2023. Chicxulub impact winter sustained by fine silicate dust, *Nature Geoscience* 16: 1033-40.

＊3　L. O'Connor, E. Crampton-Flood, R. Jerrett, et al. 2023. Steady decline in mean annual air temperatures in the first 30 k.y. after the Cretaceous-Paleogene boundary, *Geology* 51（5）: 486-90.

＊4　N. Brocklehurst, and D. Field, 2024. Tip dating and Bayes factors provide insight into the divergences of crown bird clades across the end-Cretaceous mass extinction, *Proceedings of the Royal Society B* 291. https://doi.org/10.1098/rspb.2023.2618

(6468): 977–83.
(127) C. Janis, and M. Carrano. 1991. Scaling of reproductive turnover in archosaurs and mammals: why are large terrestrial mammals so rare? *Annales Zoologici Fennici* 28 (3–4): 201–16.
(128) M. Donovan, P. Wilf, C. Labandeira, et al. 2014. Novel insect leaf-mining after the end-Cretaceous extinction and the demise of Cretaceous leaf miners, Great Plains, USA. *PLOS ONE* 9 (7): e103542.
(129) G. Wilson Mantilla, S. Chester, W. Clemens, et al. 2021. Earliest Palaeocene purgatoriids and the initial radiation of stem primates. *Royal Society Open Science* 8 (2): 210050.
(130) M. Chen, C. Stromberg, and G. Wilson. 2019. Assembly of modern mammal community structure driven by Late Cretaceous dental evolution, rise of flowering plants, and dinosaur demise. *PNAS* 116 (20): 9931–40.
(131) C. Emerling, F. Delsuc, and M. Nachman. 2018. Chitinase genes (*CHIA*s) provide genomic footprints of post-Cretaceous dietary radiation in placental mammals. *Science Advances* 4 (5): eaar6478.

extinction measured by an evolutionary decay clock. *Nature* 588: 636–41.
(114) S. Silber, J. Geisler, and M. Bolortsetseg. 2010. Unexpected resilience of species with temperature-dependent sex determination at the Cretaceous-Paleogene boundary. *Biology Letters* 7 (2): 295–98.
(115) M. Galetti, R. Guevara, M. Cortes, et al. 2013. Functional extinction of birds drives rapid evolutionary changes in seed size. *Science* 340 (6136): 1086–90.
(116) S. Gibbs, P. Bown, B. Ward, et al. 2020. Algal plankton turn to hunting to survive and recover from end-Cretaceous impact darkness. *Science Advances* 6 (44): eabc9123.

第 9 章

(117) C. Gazin. 1941. Paleocene mammals from the Denver Basin, Colorado. *Journal of the Washington Academy of Sciences* 31 (7): 289–95.
(118) K. Berry. 2019. Fern spore viability considered in relation to the duration of the Cretaceous-Paleogene (K-Pg) impact winter: a contribution to the discussion. *Acta Palaeobotanica* 59 (1): 19–25.
(119) M. Carvalho, C. Jaramillo, F. de la Parra, et al. 2021. Extinction at the end-Cretaceous and the origin of modern neotropical rainforests. *Science* 372 (6537): 63–68.
(120) J. Smaers, R. Rothman, D. Hudson, et al. 2021. The evolution of mammalian brain size. *Science Advances* 7 (18): eabe2101.
(121) N. Brocklehurst, E. Panciroli, G. Benevento, and R. Benson. 2021. Mammaliaform extinctions as a driver of the morphological radiation of Cenozoic mammals. *Current Biology* 31 (13): 2955–63.e4.
(122) D. Ksepka, T. Stidham, and T. Williamson. 2017. Early Paleocene landbird supports rapid phylogenetic and morphological diversification of crown birds after the K-Pg mass extinction. *PNAS* 114 (30): 8047–52.
(123) D. Ksepka, A. Balanoff, N. Smith, et al. 2020. Tempo and pattern of avian brain size evolution. *Current Biology* 30 (11): 2026–36. e3.
(124) R. Felice, D. Pol, and A. Goswami. 2021. Complex macroevolutionary dynamics underly the evolution of the crocodyliform skull. *Proceedings of the Royal Society B* 288 (1954): 20210919.
(125) M. Machalski, and C. Heinberg. 2005. Evidence for ammonite survival into the Danian (Paleogene) from the Cerithium Limestone at Stevns Klint, Denmark. *Bulletin of the Geological Society of Denmark* 52: 97–111.

第10章

(126) T. Lyson, I. Miller, A. Bercovici, et al. 2019. Exceptional continental record of biotic recovery after the Cretaceous-Paleogene mass extinction. *Science* 366

insect herbivory across the Cretaceous-Tertiary boundary: major extinction and minimum rebound, in *The Hell Creek Formation and the Cretaceous-Tertiary Boundary in the Northern Great Plains,* eds. J. Hartman, K. Johnson, and D. Nichols (Boulder, CO: Geological Society of America Special Paper 361), 297–327.
(103) C. Labandeira, K. Johnson, and P. Wilf. 2002. Impact of terminal Cretaceous event on plant-insect associations. *PNAS* 99 (4): 2061–66.
(104) W. Gallagher, K. Miller, R. Sherrell, et al. 2012. On the last mosasaurs: late Maastrichtian mosasaurs and the Cretaceous-Paleogene boundary in New Jersey. *Bulletin de la Societe Geologique de France* 183 (2): 145–50.

第7章

(105) J. Bailey, A. Cohen, and D. Kring. 2005. Lacustrine fossil preservation in acidic environments: implications of experimental and field studies for the Cretaceous-Paleogene boundary acid rain trauma. *PALAIOS* 20 (4): 376–89.
(106) R. Estes, and B. Sanchiz. 2010. New discoglossid and palaeobatrachid frogs from the Late Cretaceous of Wyoming and Montana, and a review of other frogs from the Lance and Hell Creek formations. *Journal of Vertebrate Paleontology* 2 (1): 9–20.
(107) J. Cochran, N. Landman, K. Turekian, et al. 2003. Paleoceanography of the Late Cretaceous (Maastrichtian) Western Interior Seaway of North America: evidence from Sr and O isotopes. *Palaeogeography, Palaeoclimatology, Palaeoecology* 191 (1): 45–64.
(108) A. Behrensmeyer. 1978. Taphonomic and ecologic information from bone weathering. *Paleobiology* 4 (2): 150–62.
(109) V. Vajda, and S. McLoughlin. 2007. Extinction and recovery patterns of the vegetation across the Cretaceous-Palaeogene boundary: a tool for unravelling the causes of the end-Permian mass-extinction. *Review of Palaeobotany and Palynology* 144 (1–2): 99–112.

第8章

(110) N. Longrich, B. Bhullar, and J. Gauthier. 2012. Mass extinction of lizards and snakes at the Cretaceous-Paleogene boundary. *PNAS* 109 (52): 21396–401.
(111) M. Caldwell, R. Nydam, A. Palci, and S. Apesteguia. 2015. The oldest known snakes from the Middle Jurassic-Lower Cretaceous provide insights on snake evolution. *Nature Communications* 6 : 5996.
(112) H. Yi, and M. Norell. 2015. The burrowing origin of modern snakes. *Science Advances* 1 (10): e1500743.
(113) J. Cuthill, N. Guttenberg, and G. Budd. 2021. Impacts of speciation and

volcanism, caused the end-Cretaceous dinosaur extinction. *PNAS* 117 (20): 17084–93.
(90) R. de Moya, J. Allen, A. Sweet, et al. 2019. Extensive host-switching of avian feather lice following the Cretaceous-Paleogene mass extinction event. *Communications Biology* 2 : 445.
(91) K. Chin, D. Pearson, and A. Ekdale. 2013. Fossil worm burrows reveal very early terrestrial animal activity and shed light on trophic resources after the end-Cretaceous mass extinction. *PLOS ONE* 8 (8): e0070920.
(92) N. Adams, E. Rayfield, P. Cox, et al. 2019. Functional tests of the competitive exclusion hypothesis for multituberculate extinction. *Royal Society Open Science* 6 (3). https://doi.org/10.1098/rsos.181536

第 6 章

(93) C. Tabor, C. Bardeen, B. Otto-Bliesner, et al. 2020. Causes and climatic consequences of the impact winter at the Cretaceous-Paleogene boundary. *Geophysical Research Letters* 47 (3): e60121.
(94) P. Wilf, and K. Johnson. 2004. Land plant extinction at the end of the Cretaceous: a quantitative analysis of the North Dakota megafloral record. *Paleobiology* 30 (3): 347–68.
(95) Y-M. Cui, W. Wang, D. Ferguson, et al. 2019. Fossil evidence reveals how plants responded to cooling during the Cretaceous-Paleogene transition. *BMC Plant Biology* 19: 402. https://doi.org/10.1186/s12870-019-1980-y
(96) N. Brocklehurst, P. Upchurch, P. Mannion, and J. O'Connor. 2012. The completeness of the fossil record of Mesozoic birds: implications for early avian evolution. *PLOS ONE* 7 (6): e39056.
(97) T. Yang, and P. Sander. 2018. The origin of the bird's beak: new insights from dinosaur incubation periods. *Biology Letters* 14: 20180090.
(98) A. Louchart, and L. Viriot. 2011. From snout to beak: the loss of teeth in birds. *Trends in Ecology & Evolution* 26 (12): 663–73.
(99) D. Larson, C. Brown, and D. Evans. 2016. Dental disparity and ecological stability in bird-like dinosaurs prior to the end-Cretaceous mass extinction. *Current Biology* 26 (10): 1325–33.
(100) G. Sun, D. Dilcher, S. Zheng, and Z. Zhou. 1998. In search of the first flower: a Jurassic angiosperm, *Archaefructus*, from northeast China. *Science* 282 (5394): 1692–95.
(101) A. Chira, C. Cooney, J. Bright, et al. 2020. The signature of competition in ecomorphological traits across the avian radiation. *Proceedings of the Royal Society* B 287: 20201585.
(102) C. Labandeira, K. Johnson, and P. Lang. 2002. Preliminary assessment of

(2): R867–76.
(78) T. Lyson, and W. Joyce. 2015. Cranial anatomy and phylogenetic placement of the enigmatic turtle *Compsemys victa* Leidy, 1856. *Journal of Paleontology* 85 (4): 789–801.
(79) S. FitzGibbon, and C. Franklin. 2011. The importance of the cloacal bursae as the primary site of aquatic respiration in the freshwater turtle, *Elseya albagula*. *Australian Zoologist* 35 (2): 276–82.
(80) D. Robertson, W. Lewis, P. Sheehan, and O. Toon. 2013. K-Pg extinction: reevaluation of the heat-fire hypothesis. *Journal of Geophysical Research: Biogeosciences* 118 (1): 329–36.
(81) A. Russell, and A. Bentley. 2015. Opisthotonic head displacement in the domestic chicken and its bearing on the "dead bird" posture of non-avialan dinosaurs. *Journal of Zoology* 298 (1): 20–29.
(82) J. Wilson, M. D'Emic, K. Curry Rogers, et al. 2009. Reassessment of sauropod dinosaur *Jainosaurus* (="*Antarctosaurus*") *septentrionalis* from the Upper Cretaceous of India. *Contributions from the Museum of Paleontology, University of Michigan* 32 (2): 17–40.
(83) S. Bardhan, T. Gangopadhyay, and U. Mandal. 2002. How far did India drift during the Late Cretaceous? *Placenticeras kaffrarium* Etheridge, 1904 (Ammonoidea) used as a measuring tape. *Sedimentary Geology* 147 (1–2): 193–217.

第5章

(84) W. Clyde, J. Ramezani, K. Johnson, et al. 2016. Direct high-precision U-Pb geochronology of the end-Cretaceous extinction and calibration of Paleocene astronomical timescales. *Earth and Planetary Science Letters* 452: 272–80.
(85) A. Deutsch, and F. Langenhorst. 2007. On the fate of carbonates and anhydrite in impact processes: evidence from the Chicxulub event. *GFF* 129 (2): 155–60; K. Pope, K. Baines, A. Ocampo, and B. Ivanov. 1994. Impact winter and the Cretaceous/Tertiary extinctions: results of a Chicxulub asteroid impact model. *Earth and Planetary Science Letters* 128 (3–4): 719–25.
(86) S. Lyons, A. Karp, T. Bralower, et al. 2020. Organic matter from the Chicxulub crater exacerbated K-Pg impact winter. *PNAS* 117 (41): 25327–34.
(87) J. Vellekoop, A. Sluijs, J. Smit, et al. 2014. Rapid short-term cooling following the Chicxulub impact at the Cretaceous-Paleogene boundary. *PNAS* 111 (21): 7537–41.
(88) P. Hull, A. Bornemann, D. Penman, et al. 2020. On impact and volcanism across the Cretaceous-Paleogene boundary. *Science* 367 (6475): 266–72.
(89) A. Chiarenza, A. Farnsworth, P. Mannion, et al. 2020. Asteroid impact, not

(64) G. Collins, N. Patel, T. Davison, et al. 2020. A steeply-inclined trajectory for the Chicxulub impact. *Nature Communications* 11 (1480). https://doi.org/10.1038/s41598-021-82320- 2
(65) R. DePalma, J. Smit, D. Burnham, et al. 2019. A seismically induced onshore surge deposit at the KPg boundary, North Dakota. *PNAS* 116 (17): 8190–99.
(66) R. Paris, K. Goto, J. Goff, and H. Yanagisawa. 2020. Advances in the study of mega-tsunamis in the geological record. *Earth-Science Reviews* 210: 103381.
(67) D. Robertson, W. Lewis, P. Sheehan, and O. Toon. 2013. K-Pg extinction: reevaluation of the heat-fire hypothesis. *Journal of Geophysical Research: Biogeosciences* 118 (1): 329–36.
(68) P. Hull, A. Bornemann, D. Penman, et al. 2020. On impact and volcanism across the Cretaceous-Paleogene boundary. *Science* 367 (6475): 266–72.
(69) F. O'Keefe, R. Otero, S. Soto-Acuna, et al. 2016. Cranial anatomy of *Morturneria seymourensis* from Antarctica, and the evolution of filter feeding in plesiosaurs of the Austral Late Cretaceous. *Journal of Vertebrate Paleontology* 37 (4): e1347570.
(70) C. McHenry, A. Cook, and S. Wroe. 2005. Bottom-feeding plesiosaurs. *Science* 310 (5745): 75.

第 4 章

(71) D. Robertson, M. McKenna, O. Toon, et al. 2004. Survival in the first hours of the Cenozoic. *GSA Bulletin* 116 (5 - 6): 760–68.
(72) Y. Zhang, and D. Archibald. 2007. Late Cretaceous mammalian fauna from the Hell Creek Formation, southeastern Montana. *Journal of Vertebrate Paleontology* 27 (supp. 3): 171A.
(73) C. Kammerer, S. Nesbitt, J. Flynn, et al. 2020. A tiny ornithodiran archosaur from the Triassic of Madagascar and the role of miniaturization in dinosaur and pterosaur ancestry. *PNAS* 117 (30): 17932–36.
(74) M. Kohler, N. Marin-Moratalla, X. Jordana, and R. Aanes. 2012. Seasonal bone growth and physiology in endotherms shed light on dinosaur physiology. *Nature* 487: 358–61.
(75) L. Weaver, D. Varricchio, E. Sargis, et al. 2020. Early mammalian social behaviour revealed by multituberculates from a dinosaur nesting site. *Nature Ecology & Evolution* 5 : 32–37.
(76) Y. Haridy, M. Osenberg, A. Hilger, et al. 2021. Bone metabolism and evolutionary origin of osteocytes: novel application of FIB-SEM tomography. *Science Advances* 7 (14): eabb9113.
(77) C. Gilbert, S. Blanc, S. Giroud, et al. 2007. Role of huddling on the energetic of growth in a newborn altricial mammal. *American Journal of Physiology* 293

North America's Cretaceous "sauropod hiatus". *Journal of Vertebrate Paleontology* 28 (4): 1218–23.

第 2 章

(51) P. Bell. 2014. A review of hadrosaurid skin impressions, in *Hadrosaurs*, eds. D. Evans and D. Eberth (Bloomington: Indiana University Press), 572–90.
(52) J. Anne, B. Hedrick, and J. Schein. 2016. First diagnosis of septic arthritis in a dinosaur. *Royal Society Open Science* 3 (8): 160222.
(53) J. Gill, J. Williams, S. Jackson, et al. 2009. Pleistocene megafaunal collapse, novel plant communities, and enhanced fire regimes in North America. *Science* 326 (5956): 1100–03.
(54) V. Smith, T. Ford, K. Johnson, et al. 2011. Multiple lineages of lice pass through the K-Pg boundary. *Biology Letters* 7 (5): 782–85.
(55) K. Chin. 2007. The paleobiological implications of herbivorous dinosaur coprolites from the Upper Cretaceous Two Medicine Formation of Montana: why eat wood? *PALAIOS* 22 (5): 554–66.
(56) A. Nabavizadeh. 2014. Hadrosaurid jaw mechanics and the functional significance of the predentary bone, in *Hadrosaurs*, eds. D. Evans and D. Eberth, 467–82.
(57) A. Siraj, and A. Loeb. 2021. Breakup of a long-period comet as the origin of the dinosaur extinction. *Scientific Reports* 11 (3803). https://doi.org/10.1038/s41598-021-82320-2
(58) G. Collins, N. Patel, T. Davison, et al. 2020. A steeply-inclined trajectory for the Chicxulub impact. *Nature Communications* 11 (1480). https://doi.org/10.1038/s41467-020-15269-x
(59) L. Maiorino, A. Farke, T. Kotsakis, and P. Piras. 2013. Is *Torosaurus Triceratops*? Geometric morphometric evidence of Late Maastrichtian ceratopsid dinosaurs. *PLOS ONE* 8 (11): e81608.
(60) Z. Luo. 2007. Transformation and diversification in early mammal evolution. *Nature* 450: 1011–19.
(61) G. Grellet-Tinner, S. Wroe, M. Thompson, and Q. Ji. 2007. A note on pterosaur nesting behavior. *Historical Biology* 19 (4): 273–77.
(62) S. Humphries, R. Bonser, M. Witton, and D. Martill. 2007. Did pterosaurs feed by skimming? Physical modelling and anatomical evaluation of an unusual feeding method. *PLOS Biology* 5 (8): e204.

第 3 章

(63) V. Arbour, and J. Mallon. 2017. Unusual cranial and postcranial anatomy in the archetypal ankylosaur *Ankylosaurus magniventris*. *Facets* 2 (2): 764–94.

(39) T. Holtz. 2021. Theropod guild structure and the tyrannosaurid niche assimilation hypothesis: implications for predatory dinosaur macroecology and ontogeny in later Late Cretaceous Asiamerica. *Canadian Journal of Earth Sciences* 58 (9): 778–95.
(40) J. Horner, M. Goodwin, and N. Myhrvold. 2011. Dinosaur census reveals abundant *Tyrannosaurus* and rare ontogenetic stages in the Upper Cretaceous Hell Creek Formation (Maastrichtian), Montana, USA. *PLOS ONE* 6 (2): e16574.
(41) F. Therrien, D. Zelenitsky, J. Voris, and K. Tanaka. 2021. Mandibular force profiles and tooth morphology in growth series of *Albertosaurus sarcophagus* and *Gorgosaurus libratus* (Tyrannosauridae: Albertosaurinae) provide evidence for an ontogenetic dietary shift in tyrannosaurids. *Canadian Journal of Earth Sciences* 58 (9): 812–28.
(42) C. Marshall, D. Latorre, C. Wilson, et al. 2021. Absolute abundance and preservation rate of *Tyrannosaurus rex*. *Science* 372 (6539): 284–87.
(43) P. Senter. 2009. Voices of the past: a review of Paleozoic and Mesozoic animal sounds. *Historical Biology* 20 (4): 255–87.
(44) K. Chin, T. Tokaryk, G. Erickson, and L. Calk. 1998. A king-sized theropod coprolite. *Nature* 393: 680–82.
(45) G. Erickson, and K. Olson. 1994. Bite marks attributable to *Tyrannosaurus rex*: preliminary description and implications. *Journal of Vertebrate Paleontology* 16 (1): 175–78; D. Hone, and M. Watabe. 2010. New information on scavenging and selective feeding behaviour of tyrannosaurids. *Acta Palaeontologica Polonica* 55 (4): 627–34.
(46) V. Arbour, and L. Zanno. 2019. Tail weaponry in ankylosaurs and glyptodonts: an example of a rare but strongly convergent phenotype. *Anatomical Record* 303 (4): 988–98.
(47) G. Grellet-Tinner, C. Sim, D. Kim, et al. 2011. Description of the first lithostrotian titanosaur embryo *in ovo* with Neutron characterization and implications for lithostrotian Aptian migration and dispersion. *Gondwana Research* 20 (2–3): 621–29.
(48) R. Garcia. 2007. An "egg-tooth"-like structure in titanosaurian sauropod embryos. *Journal of Vertebrate Paleontology* 27 (1): 247–52.
(49) R. Tykoski, and A. Fiorillo. 2015. An articulated cervical series of *Alamosaurus sanjuanensis* Gilmore, 1922 (Dinosauria, Sauropoda) from Texas: new perspective on the relationships of North America's last giant sauropod. *Journal of Systematic Palaeontology* 15 (5): 339–64.
(50) T. Williamson, and A. Weil. 2008. Stratigraphic distribution of sauropods in the Upper Cretaceous of the San Juan Basin, New Mexico, with comments on

Cretaceous/Paleogene mass extinction. *Nature Communications* 10: 1091.
(24) D. Naish, and D. Martill. 2007. Dinosaurs of Great Britain and the role of the Geological Society of London in their discovery: basal Dinosauria and Saurischia. *Journal of the Geological Society* 164: 493–510.
(25) B. Switek. 2013. *My Beloved Brontosaurus* (New York: FSG), 190–200. 〔ブライアン・スウィーテク『愛しのブロントサウルス』(桃井緑美子 訳) 白揚社 (2015)〕
(26) M. Benton. 1990. Scientific methodologies in collision: the history of the study of the extinction of the dinosaurs. *Evolutionary Biology* 24: 371–400.
(27) N. MacLeod. 1998. Impacts and marine invertebrate extinctions. *Geological Society, London, Special Publications* 140: 217–46.
(28) L. Alvarez, W. Alvarez, F. Asaro, and H. Michel. 1980. Extraterrestrial cause for the Cretaceous-Tertiary extinction. *Science* 208 (4448): 1095–108.
(29) A. Hildebrand, G. Penfield, D. Kring, et al. 1991. Chicxulub crater: a possible Cretaceous/Tertiary boundary impact crater on the Yucatan Peninsula, Mexico. *Geology* 19 (9): 867–71.
(30) R. Worth, S. Sigurdsson, and C. House. 2013. Seeding life on the moons of the outer planets via lithopanspermia. *Astrobiology* 13 (12): 1155–65.
(31) R. Tagle and P. Claeys. 2005. An ordinary chondrite impactor for the Popigai crater, Siberia. *Geochimica et Cosmochimica Acta* 69 (11): 2877–89.

第1章

(32) S. Ekhtiari, K. Chiba, S. Popovic, et al. 2020. First case of osteosarcoma in a dinosaur: a multimodal diagnosis. *The Lancet* 21 (8): 1021–1022.
(33) W. Sellers, P. Manning, T. Lyson, et al. 2009. Virtual palaeontology: gait reconstruction of extinct vertebrates using high performance computing. *Palaeontologia Electronica* 12 (3): 1–26.
(34) D. Hone, and O. Rauhut. 2010. Feeding behaviour and bone utilization by theropod dinosaurs. *Lethaia* 43 (2): 232–44.
(35) E. Wolff, S. Salisbury, J. Horner, and D. Varricchio. 2009. Common avian infection plagued the tyrant dinosaurs. *PLOS ONE* 4 (9): e7288.
(36) S. Brusatte, M. Norell, T. Carr, et al. 2010. Tyrannosaur paleobiology: new research on ancient exemplar organisms. *Science* 329 (5998): 1481–85.
(37) C. Kammerer, S. Nesbitt, J. Flynn, et al. 2020. A tiny ornithodiran archosaur from the Triassic of Madagascar and the role of miniaturization in dinosaur and pterosaur ancestry. *PNAS* 117 (30): 17932–36.
(38) T. Blackburn, P. Olsen, S. Bowring, et al. 2013. Zircon U-Pb geochronology links the end-Triassic extinction with the Central Atlantic Magmatic Province. *Science* 340 (6135): 941–45.

Creek Formation in Montana and Adjacent Areas, eds. G. P. Wilson, W. Clemens, J. Horner, and J. Hartman. (Washington, DC: Geological Society of America). https://doi.org/10.1130/2014.2503(06)

(12) A. Balanoff, G. Bever, T. Rowe, and M. Norell. 2013. Evolutionary origins of the avian brain. *Nature* 501: 93–96.

(13) M. Witton, and M. Habib. 2010. On the size and flight diversity of giant pterosaurs, the use of birds as pterosaur analogues and comments on pterosaur flightlessness. *PLOS ONE* 5 (11): e13982.

(14) T. Ikejiri, Y. Lu, and B. Zhang. 2020. Two-step extinction of Late Cretaceous marine vertebrates in northern Gulf of Mexico prolonged biodiversity loss prior to the Chicxulub impact. *Scientific Reports* 10: 4169; T. Tyrrell, A. Merico, and D. McKay. 2015. Severity of ocean acidification following the end-Cretaceous asteroid impact. *PNAS* 112 (21): 6556–61.

(15) D. Grossnickle, and E. Newham. 2016. Therian mammals experience an ecomorphological radiation during the Late Cretaceous and selective extinction at the K-Pg boundary. *Proceedings of the Royal Society* B 283: 20160256; N. Longrich, B. Bhullar, and J. Gauthier. 2012. Mass extinction of lizards and snakes at the Cretaceous-Paleogene boundary. *PNAS* 109 (52): 21396–21401.

(16) D. Robertson, W. Lewis, P. Sheehan, and O. Toon. 2013. K-Pg extinction patterns in marine and freshwater environments: the impact winter model. *Journal of Geophysical Research: Biogeosciences* 118 (3): 1006–14.

(17) A. Chamberlin, S. Chesley, P. Chodas, et al. 2001. Sentry: An automated close approach monitoring system for near-Earth objects. *Bulletin of the American Astronomical Society* 33: 1116.

(18) D. Jablonksi. 2001. Lessons from the past: evolutionary impacts of mass extinctions. *PNAS* 98 (10): 5393–98.

(19) P. Sheehan. 2001. The Late Ordovician mass extinction. *Annual Review of Earth and Planetary Sciences* 29: 331–64.

(20) M. Caplan, and R. Buston. 1999. Devonian-Carboniferous Hangenberg mass extinction event, widespread organic-rich mudrock and anoxia: causes and consequences. *Palaeogeography, Palaeoclimatology, Palaeoecology* 148 (4): 187–207.

(21) U. Brand, R. Posenato, R. Came, et al. 2012. The end-Permian mass extinction: a rapid volcanic CO2 and CH4-climatic catastrophe. *Chemical Geology* 322–23: 121–44.

(22) J. Davies, A. Marzoli, H. Bertrand, et al. 2017. End-Triassic mass extinction started by intrusive CAMP activity. *Nature Communications* 8 : 15596.

(23) A. Chiarenza, P. Mannion, D. Lunt, et al. 2019. Ecological niche modelling does not support climatically-driven dinosaur diversity decline before the

参考文献

はじめに

(1) P. Renne, A. Deino, F. Hilgen, et al. 2013. Time scales of critical events around the Cretaceous-Paleogene boundary. *Science* 339 (6120): 684–87.

(2) Rocks at asteroid impact site record first day of dinosaur extinction, *UT News*, September 9, 2019. https://news.utexas.edu/2019/09/09/rocks-at-asteroid-impact-site-record-first-day-of-dinosaur-extinction/.

(3) E. Molina, L. Alegret, I. Arenillas, et al. 2006. The global boundary stratotype section and point for the base of the Danian Stage (Paleocene, Paleogene, "Tertiary," Cenozoic) at El Kef, Tunisia: original definition and revision. *Episodes* 29 (4): 263–73.

(4) L. Alvarez, W. Alvarez, F. Asaro, and H. Michel. 1980. Extraterrestrial cause for the Cretaceous-Tertiary extinction. *Science* 208 (4448): 1095–108.

(5) D. Robertson, M. McKenna, O. Toon, et al. 2004. Survival in the first hours of the Cenozoic. *GSA Bulletin* 116 (5-6): 760–68.

(6) M. Novacek, and Q. Wheeler. 1992. Extinct taxa: accounting for 99.999 . . . % of the Earth's biota, in *Extinction and Phylogeny,* eds. M. Novacek, and Q. Wheeler (New York: Columbia University Press), 1–16.

(7) D. Jablonski, and W. Chaloner. 1994. Extinctions in the fossil record (and discussion). *Philosophical Transactions of the Royal Society of London* B 344 (1307): 11–17.

(8) R. Irmis, S. Nesbitt, K. Padian, et al. 2007. A Late Triassic dinosauromorph assemblage from New Mexico and the rise of dinosaurs. *Science* 317 (5836): 358–61.

序章

(9) P. Wilson, G. Wilson Mantilla, and C. Stromberg. 2021. Seafood salad: a diverse latest Cretaceous florule from eastern Montana. *Cretaceous Research* 121 (5981): 104734.

(10) J. Scannella, D. Fowler, M. Goodwin, and J. Horner. 2014. Evolutionary trends in *Triceratops* from the Hell Creek Formation, Montana. *PNAS* 111 (28): 10245–50.

(11) N. Arens, and S. Allen. 2014. A florule from the base of the Hell Creek Formation in the type area of eastern Montana: implications for vegetation and climate, in *Through the End of the Cretaceous in the Type Locality of the Hell*

■ハ行
バイオコノドン・デンヴェレンシス　*Baioconodon denverensis*　166, 171, 172, 174, 176, 285, 286, 288
パキケファロサウルス　*Pachycephalosaurus*　33, 80
パキディスカス　*Pachydiscus*　182
パタゴティタン　*Patagotitan*　245
パラサウロロフス　*Parasaurolophus*　9
パレオサニワ　*Palaeosaniwa*　158–160, 282, 283
フィリコミス・プリマヴェウス　*Filikomys primaveus*　263
プテラノドン　*Pteranodon*　278
ブラキオサウルス　*Brachiosaurus*　121
ブラキチャンプサ　*Brachychampsa*　87, 218
プルガトリウス・ウニオ　*Purgatorius unio*　194–197, 208, 214, 289, 290
ブロントサウルス　*Brontosaurus*　37, 38
ヘスペロルニス　*Hesperornis*　122

■マ行
メソシパリス　*Mesocyparis*　119, 129, 273
メソドマ　*Mesodma*　59, 78, 83–86, 95, 112, 202, 261–263, 269
メタセコイア　*Metasequoia*　29, 65, 181, 278
モササウルス・マキシマス　*Mosasaurus maximus*　135
モルトゥルネリア　*Morturneria*　73–76, 258

■ラ行
レペノマムス　*Repenomamus*　263

ケラトサウルス　*Ceratosaurus*　8，121
コニオフィス　*Coniophis*　152–154，158，159，281
ゴルゴサウルス　*Gorgosaurus*　262
コンプセミス　*Compsemys*　86–89，261，264

■サ行

サウロルニトレステス　*Saurornitholestes*　123
ジャイノサウルス・セプテントリオナリス　*Jainosaurus septentrionalis*　91，92，265
スティラコサウルス　*Styracosaurus*　9
ステゴサウルス　*Stegosaurus*　8，78
スファエロトルス　*Sphaerotholus*　80
セントロサウルス　*Centrosaurus*　241

■タ行

ダコタラプトル　*Dakotaraptor*　28，266
ディデルフォドン　*Didelphodon*　59，79，262
デイノスクス　*Deinosuchus*　87
ディプロドクス　*Diplodocus*　38，245
ティラノサウルス・レックス　*Tyrannosaurus rex*　2，17，22–35，37，39，43–46，54，55，57，61，79，80，82，97，124，125，138，141，145，158，186，195，198，202，218，221，229，235，238，241–246，248，249，252，257，261，283
テスケロサウルス　*Thescelosaurus*　34，116，211
デンヴァーサウルス・シュレスマニ　*Denversaurus schlessmani*　80，255
トラコサウルス・ネオセサリエンシス　*Thoracosaurus neocesariensis*　87，134，135，275，276
ドリオフィルム・サブファルカタム　*Dryophyllum subfalcatum*　118
トリケラトプス・ホリドゥス　*Triceratops horridus*　1，15，16，19–21，23，25，28–32，34，35，43，45，47，54，55，57，78，82，97，108，116，141，145，169，170，212，220，230，239，240–243，245，248–251，253，277
トロサウルス・ラトゥス　*Torosaurus latus*　53–55，80，195，212，249–251

■ナ行

ナノティラヌス　*Nanotyrannus*　244

生物名索引

本書で言及されている生物名（学名のみ）をまとめた．原書の表記に基づき，属名のみの場合には属名のみ表記している．

■ア行

アーケオプテリクス（始祖鳥） *Archaeopteryx* 121，122，127，236，237
アケロラプトル・テメルティオルム *Acheroraptor temertyorum* 42，61，96，97，106，107，126，219，266-268，274
アトロキラプトル *Atrociraptor* 28，196
アパトサウルス *Apatosaurus* 121，245
アラモサウルス・サンフアネンシス *Alamosaurus sanjuanensis* 37，39，57，82，196，198，245，246，265
アルゼンチノサウルス *Argentinosaurus* 245
アルバートサウルス *Albertosaurus* 262
アルファドン *Alphadon* 96
アロサウルス *Allosaurus* 78，121
アワブキ *Meliosma* 174
アンキロサウルス・マグニヴェントリス *Ankylosaurus magniventris* 13，24，35，43，63-65，69-71，73，80，82，108，254-256
アンズー *Anzu* 61，79
イクチオルニス *Ichthyornis* 122
ヴェロキラプトル *Velociraptor* 121，123，266
エオコノドン *Eoconodon* 186-190，192-197，205，230，288，289
エオペロバテス *Eopelobates* 140，142-144，280
エドモントサウルス・アネクテンス *Edmontosaurus annectens* 24，25，34，35，41-48，53，80，84，90，96，108，116，124，169，198，211，235，245，247-249
オルニトミムス *Ornithomimus* 33，80

■カ行

カルシオプティクス *Carsioptychus* 189，196
キモレステス *Cimolestes* 59
グロビデンス *Globidens* 141
ケツァルコアトルス・ノルトロピ *Quetzalcoatlus northropi* 3，60-62，253，254，261

【著　者】
ライリー・ブラック（Riley Black）
サイエンスライター。『骨が語る人類史』（原書房）、『愛しのブロントサウルス』（白揚社）、『移行化石の発見』（文藝春秋）、『恐竜がいた地球』（日経ナショナルジオグラフィック社）といった著作は高く評価されている。『サイエンティフィック・アメリカン』誌のオンライン・コラムニストでもあるライリーは、古生物学の専門家としても広く知られており、「サイエンス・フライデー」、「ハフポスト・ライブ」、「オール・シングス・コンシダード」などの番組に出演している。また、オタク系ポップカルチャーについての著作もある。

【監訳者】
田中康平（たなか・こうへい）
1985年愛知県生まれ。北海道大学理学部卒業後、カルガリー大学地球科学科修了。Ph.D.。日本学術振興会特別研究員（名古屋大学博物館）を経て、現在、筑波大学生命環境系助教。恐竜の繁殖行動や子育てを中心に、恐竜の進化や生態を研究している。NHKラジオ「子ども科学電話相談」でも活躍中。著書に『最強の恐竜』（新潮社）、『恐竜学者は止まらない！　読み解け、卵化石ミステリー』（創元社）など、監訳書に『アメリカ自然史博物館恐竜大図鑑』（化学同人）などがある。

【訳　者】
十倉実佳子（とくら・みかこ）
京都府生まれ。大学在学中に奨学生としてイタリア国立パドヴァ大学へ留学。卒業後、朝日新聞インターナショナル社（ニューヨーク）でのインターンシップなどを経て、教材出版社および学術出版社に勤務。現在はフリーランスで翻訳に携わる。訳書に『うちのネコ、ボクの目玉を食べちゃうの？』、『みんなをおどろかせよう　科学マジック図鑑』（いずれも化学同人）などがある。

恐竜最後の日——小惑星衝突は地球をどのように変えたのか

第1版　第1刷　2024年8月31日

著　者　ライリー・ブラック
監訳者　田中康平
訳　者　十倉実佳子
発行者　曽根良介
発行所　株式会社化学同人
〒600-8074　京都市下京区仏光寺通柳馬場西入ル
編　集　部　TEL 075-352-3711　FAX 075-352-0371
企画販売部　TEL 075-352-3373　FAX 075-351-8301
振　替　01010-7-5702
e-mail　webmaster@kagakudojin.co.jp
URL　https://www.kagakudojin.co.jp
印刷・製本　西濃印刷株式会社

ISBN978-4-7598-2379-0

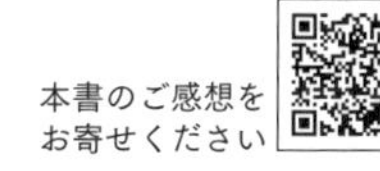